U0170067

中国陶瓷产业发展基金会资助
中国建筑卫生陶瓷协会与中国陶瓷产业发展基金会共同组织编写

卫生陶瓷质量检验与包装

主　编　粟自斌
副主编　宋子春　杨长萍
主　审　岳邦仁

中国建材工业出版社

图书在版编目（CIP）数据

卫生陶瓷质量检验与包装 / 栗自斌主编. — 北京：
中国建材工业出版社，2021.10
ISBN 978-7-5160-3170-4

Ⅰ. ①卫… Ⅱ. ①栗… Ⅲ. ①卫生陶瓷制品-质量检
验②卫生陶瓷制品-包装 Ⅳ. ①TQ174.76

中国版本图书馆 CIP 数据核字（2021）第 052026 号

内 容 简 介

本书分为 10 章，叙述了卫生陶瓷生产中的产品质量检验标准与便器水效限定值及水效等级标准、检验与包装的作业管理、检验的方法与检验使用的设备、配件的质量管理、产品的包装等。

本书可供从事卫生陶瓷生产的操作者、技术人员、管理者参考，也可供卫生陶瓷检验工职业培训及陶瓷专业的各类院校教师和学生参考。

卫生陶瓷质量检验与包装
Weisheng Taoci Zhiliang Jianyan yu Baozhuang
栗自斌　主　编

出版发行：中国建材工业出版社
地　　址：北京市海淀区三里河路 1 号
邮　　编：100044
经　　销：全国各地新华书店
印　　刷：北京雁林吉兆印刷有限公司
开　　本：787mm×1092mm　1/16
印　　张：15.25
字　　数：350 千字
版　　次：2021 年 10 月第 1 版
印　　次：2021 年 10 月第 1 次
定　　价：**68.00 元**

本社网址：**www.jccbs.com**，微信公众号：**zgjcgycbs**
请选用正版图书，采购、销售盗版图书属违法行为
版权专有，盗版必究。 本社法律顾问：北京天驰君泰律师事务所，张杰律师
举报信箱：zhangjie@tiantailaw.com　举报电话：(010) 68343948
本书如有印装质量问题，由我社市场营销部负责调换，联系电话：(010) 88386906

本书编委会

前　　言

　　陶瓷是中华文明的重要象征，中国现代建筑卫生陶瓷业的发展是中华陶瓷文明的延伸和智慧体现。中国建筑陶瓷与卫生洁具行业沐浴改革开放的春风，四十余年来抓紧机遇、大步前行、蓬勃发展，卫生陶瓷生产技术水平、设备装备水平、产品质量有了长足的进步，我国已成为世界上最大的卫生陶瓷制造国、消费国和出口国。

　　本书结合中国建筑卫生陶瓷协会开展卫生陶瓷检验工职业培训工作的需求，以卫生陶瓷产品质量检验与产品包装工艺为中心，介绍了卫生陶瓷生产中的产品质量检验标准与便器水效限定值及水效等级标准，详细叙述了出厂检验包装作业管理，产品的出厂检验，产品的型式检验、检验设备与工器具，收集了检验规具、QC工程表、检验作业指导书的实例和产品缺陷分析的资料，同时叙述了产品检验之后的研磨加工、配件质量检验和产品包装，总结了技术人员及生产实操人员长期从事卫生陶瓷生产工作的心得、体会。

　　本书的编写受到全行业的密切关注和期待，编写人员坚持全面性、系统性、实用性的原则，坚持高标准、严要求，以饱满的热情，兢兢业业，付出了艰辛的劳动和智慧。

　　本书由唐山贺祥智能科技股份有限公司栗自斌任主编，惠达卫浴股份有限公司宋子春、北京东陶有限公司杨长萍（已退休）任副主编，北京金隅集团有限责任公司岳邦仁（已退休）任主审。咸阳陶瓷研究设计院刘幼红（已退休）编写第1章，徐熙武编写第2章，栗自斌编写第3章，杨长萍编写第4章，宋子春、杨长萍、肖智勇编写第5章、第6章，宋子春、徐熙武编写第7章，栗自斌编写第8章，栗自斌、杨长萍编写第9章，宋子春、中国建筑卫生陶瓷协会张士察编写第10章。

　　本书得到中国陶瓷产业发展基金会，以及惠达卫浴股份有限公司、唐山贺祥智能科技股份有限公司、漳州万佳陶瓷工业有限公司的大力支持，在此一并表示感谢。

　　由于水平有限，难免有不当及疏漏之处，敬请读者批评指正，并请将使用中的问题和建议反馈至中国建筑卫生陶瓷协会，以便我们修订时进行更正。

中国建筑卫生陶瓷协会

目　　录

1 质量检验标准与便器水效限定值及水效等级标准

　　质量检验是指对产品的一种或多种特性进行测量、检查、试验、计量，并将这些特性与规定的要求进行比较，以确定其符合性的活动。质量检验的目的是判断被检产品是否合格，决定接收还是拒收，同时也为改进产品质量和加强质量管理提供信息。

　　质量检验是保证产品质量的重要手段，是保证向消费者提供合格产品不可缺少的生产工序。

　　概括起来，检验包括以下四项具体工作：

　　1）度量，包括测量与测试，可借助一般量具，或使用机械、电子测量仪器。

　　2）比较，将度量结果与质量标准进行对比，确定质量是否符合要求。

　　3）判断，根据比较结果，判定被检产品是否合格，或一批产品是否符合规定的质量标准。

　　4）处理，对被检验产品决定是否准予出厂；或对被检验的产品决定接收还是拒收，或重新进行全检、筛选。

　　质量检验必须具备下述条件：

　　第一，要有一支足够数量的、合乎要求的检验人员队伍；

　　第二，要有可靠和完善的测量与检测手段；

　　第三，要有作为依据而又明确的检验标准；

　　第四，要有科学而严格的检验管理制度。

　　质量检验的基本职能，可以概括为四个方面：把关的职能、预防的职能、报告的职能和改进的职能。

　　卫生陶瓷的主生产工艺流程如图 1-1 所示，检验与包装是卫生陶瓷生产的最后一个工序，在生产中，往往称为"检验包装工序"（也有的简称为检包工序）。其工艺流程见图 1-1。

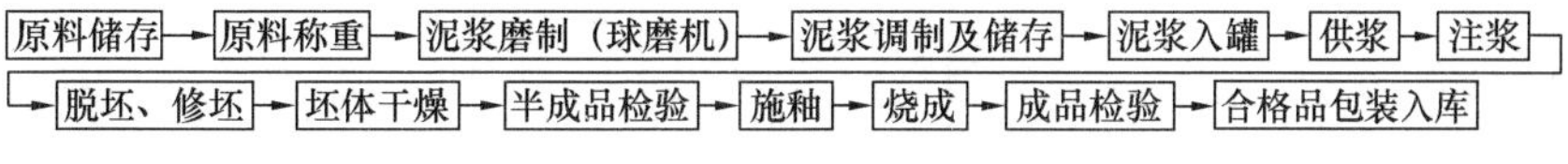

原料储存→原料称重→泥浆磨制（球磨机）→泥浆调制及储存→泥浆入罐→供浆→注浆→脱坯、修坯→坯体干燥→半成品检验→施釉→烧成→成品检验→合格品包装入库

图 1-1　卫生陶瓷的主生产工艺流程

　　与卫生陶瓷产品质量直接有关的国家标准是 GB/T 6952—2015《卫生陶瓷》和三个水效限定值及水效等级标准：GB 25502—2017《坐便器水效限定值及水效等级》、GB 30717—2019《蹲便器水效限定值及水效等级》、GB 28377—2019《小便器水效限定值及水效等级》。在卫生陶瓷生产中，企业普遍以 GB/T 6952—2015《卫生陶瓷》作为卫生陶瓷产品的质量检验标准，在这个国家标准的基础上要制定更具操作性的、细化的企业出厂检验标准，并在检验操作中执行。

　　GB 25502—2017《坐便器水效限定值及水效等级》为对坐便器用水量的分级判定

标准；GB 30717—2019《蹲便器水效限定值及水效等级》为对蹲便器用水量的分级判定标准；GB 28377—2019《小便器水效限定值及水效等级》为对小便器用水量的分级判定标准。根据我国用水效率标识管理制度，坐便器、蹲便器、小便器要按相关水效等级的国家标准标识产品。

1.1　GB/T 6952—2015《卫生陶瓷》

　　1965 年的部颁标准 JC 75—65《卫生陶瓷包装》是我国第一个卫生陶瓷产品范畴内的标准，1967 年，颁布了部颁标准 JC 131—67《卫生陶瓷》。随着社会、市场的要求和卫生陶瓷生产管理和技术水平的提高，卫生陶瓷产品范畴内的标准在不断地修订，对卫生陶瓷产品质量的要求不断地提高。以坐便器的一次用水量为例，标准对坐便器的一次用水量要求最初为 17L 和 15L，1986 年修订为 15L、13L 和 9L；1999 年首次在标准中提出了 6L 水节水型便器的要求，最大用水量淘汰了 15L；2005 年淘汰了 13L 坐便器，完善了便器用水量和冲洗功能试验方法，首次在标准中规定了便器配套技术要求，对于有效防止便器漏水发挥了重要作用；GB/T 6952—2015《卫生陶瓷》对便器的名义用水量又提出了新的要求，同时规定单冲便器用水量为实测平均值，双冲便器用水量为两小一大平均值，见表 1-1（选自 GB/T 6952—2015《卫生陶瓷》6.2.1.1 中的表 6）。

表 1-1　便器名义用水量　　　　　　　　单位：升

产品名称	普通型	节水型
坐便器	≤6.4	≤5.0
蹲便器	单冲式：≤8.0；双冲式：≤6.4	≤6.0
小便器	≤4.0	≤3.0

　　卫生陶瓷质量标准的不断修改，特别是 GB 6952—2005《卫生陶瓷》作为强制性标准，对行业的技术进步和产品质量的提高，起到了明显的促进作用。

　　国家标准 GB 6952—2015《卫生陶瓷》于 2015 年 9 月 11 日发布，2016 年 10 月 1 日实施。GB 6952—2015 自实施之日起，替代 GB 6952—2005，2017 年改为 GB/T 6952—2015。

　　GB/T 6952—2015《卫生陶瓷》对卫生陶瓷的产品质量、技术要求、质量检验方法等提出了明确的规定，是卫生陶瓷生产行业的重要标准。

　　（1）GB/T 6952—2015《卫生陶瓷》与 GB 6952—2005《卫生陶瓷》相比，共有以下 14 个技术变化：

　　1）产品分类：修改了对产品分类的要求。

　　2）产品标记：增加了对产品标记的要求。

　　3）单件质量：增加了轻量化产品单件质量的要求，也就是通常所说的产品限重。

　　4）耐荷重性：增加了净身器耐荷重性。

　　5）便器用水量：修改了便器用水量的要求。

　　6）球排放：修改了球排放要求。球排放的数量由 85 个增加到 90 个。

　　7）混合介质排放：增加了节水型坐便器混合介质排放试验。

　　8）增加了幼儿型坐便器混合介质排放试验。

9）管道输送特性试验：增加了普通型坐便器的管道输送特性试验，按规定进行管道输送特性试验，球的平均传输距离应不小于 12m。

10）污水置换稀释率：修改了双冲式坐便器半冲水污水置换稀释率。双冲式坐便器，只进行半冲水的污水置换试验，稀释率由"应不低于 17"提高到"应不低于 25"。

11）卫生纸试验：增加了双冲式坐便器的半冲水卫生纸试验。双冲式坐便器应按规定进行半冲水的纸球试验，测定 3 次，每次坐便器便池中应无可见纸。

12）疏通机试验：增加了疏通机试验。不带整体存水弯的坐便器采用外接存水弯时，在进行功能试验前，应按规定进行试验，除存水弯排污口有水溢出外，其他地方不应有渗漏。

13）便器用水量的测试方法：修改了双冲式便器用水量的测试方法。这是本次修订的重点内容。

14）取消了坐便器防溅污性。

（2）GB/T 6952—2015《卫生陶瓷》的内容：范围，规范性引用文件，术语和定义，产品分类和标记，通用技术要求，便器技术要求，洗面器、净身器和洗涤槽技术要求，试验方法，检验规则，标志和标识，安装使用说明书，包装、运输和贮存，附录 A 至附录 G。

1）标准中的定义和概念采用了 GB/T 9195—2011《建筑卫生陶瓷分类及术语》和 GB/T 26730—2011《卫生洁具 便器用重力式冲水装置及洁具机架》两个标准中界定的术语和定义，以及表 1-2（根据 GB/T 6952—2015《卫生陶瓷》整理）的内容。

表 1-2　定义和概念

序号	名称	要点	标准中章节
1	产品缺陷	6 个产品缺陷名称及定义	3.1～3.6
2	相关名词	10 个相关名词名称及定义（来自 GB/T 6952—2015 标准 4 个，其他 6 个选自 GB/T 26730—2011）	3.7～3.16（来自 GB/T 6952—2015《卫生陶瓷》标准 3.13～3.16）
3	产品分类说明	卫生陶瓷按吸水率分为瓷质卫生陶瓷和炻陶质卫生陶瓷。便器按照用水量多少分为普通型和节水型	4.1.1
4	瓷质卫生陶瓷分类	瓷质卫生陶瓷吸水率≤0.5%，瓷质卫生陶瓷分类见 GB/T 6952—2015 中表 1	4.1.2
5	炻陶质卫生陶瓷分类	0.5%＜吸水率≤15.0%，炻陶质卫生陶瓷分类见 GB/T 6952—2015 中表 2	4.1.3

2）标准中的一般性要求见表 1-3（根据 GB/T 6952—2015《卫生陶瓷》的内容整理）。

表 1-3　一般性要求

序号	名称	要点	标准中章节
1	产品标记	产品标记的要求	4.2
2	耐久性标志	耐久性标志的要求	10.1
3	产品包装标识	产品包装标识的要求	10.2

续表

序号	名称	要点	标准中章节
4	出厂检验合格证	出厂检验合格证的要求	10.3
5	安装使用说明书	安装使用说明书的要求	11
6	包装	包装的要求	12.1
7	运输	运输的要求	12.2
8	贮存	贮存的要求	12.3

3）标准中的检验规则内容见表1-4（根据 GB/T 6952—2015《卫生陶瓷》的内容整理）。

表1-4 检验规则

序号	名称	要点	标准中章节
1	出厂检验	出厂检验名称、项目、要求、方法	9.2.1
2	组批规则和抽样方案	出厂检验的组批规则和抽样方案	9.2.2
3	判定规则	出厂检验的判定规则	9.2.3
4	型式检验项目		9.3.1
5	型式检验（适用）条件		9.3.2
6	型式检验组批规则		9.3.3
7	型式检验判定规则		9.3.4
8	型式检验综合判定		9.3.5
9	抽样方法	出厂检验和型式检验的抽样方法	9.4

4）标准中的出厂检验项目内容见表1-5（引用自 GB/T 6952—2015《卫生陶瓷》9.2.1中的表11）。

表1-5 出厂检验项目

序号	检查项目	产品类型	要求	检验方法
1	外观质量	各类产品	5.1	8.1
2	最大允许变形	各类产品	5.2	8.2
3	水封	便器	6.1.4.1	8.3.5.1
4	便器用水量	便器	6.2.1	8.8.3
5	坐便器冲洗功能	坐便器	6.2.2.2 6.2.2.3.1 6.2.2.5 6.2.2.6	8.8.4.1 8.8.5 8.8.9 8.8.10
6	小便器冲洗功能	小便器	6.2.3.1	8.8.4.2
7	蹲便器冲洗功能	蹲便器	6.2.4.1 6.2.4.2	8.8.4.3 8.8.12
8	安全水位	坐便器重力式冲洗水箱	5.8.1.5	8.14
9	用水量标识	便器	10.1.3	—

5）标准中的组批规则和抽样方案。9.2.2.1 规定：对出厂检验项目中的 5.1、6.1.4.1 进行逐件检查（编者注：5.1 为外观质量要求，6.1.4.1 为水封）。9.2.2.2 对出厂检验项目中其他检验项目的抽样方法做了规定，9.2.3 对判定规则做了规定。

6）标准中的型式检验项目内容。型式检验包括第 5 章、第 6 章、第 7 章要求的全部项目，共有 18 个大项。型式检验项目见表 1-6（根据 GB/T 6952—2015《卫生陶瓷》9.3.4 中的表 12 整理）。

表 1-6　型式检验项目表

序号	检查项目	产品类型	要求	检验方法
1	外观质量	各类产品	5.1	8.1
2	最大允许变形	各类产品	5.2	8.2
3	尺寸	各类产品	5.3、6.1、7.1	8.3
4	便器用水量	便器	6.2.1	8.8.3
5	坐便器冲洗功能	坐便器	6.2.2	8.4.1、8.8.5、8.8.6、8.8.7、8.8.8、8.9、8.8.10、8.8.11
6	小便器冲洗功能	小便器	6.2.3	8.4.2、8.8.9、8.8.10
7	蹲便器冲洗功能	蹲便器	6.2.4	8.8.4.3、8.8.12、8.8.13、8.8.10
8	防虹吸功能	便器冲水装置	5.8.1.4	8.13
9	安全水位	坐便器重力式冲洗水箱	5.8.1.5	8.14
10	吸水率	各类产品	5.4	8.4
11	抗裂性	各类产品	5.5	8.5
12	溢流功能	洗面器 净水器 洗涤槽	7.2	8.9
13	耐荷重性	各类产品	5.7	8.7
14	配套性	便器	5.8.1.1	—
15	坐便器冲洗噪声	坐便器	6.3	8.10
16	连接密封性要求	便器	6.4	8.11
17	限重	各类产品	5.6	8.6
18	疏通机试验	便器	6.5	8.12

序号 14：除 5.8.1.4 和 5.8.1.5 之外的配套性要求。

"9.3.2 检验条件"规定：有下列情况之一时，应进行型式检验：

① 新产品试制定型鉴定；

② 正式生产后，结构、材料、工艺有较大变化，可能影响产品质量时；

③ 产品停产半年以上，恢复生产时；

④ 出厂检验结果与上次型式检验结果有较大差异时；

⑤ 正常情况下，每年至少进行一次。

7）其他与生产有关的要求包括"10 标志和标识"（"10.1 耐久性标志""10.2 产品包装标识""10.3 出厂检验合格证"）、"11 安装使用说明书"，"12 包装、运输和贮存"中的"12.1 包装"。

1.2　GB 25502—2017《坐便器水效限定值及水效等级》

国家标准 GB 25502—2017《坐便器水效限定值及水效等级》于 2017 年 3 月 9 日发布，2017 年 9 月 1 日实施；代替 GB 25502—2010《坐便器用水效率限定值及用水效率等级》。

GB 25502—2017《坐便器水效限定值及水效等级》规定了坐便器的水效限定值、节水评价值、水效等级和试验方法；适用于安装在建筑设施内冷水管路上，供水压力不大于 0.6MPa 条件下使用的各类坐便器的水效评价。

该标准规定坐便器的水效等级分为 3 级，其中 3 级水效最低。

1.3　GB 30717—2019《蹲便器水效限定值及水效等级》

国家标准 GB 30717—2019《蹲便器水效限定值及水效等级》于 2019 年 12 月 31 日发布，2020 年 7 月 1 日实施；代替 GB 30717—2014《蹲便器用水效率限定值及用水效率等级》。

GB 30717—2019《蹲便器水效限定值及水效等级》规定了蹲便器的水效限定值、节水评价值、水效等级、冲洗功能要求和试验方法；适用于安装在建筑物内的冷水供水管路上，供水静压力不大于 0.6MPa 条件下使用的蹲便器（不含幼儿型）的水效评价。

该标准规定蹲便器的水效等级分为 3 级，其中 3 级水效最低。

1.4　GB 28377—2019《小便器水效限定值及水效等级》

国家标准 GB 28377—2019《小便器水效限定值及水效等级》于 2019 年 12 月 31 日发布，2020 年 7 月 1 日实施；代替 GB 28377—2012《小便器用水效率限定值及用水效率等级》。

GB 28377—2019《小便器水效限定值及水效等级》规定了小便器的水效等级、技术要求和试验方法；适用于安装在建筑设施内的冷水供水管路，供水静压力不大于 0.6MPa 条件下使用的各类小便器（不含无水小便器）的水效评价。

该标准规定小便器的水效等级分为 3 级，其中 3 级水效最低。

1.5　企业卫生陶瓷产品出厂检验标准

GB/T 6952—2015《卫生陶瓷》规定，生产企业对烧成品的检验分为出厂检验和型式检验。企业普遍以 GB/T 6952—2015《卫生陶瓷》作为卫生陶瓷产品的检验标准，在这个国家标准的基础上制定更具操作性的、细化的企业出厂检验标准，这个标准应不低于 GB/T 6952—2015《卫生陶瓷》的要求，也可以更严格。有时，企业要按订货合同提供的检验标准对其订货的产品进行出厂检验。

一些其他的国家标准中也有对卫生陶瓷产品有关质量标准的要求。

1.5.1 企业卫生陶瓷产品检验的基础工作

企业制定出厂检验标准时及进行产品检验前要做好以下基础工作。

1.5.1.1 产品的编号

企业要对生产的产品进行编号，GB/T 6952—2015《卫生陶瓷》中推荐使用的产品分类代码的标记组成为 GB/T 6952□□-□□□□□□-×××。目前，企业卫生陶瓷产品的编号一般由字母和数字组成或单独由数字组成，生产中产品的编号一般也是产品在销售时的编号。

1.5.1.2 产品缺陷的名称

检验产品时要确定出现的缺陷名称，在实际检验操作中，企业根据 GB/T 6952—2015《卫生陶瓷》中规定的缺陷名称和定义，进一步细分缺陷名称和特征，同时确定缺陷名称的代表符号。某企业制定的缺陷名称、代表符号、特征的实例见表 1-7，供参考。

表 1-7　多发缺陷的名称、代表符号、特征（某企业）

序号	缺陷名称（代表符号）	缺陷特征
1	成形裂（K）	在成形及干燥过程中产生的坯体裂纹；明显的裂纹或有明显的激发点，且断面不平整
2	棕眼（P）	直径 $\phi0.3mm \sim \phi1.0mm$ 类似针孔状的无釉部分；孔洞部位较深，不能看到坯体
3	坯不良（N）（也称糙活）	由于坯体表面凹凸不平或刮削不良引起的外观缺陷，主要表现为坑、包、刮削痕迹等
4	坯脏（G）（也称成脏）	由于坯体内或表面有异物，烧成后釉面爆开，形成无釉状态缺陷
5	变形（M）	烧成后产品形状变形，不符合标准要求
6	尺寸不良（D）	尺寸与标准不符，如管道卡球，孔径、孔距大和小，变形，开孔不规范等
7	漏水、漏气（L）	"漏水、漏气"检查项目不合格（可分为漏水 L1、漏气 L2）
8	冲洗不良（F）	不符合冲洗标准的要求
9	耐热不良（E）	耐热检验时产品开裂（洗面器、净身器）
10	坯落脏（V）（也称坯渣）	由于坯体表面有坯渣，烧成时造成表面凸起的缺陷；缺陷明显凸出釉面，一般不挂脏、不划手
11	釉秃（H）（也称缺釉、滚釉）	由施釉工序造成的釉面损伤，明显釉面缺损，釉面发灰，但不是完全无釉的状态

序号	缺陷名称（代表符号）	缺陷特征
12	施釉不良（S）	因施釉操作不当引起的施釉面不良；明显的釉薄、流釉、商标不良及擦拭不良等
13	装车不良（T）	烧成工序在装窑过程中因操作不当造成的变形、缺釉、碰伤、划伤等
14	卸碴（CP）	烧成工序在卸窑过程中因操作不当造成产品的碰伤、划伤等
15	烧裂、风惊（R）	产品在窑内升温或急冷过程中造成的产品开裂（可分为烧裂R1、风惊R2）
16	烧成不良（Y）	在烧成过程中造成的釉面不良、煮肌、梨肌、无光等釉面缺陷
17	窑落脏（B）	烧成过程中，氧化铝、炉材渣等异物落在釉面上造成的外观缺陷；异物明显凸出釉面，用手摸划手，且挂脏
18	磕碰（KP）	坯体在烧成之前受外力影响造成的坯体损伤，坯体缺损明显或出现大的裂纹，断面不平整
19	检验包装破损（J）	检验包装工序在检验、研磨、包装、运输中出现的磕碰、划伤
20	杂欠点（Z）	产品表面的铁点、铜点等异色斑点；不划手，不挂脏
21	自洁釉欠点（Sc）	自洁釉烧成后，釉面出现白色斑点

1.5.1.3 产品表面区域的划分

GB/T 6952—2015《卫生陶瓷》在叙述卫生陶瓷外观缺陷最大允许范围时提出了洗净面、可见面、其他区域的概念和区分，叙述卫生陶瓷最大允许变形时提出了安装面、表面、边缘的概念。在检验产品时，要对这些概念进行准确的区分、划定，企业往往要确定各类产品区域划分并做出示意图。

以下为某企业产品表面区域划分的依据和产品五类区域划分示意图，供参考。

（1）产品表面区域划分的依据 见表1-8。

表1-8 产品表面区域划分依据

表面区分（代表颜色）	定 义
A面（粉红色）	产品安装后，观察者从正面看时，特别明显的部位
B面（绿色）	产品安装后，观察者从正面看时，明显的部位
C面（黄色）	产品安装后，观察者如想就可看到的部位
D面（蓝色）	产品安装后，一般看不到，但清扫时可以看到的部位
E面（茶色）	产品安装后看不到的部位

注：分体坐便器的水箱安装座面是安装后看不到的面，可定义为E面。但是，由于坐便器和水箱是分别包装，因包装操作，水箱安装时看得到坐便器的水箱安装座面，所以特定为C面。

（2）产品五类区域划分示意图

1）连体坐便器类表面区域划分示意图如图1-2所示。

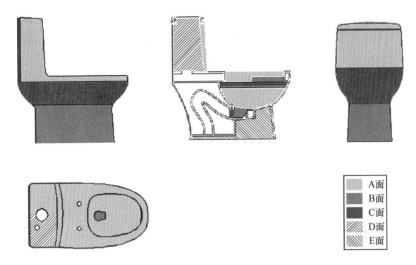

图 1-2 连体坐便器类表面区域划分示意图

2）台上洗面器表面区域划分示意图如图 1-3 所示。

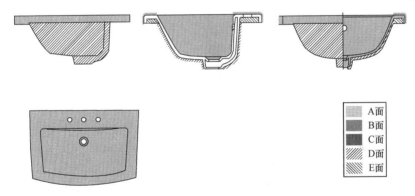

图 1-3 台上洗面器表面区域划分示意图

3）落地式小便器表面区域划分示意图如图 1-4 所示。

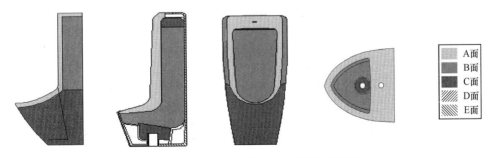

图 1-4 落地式小便器表面区域划分示意图

1.5.1.4 产品的六面体图

检验产品时要记录缺陷发生的位置，这就要预先制作产品的左、右、上、下、前、后的六面体图，将缺陷发生的位置标记在六面体图上；六面体图在标记半成品的缺陷时也可以使用。某企业常用的产品的六面体图举例如图1-5～图1-8所示，供参考。

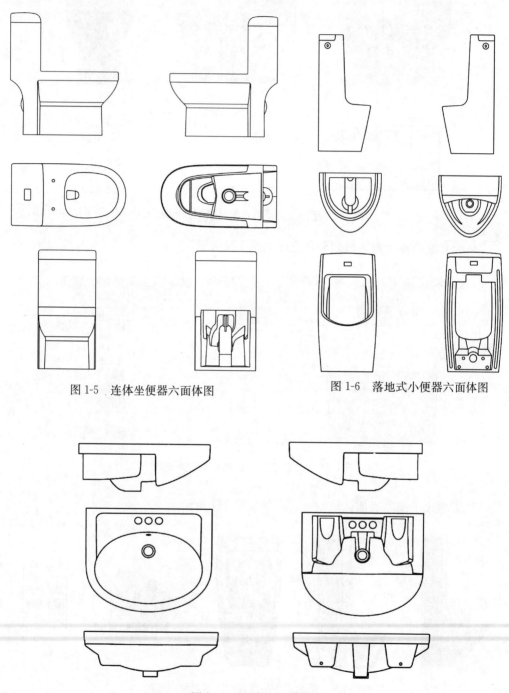

图1-5　连体坐便器六面体图

图1-6　落地式小便器六面体图

图1-7　洗面器六面体图

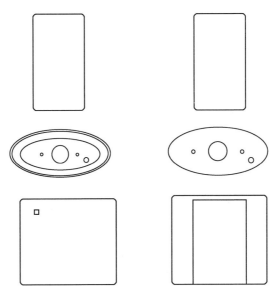

图 1-8　水箱六面体图

1.5.1.5　产品各部位的名称

各地区、各企业对产品各部位名称的说法不尽相同，以下是产品各部位名称的一个实例，供参考。

1）连体坐便器水箱盖各部位名称如图 1-9 所示，连体坐便器外部表面各部位名称如图 1-10 所示，连体坐便器内部各部位名称如图 1-11 所示。

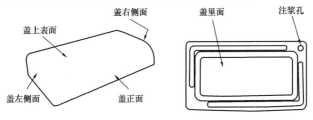

图 1-9　连体坐便器水箱盖各部位名称

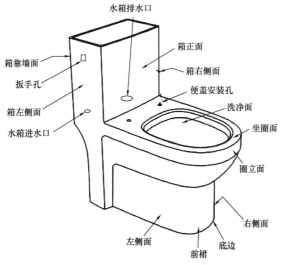

图 1-10　连体坐便器外部表面各部位名称

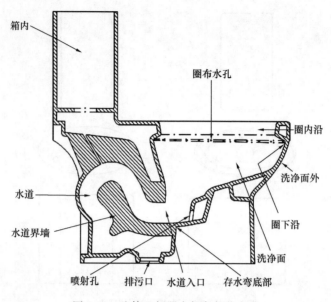

图 1-11　连体坐便器内部各部位名称

2）分体坐便器水箱盖（顶部开孔）各部位名称如图 1-12 所示，分体坐便器水箱各部位名称如图 1-13 所示，分体坐便器外部表面各部位名称如图 1-14 所示，分体坐便器内部各部位名称参见图 1-11。

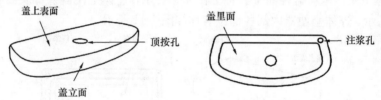

图 1-12　分体坐便器水箱盖（顶部开孔）各部位名称

图 1-13　分体坐便器水箱各部位名称

3）小便器各部位名称如图 1-15 所示。

4）洗面器上面、前面各部位名称如图 1-16 所示，洗面器背面、断面各部位名称如图 1-17 所示。

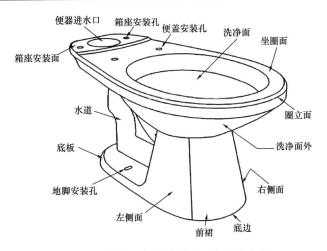

图 1-14　分体坐便器外部表面各部位名称

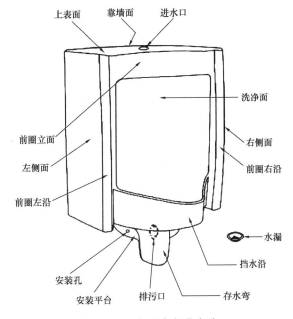

图 1-15　小便器各部位名称

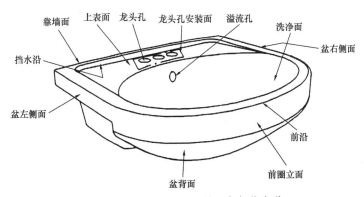

图 1-16　洗面器上面、前面各部位名称

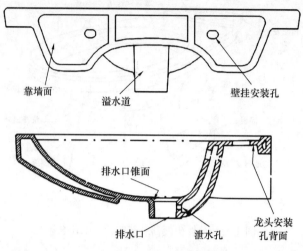

图 1-17　洗面器背面、断面各部位名称

1.5.2　企业产品出厂检验标准的实例

以下为某企业的《卫生陶瓷出厂检验标准》，供参考。该企业标准符合 GB/T 6952—2015《卫生陶瓷》中对出厂检验内容的要求，增加了一部分型式检验的内容，补充了产品特殊尺寸、外观缺陷、规整度和产品功能等多项针对于不同种类产品的检验项目。

卫生陶瓷出厂检验标准

1　尺寸

1.1　尺寸偏差

尺寸偏差要求见下表。

尺寸偏差要求

类别		尺寸要求（mm）	
通用要求	尺寸≤400mm	设计尺寸±8	
	尺寸>400mm	设计尺寸×(±2%)，偏差最大不超过±10	
特殊尺寸	柜式洗面器	柜式洗面器尺寸以柜头检验为准	
	台下盆内沿	挖孔图尺寸（＋29，＋11）	
	小便器高度	设计尺寸±8	
	蹲便器长宽	设计尺寸±6	
孔眼直径		$\phi \leqslant 15$	$\phi+1$
		$15<\phi \leqslant 40$	$\phi\pm2$
		$40<\phi \leqslant 80$	$\phi\pm3$
		$\phi>80$	$\phi\pm5$

类别	尺寸要求（mm）	
孔眼直径差	$\phi \leqslant 15$	1
	$15 < \phi \leqslant 40$	2
	$40 < \phi \leqslant 70$	3
	$\phi > 70$	4
孔眼中心距	$\leqslant 100$	设计尺寸±3
	> 100	设计尺寸×(±3%)

2 外观

2.1 通用标准

1）标准面是指边长为 50mm 的正方形平面，同一标准面内不允许同时有两种或两种以上缺陷。

2）划手的落脏、坯渣不允许，$\phi \leqslant 1mm$ 以下的打磨平滑后按斑点考核。

3）釉面氧化孔指的是 $0.3mm \leqslant \phi \leqslant 1mm$ 的釉面针孔，洗净面的氧化孔经水性记号笔检验后必须是不能吸污的。

4）坐便器的水道口、排污口内部和圈下沿釉面用手摸应光滑。

5）不带溢水孔的洗面器或净身器，溢水孔外沿、内壁和溢水孔内可见位置，必须正常带釉。

6）产品任何部位不允许有锋利的毛刺，研磨、切割之后的部位打磨光滑，坯体缺失部位修补平整。

7）产品 C 面和 D 面，工艺要求带釉的，釉面必须完整、均匀。

8）注浆孔封堵必须平整美观，坐便器和洗面器水道上的注浆孔封堵后必须刷透明釉。

9）所有产品的打风孔、注浆孔、放气孔均打成规整的圆形或椭圆形。

10）陶质产品，正常使用中与水接触的部位必须完整带釉，例如洗面器的溢水道、小便器的水箱内部和排污管道。

11）商标必须完整、清晰。左右、上下位置偏差不大于 3mm，水平歪斜不大于 1mm。无明显标志位置的，按照工艺标准要求位置偏差不大于 10mm。每个商标残缺长度不大于 0.5mm，数量不超过 3 个。所有标识应清楚工整、排列有序。

12）同一釉面颜色的产品之间以及与配套产品之间应无明显的色差。

色差要求：色差值 ΔE：$\leqslant 1.5$，ΔL：± 1，Δa：± 1，Δb：± 1。

13）小型洗面器长度：600mm 以下；中型洗面器长度：600～800mm；大型洗面器长度：800mm 以上。

14）产品外观区域划分如下图所示。

其中，A 为洗净面，B 为可见面，C 为隐蔽面带釉部分，D 为隐蔽面无釉部分。

2.2 外观检验主体内容（主体内容指详细的各品类产品的检验标准）

外观检验主体内容见下表。

外观检验主体内容表

缺陷	检查面				备　注
	A面	B面	C面	D面	
裂纹	不允许	不允许	需修补	发丝裂修补	1. 0.3mm 以下不密集引起变色的斑点不计。
成脏、滚釉	不允许	不允许	需修补	—	2. B面正常安装后不易看到的部位按C面考核。
氧化	标准面内6个，其中 0.7～1mm 的不超过1个	标准面内8个，其中 0.7～1mm 的不超过2个	不严重	—	3. C面不超过φ5mm 的缺陷允许修补平整，颜色一致。
斑点	φ0.3mm～φ0.5mm，总数≤2个	φ0.3mm～φ1mm 总数≤2个，其中 φ0.5mm～φ1mm 不超过1个	斑点直径φ0.5mm～φ1.5mm 标准面内只允许1个	—	4. C面长度不超过20mm 且不影响使用的裂纹允许修补平整，颜色一致。
釉薄、糙活、波纹	不明显	不明显	不严重	—	5. 一个标准面内不允许修补两个或两个以上的缺陷。

Ⅰ类外观质量　连体坐便器、洗面器（表头）

Ⅰ类产品区域面划分

Ⅰ类：连体坐便器

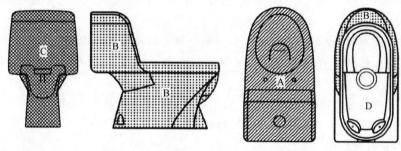

注：水道垂直面30mm 以里按C面考核；圈下 10mm 范围内按C面考核。

Ⅰ类：立柱式洗面器

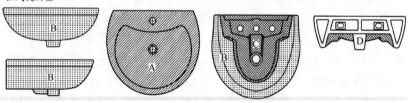

Ⅰ类：柜式洗面器

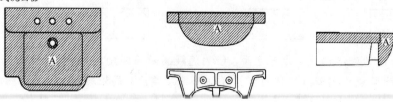

Ⅰ类产品区域面划分

Ⅰ类：台上洗面器

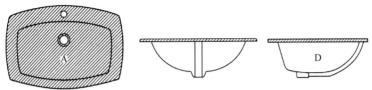

Ⅰ类：台下洗面器

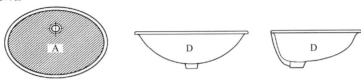

注：内侧倒角宽度不大于 1.5mm，安装面平面不得小于盆沿宽度的 1/2。

Ⅱ类外观质量　　　分体坐便器、净身器、水箱、洗涤槽、瓷板

缺陷	检查面				备注
	A面	B面	C面	D面	
裂纹	不允许	不允许	需修补	发丝裂修补	1. 分体坐便器坐箱结合面允许修补，修补后直径不大于 5mm。 2. 坐箱结合面允许不超过 1.5mm 的斑点 1 个。 3. B 面正常安装后不易看到的部位按 C 面考核。 4. C 面不超过 ϕ 5mm 的缺陷允许修补平整，颜色一致。 5. C 面长度不超过 20mm 且不影响使用的裂纹允许修补平整，颜色一致。 6. 一个标准面内不允许修补两个或两个以上的缺陷
成脏、滚釉	不允许	不允许	需修补	—	
氧化	标准面内 8 个，其中 0.7～1mm 的不超过 2 个	标准面内 10 个，其中 0.7～1mm 的不超过 3 个	不严重	—	
斑点	ϕ0.3mm～ϕ0.5mm，总数≤3 个	ϕ0.3mm ～ ϕ1mm 总数≤3 个，其中 ϕ0.5mm～ϕ1mm 不超过 1 个	斑点直径 ϕ0.5mm～ϕ1.5mm 标准面内只允许 1 个	—	
釉薄、糙活、波纹	不明显	不明显	不严重	—	

Ⅱ类产品区域面划分

Ⅱ类：冲落式分体坐便器

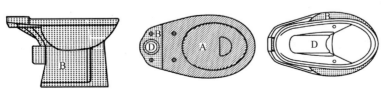

注：圈下 10mm 内按 C 面考核；水道垂直面 30mm 以里按 C 面考核。

Ⅱ类产品区域面划分

Ⅱ类：虹吸式分体坐便器

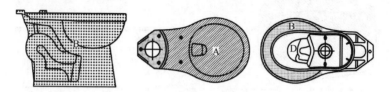

注：圈下 10mm 内按 C 面考核；水道垂直面 30mm 以里按 C 面考核。

Ⅱ类：净身器

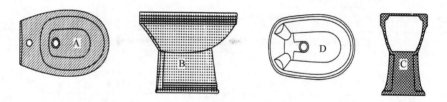

Ⅱ类：水箱

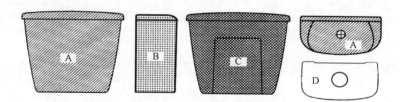

Ⅱ类：洗涤槽

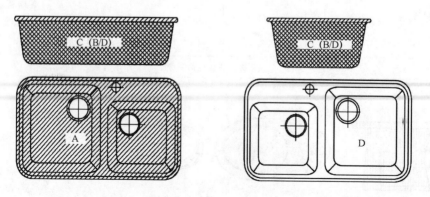

注：台上槽外侧帮带釉的按 C 面考核；台下槽外侧帮按 D 面考核，曹槽时外侧帮正常带釉，按 B 面考核。

缺陷	检查面				备 注
	A面	B面	C面	D面	
裂纹	不允许	不允许	需修补	发丝裂修补	1. C面不超过ϕ5mm的缺陷允许修补平整，颜色一致。 2. C面长度不超过20mm且不影响使用的裂纹允许修补平整，颜色一致。 3. 一个标准面内不允许修补两个或以上的缺陷
成脏、滚釉	不允许	不允许	需修补		
氧化	标准面内10个，其中0.7～1mm的不超过3个	标准面内12个，其中0.7～1mm的不超过4个	不严重	—	
斑点	ϕ0.3mm～ϕ0.5mm，总数≤4个，其中ϕ0.5mm～ϕ1mm，不超过1个	ϕ0.3mm～ϕ1mm总数≤6个，其中ϕ0.5mm～ϕ1mm不超过2个	斑点直径ϕ0.5mm～ϕ2mm标准面内只允许1个	—	
釉薄、糙活、波纹	不允许	不明显	不严重	—	

Ⅲ类外观质量　　蹲便器、小便器、立柱、拖布池、隔板

Ⅲ类产品区域面划分

Ⅲ类：蹲便器

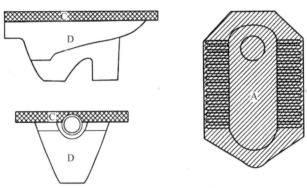

注：圈下10mm内按C面考核；水道口垂直面20mm以里按C面考核。

Ⅲ类：落地式小便器

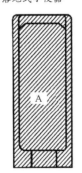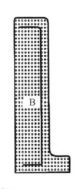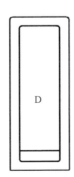

注：水漏盖子以下部位按C面考核。

Ⅲ类产品区域面划分

Ⅲ类：壁挂式小便器

注：水漏盖以下部位按C面考核。

Ⅲ类：洗面器整立柱

Ⅲ类：洗面器半立柱

Ⅲ类：拖布池

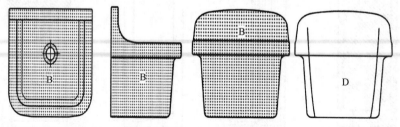

3　规整度

规整度要求见下表。

规整度要求表

类别		检验项目	标准
坐便器	坐便器通用标准	圈面变形	≤4mm
		圈面前后高度差	≤6mm
		圈面左右高度差	≤6mm
		侧帮变形	≤4mm，明显糙活不允许
		底边变形	≤3mm，明显三道弯不允许
		底部安装缝隙	≤2mm，不允许摇摆
		木盖孔安装平面凹凸	≤2mm，特殊客户要求不能凹
		排污口变形	≤4mm
		水道过球（特殊品种依工艺单或品管通知要求）	内销：φ43mm
			A国：φ50mm
			B国：φ44mm
			C国：φ45mm
			其他：φ43mm
		便盖配套	圈面吻合，能正常打开
		圈面两侧至水箱侧帮的边缘变形	边缘变形≤4mm，且木盖孔后部不允许下凹，凸0~2mm
	连体	靠墙面缝隙（不带盖，中间测量）	上部≤6mm，下部≤15mm
		盖比箱大尺寸（平齐设计时）	0~2mm
		箱盖配合缝隙	≤1mm，不允许晃动
		水箱盖下凹	≤2mm，明显糙活不允许
		水箱上口歪扭变形	≤5mm
		按钮孔直径差	≤2mm
		进水孔直径差	≤2mm
		去水孔直径差	≤4mm
	分体	坐箱安装面前后高度差	≤2mm
		坐箱安装面左右高度差	≤3mm
		坐箱安装面配套缝隙	普通：前≤2mm，左右≤3mm
			假连体：前≤2mm，左右≤3mm，后部≤4mm
			某国C213A、C380A、CK421、C330A上表面≤3mm，两侧≤4mm
		坐箱安装面坎深（进水孔外返10mm测量）	依据工艺单要求
		靠墙面缝隙	普通分体：上部≤6mm，下部≤25mm
			水箱靠墙的假连体：上部≤6mm，下部≤10mm
			坐箱全靠墙的假连体：上部≤6mm，下部≤8mm

类别		检验项目	标准
坐便器	壁挂式坐便器	靠墙面缝隙	上部≤2mm，下部≤4mm
		靠墙面上沿变形	≤2mm，不允许明显三道弯
		进水孔直径差	≤2mm，内径不允许有毛刺
		排污口直径差	≤4mm，外径不允许有毛刺
		侧帮、侧边、底边边缘变形	≤3mm
		后仰尺寸，避开挡沿位置	≤6mm
	智能坐便器	便盖配合尺寸	前部：0～6mm
			两侧：0～3mm
			后部：－2～3mm
		便盖配合缝隙	两侧≤3mm
			后部≤5mm
水箱	水箱	箱盖配合缝隙	≤1mm，不允许晃动
		盖比箱大尺寸（平齐设计时）	0～2mm
		底部配合缝隙	≤2mm
		前立面凹凸变形（普通水箱）	凸≤8mm，凹≤4mm
		前立面凹凸变形（方形水箱）	凹凸≤4mm
		两侧帮凹凸变形	≤3mm
		靠墙面凹凸变形（普通水箱）	凸≤4mm，凹≤8mm
		靠墙面凹凸变形（方形水箱）	凹凸≤4mm
		水箱上口边缘变形	前后≤4mm，两侧≤2mm
		靠墙面缝隙（普通水箱）	上部≤4mm（不带盖测量）
		靠墙面缝隙（全靠墙设计水箱）	上、下≤4mm（不带盖测量）
		水箱上口整体歪扭	≤5mm
		水箱盖下凹	≤2mm
		进水孔直径差	≤2mm
		去水孔直径差	≤4mm
		顶按孔直径差	≤2mm
		顶按孔中心偏移	≤3mm
		方形或椭圆顶按（扳把）孔的倾斜	≤2mm
		方形顶按孔对称边差值	≤1mm
洗面器	洗面器通用标准	下水孔斜面缝隙	≤1.2mm
		下水孔背部凹凸变形	≤1mm
		下水孔背部水平度	≤2mm
		龙头孔背部安装空间	欧美≥60mm，其他≥50mm
		存水检查	洗净面、皂盒处不能存水
		龙头孔安装面凹凸变形	≤1.5mm

类别		检验项目	标准
洗面器	洗面器通用标准	龙头孔直径差	≤2mm
		下水孔直径差	≤2mm
		盆沿高于溢水孔上沿尺寸	≥10mm
		边缘变形	长度≤400mm，边缘变形≤2mm 长度>400mm，边缘变形≤3mm 不允许波浪变形
		表面变形	小型洗面器≤4mm，对称差值≤3mm 中型洗面器≤5mm，对称差值≤4mm 大型洗面器≤7mm，对称差值≤5mm
		整体变形	小型洗面器≤5mm，中型洗面器≤6mm，大型洗面器≤8mm
		龙头孔前后高度差	向洗净面倾斜0～2mm
		可见面堵孔，明显糙活	不允许
	柜式洗面器	盆柜配套缝隙	水平配套缝隙≤2mm 竖直配套缝隙≤6mm
		盆大于柜尺寸（盆柜设计平齐的）	靠墙面与柜平齐后，前、左右均匀大于柜头尺寸0～5mm
		靠墙面缝隙	≤2mm
	台上洗面器	安装面缝隙	≤2mm，不允许晃动
		整体变形	≤4mm
	台下洗面器	安装面缝隙	≤2mm
		外沿缝隙	≤4mm
	艺术盆碗盆	安装面缝隙	≤2mm，不允许晃动
		侧面竖直变形	≤4mm
		侧面凹凸变形	≤2mm
	立柱式洗面器	靠墙面缝隙	上部≤2mm，下部≤6mm
		盆柱结合缝隙	≤2mm
		左右高度差（配柱后）	≤6mm
	连体式洗面器	靠墙面缝隙	上部≤2mm，下部≤6mm
		底部安装缝隙	≤2mm
		左右高度差	≤6mm
洗面器立柱	整立柱	左右高度差	≤3mm
		靠墙面缝隙	上部≤10mm 下部≤10mm
		底部安装缝隙	≤2mm
		两侧帮、前立面凹凸变形	≤4mm
		靠墙面边缘弯曲	凸≤4mm，凹≤8mm
		中线偏移	≤10mm

续表

类别		检验项目	标准
洗面器立柱	半立柱	靠墙面缝隙	≤2mm
		正面凹凸变形	≤4mm
		两侧凹凸变形	≤4mm
		靠墙面整体变形	≤4mm
		靠墙面下部边缘变形	≤4mm
净身器	净身器通用标准	龙头孔表面凹凸变形	≤1.5mm
		下水孔斜面缝隙	≤1.2mm
		下水孔背部凹凸变形	≤1mm
		下水孔背部水平度	≤2mm
		龙头孔、下水孔直径差	≤2mm
		表面变形	≤4mm
		侧帮、底边、边缘变形	≤3mm
		靠墙面上沿变形	≤2mm，不允许明显三道弯
	落地式净身器	圈面前后高度差	≤6mm
		圈面左右高度差	≤6mm
		靠墙面缝隙	上部≤2mm，下部≤4mm
	壁挂式净身器	后仰尺寸（前后高度差）	≤6mm
		靠墙面缝隙	≤2mm
小便器	小便器通用标准	进水孔直径差	≤2mm
		顶面下凹变形	≤2mm
		感应窗左右偏移	≤3mm
		感应窗对称边差值	≤1mm
		感应窗倾斜	≤2mm
		感应窗安装面缝隙	≤1mm
		水漏盖配套缝隙	≤5mm
		箱盖配合缝隙	≤1.5mm
		盖比箱（高低）	盖不能比水箱高，允许低2mm
		盖比箱（大小）	0～3mm
		水道过球	φ23mm
		可见面堵孔、搭茬，明显糙活不允许	
		侧面锁紧孔内、施釉不良不允许	
	落地式小便器	底部安装缝隙	≤3mm，不允许摇摆
		靠墙面缝隙	上部≤3mm，中部≤4mm 下部≤6mm
		立便高度差	设计尺寸±8mm
		侧帮凹凸变形	≤4mm
		整体歪扭变形	≤12mm
		下水管中线偏移	≤5mm
	壁挂式小便器	靠墙面缝隙	上部≤3mm，下部≤4mm
		侧帮凹凸变形	≤4mm

类别		检验项目	标准
蹲便器	蹲便器	进水孔变形	≤2mm
		进水孔坎深	≥25mm
		表面变形	≤5mm
		四周边缘变形	≤3mm
		整体歪扭变形	≤5mm
		排污口外径变形	≤4mm
		大小头之差	≤4mm
		进水孔端面倾斜	≤3mm
		排污口端面倾斜	≤4mm
洗涤槽	洗涤槽	边缘变形	前后≤4mm，两侧≤3mm
		安装面缝隙	前、左右≤2mm，后部≤3mm
		表面变形	≤4mm
		龙头孔变形	≤2mm
		下水孔变形	≤4mm
		下水孔斜面缝隙	≤1.5mm
		下水孔背部凹凸变形	≤1mm
拖布池	通用标准	侧面、边缘凹凸变形	≤4mm
		靠墙面缝隙	≤4mm
		下水孔斜面缝隙	≤1.5mm
		整体变形	≤6mm
		下水孔变形	≤4mm
		下水孔背部凹凸变形	≤1mm
	整体配套	底部安装缝隙	≤3mm
		左右高度差	≤5mm

4 功能检验标准和方法

4.1 冲洗功能检测范围

冲洗功能检测范围见下表。

冲洗功能检测范围表

项目	类型										
	虹吸式坐便器	冲落式坐便器	内销坐便器	D国坐便器	E国坐便器	F地区坐便器	G地区坐便器	智能马桶	商务坐便器	小便器	蹲便器
水量	☆	☆	☆	☆	☆	☆	☆	☆	☆		
冲洗	★	★	★	★	★	★	★	★	★	★	★
50个小球				☆	☆						
100个小球	★	★	★	★			★	★	★		

续表

项目	虹吸式坐便器	冲落式坐便器	内销坐便器	D国坐便器	E国坐便器	F地区坐便器	G地区坐便器	智能马桶	商务坐便器	小便器	蹲便器
	类型										
颗粒排放	☆	☆					☆	☆	☆		
混合介质			☆				☆	☆	☆		
虹吸	★						★	★	★		
水封高度	★						★	★	★		
水封回复	★						★	★	★		
溅水		☆			☆	☆			☆		☆
污水置换	☆	☆	☆	☆	☆	☆	☆	☆	☆	☆	☆
全排黄页纸				☆							
全排卫生纸				☆		☆					
半排卫生纸			☆		☆	☆					
全排人造试体											☆
备注	★代表全检项目，☆代表抽检项目。 双挡坐便器的刷洗、100个小球、虹吸、水封回复、污水置换等项目仅做半排检验。 双挡蹲便器的污水置换仅做半排检验										

（表中前面的虹吸式和冲落式坐便器的项目是针对产品结构提出的检测项目，后面的坐便器项目是针对不同销售区域的产品提出的检测项目。）

4.2 坐便器功能

4.2.1 球排放试验

将100个直径为（19±0.4）mm的实心固体球轻轻投入坐便器中，启动冲水装置，检查并记录冲出坐便器排污口外的球数。

全排冲洗排出球的数量应不少于90个，半排冲洗排出球的数量应不少于65个。

4.2.2 冲洗功能

将洗净面擦洗干净，在坐便器水圈下方25mm处沿洗净面画一条墨线，启动冲水装置。观察、测量残留在洗净面上墨线的各段长度。双挡产品应启动半排冲水进行检验。

每次冲洗后累积残留墨线的总长度应不大于50mm，且单段残留墨线长度不大于10mm。

4.2.3 虹吸及水封回复（仅虹吸式坐便器）

补满坐便器的水封，启动冲水装置，坐便器能形成虹吸。当进水阀止水后，坐便器内水封回复高度应≥50mm。双挡坐便器，必须启动半排水阀做同样的测试。

4.2.4 颗粒排放

将（65±1）g（约2500个）聚乙烯颗粒和100个直径（6.35±0.25）mm的小尼龙球放入坐便器水封内，启动冲水装置，记录冲洗后残留在水封内的可见颗粒数量。

每次冲洗后，水封内可见的聚乙烯颗粒≤125个、尼龙球≤5个。

4.2.5 混合介质排放

先将 20 个尺寸为（20mm×20mm×28mm）±3mm 的海绵块和 8 个弄皱的直径约 25mm 的纸团用水浸透，将海绵块放入水封后再将纸团一个一个地放入水封中，使纸团均匀分布在海绵块中，启动冲水装置，记录冲出的海绵块和纸团数量。

混合介质冲出数量 3 次平均数≥22，如果第一次冲洗时介质未全部冲出，第二次冲洗介质必须全部排出坐便器。

4.2.6 半排卫生纸测试

将 6 联未用过的卫生纸制成直径为 50～70mm 的松散纸球，每组 4 个纸球；将 4 个纸球投入坐便器存水弯处水中，让其完全湿透。在湿透后的 5s 内启动半冲水开关冲水，冲水周期完成后，查看并记录坐便器内是否有纸残留。

每次水封内不能有可见的卫生纸残留。

4.2.7 污水置换功能

使用约 80℃的自来水配制浓度为 5g/L 的亚甲蓝溶液。在试验条件下将坐便器冲洗干净，完成正常进水周期之后，将 30mL 染色液溶液倒入坐便器水封中，搅拌均匀，由水封水中抽取 5mL 溶液至容器中，如果是单冲水的坐便器，将该溶液加水稀释至 500mL（标准稀释率为 100），如果是双冲水坐便器，将该溶液加水稀释至 125mL（标准稀释率为 25），混合均匀后，移入比色管中，作为标准液待用。

启动坐便器冲水装置，冲水周期完成后，将坐便器水封中的稀释液装入与装标准液同样规格的比色管中，目测与标准液的色差。

4.3 小便器功能

4.3.1 冲洗功能

将洗净面擦洗干净，在小便器水圈最低出水点至水封面垂直距的 1/3 处沿洗净面横向画一条细墨线，启动冲水装置。观察、测量残留在洗净面上墨线的各段长度。

每次冲洗后累积残留墨线的总长度不大于 25mm，且每一段残留墨线长度不大于 10mm。

4.3.2 污水置换功能（适用于自带水封的小便器）

使用约 80℃的自来水配制浓度为 5g/L 的亚甲蓝溶液。在试验条件下将小便器冲洗干净，完成正常进水周期之后，将 30mL 染色液溶液倒入小便器水封中，搅拌均匀，由水封水中抽取 5mL 溶液至容器中，将该溶液加水稀释至 500mL（标准稀释率为 100），混合均匀后，移入比色管中，作为标准液待用。

启动小便器冲水装置，冲水周期完成后，将小便器水封中的稀释液装入与装标准液同样规格的比色管中，目测与标准液的色差。

4.4 蹲便器功能

4.4.1 冲洗功能

将洗净面擦洗干净，在蹲便器水圈下 30mm 处画一条墨线，启动冲水装置，观察、测量残留墨线长度。

每次冲洗后累积残留墨线的总长度不大于 50mm，且每一段残留墨线长度不大于 10mm。

4.4.2 防溅污性试验

用 3 块厚度为 10mm 的垫块放在产品的圈面上，将一块至少 600mm×500mm 的透明模板支垫在垫块上，使其与便器圈上表面之间有10mm的间隙。启动冲水装置冲水，观察模板上直径大于5mm的水滴数。

每次冲洗后模板上不允许有大于5mm的水滴，即使不大于5mm，水滴也不能密集。

4.4.3 污水置换功能（适用于自带水封的蹲便器）

使用约80℃的自来水配制浓度为5g/L的亚甲蓝溶液。在试验条件下将蹲便器冲洗干净，完成正常进水周期之后，将30mL染色液溶液倒入蹲便器水封中，搅拌均匀，由水封水中抽取5mL溶液至容器中，如果是单冲水的蹲便器，将该溶液加水稀释至500mL（标准稀释率为100），如果是双冲水蹲便器，将该溶液加水稀释至125mL（标准稀释率为25），混合均匀后，移入比色管中，作为标准液待用。

启动蹲便器冲水装置，冲水周期完成后，将蹲便器水封中的稀释液装入与装标准液同样规格的比色管中，目测与标准液的色差。

4.4.4 排放功能

按照GB/T 6952—2015《卫生陶瓷》中蹲便器试验用人造试体示意图的规定制备4个试体，将3个试体沿冲水方向并排放到蹲便器冲洗面中间，若为幼儿蹲便器则放2个试体，再将第4个试体（幼儿蹲便器为第3个试体）呈十字形横放在3个（或2个）试体上面的中间位置，形成三横（或二横）一竖的状态，立即冲水，观察并记录排出蹲便器外的试体个数。测试4次，报告试体全部排出蹲便器外的次数。

对于不带整体存水弯的蹲便器产品，在测试时应配接一直径为110mm、水封深度为50mm、落差为500mm/300mm的外接存水弯后进行测试。

2 出厂检验包装作业管理

出厂检验包装作业管理包括作业管理、人员管理、技术管理、安全管理等工作。

2.1 卫生陶瓷质量检验的有关工作

生产中与卫生陶瓷质量检验有关的工作可分为三部分，第一部分是产品的出厂检验包装，第二部分是产品的型式检验，第三部分是对待入库产品的抽查。

（1）产品的出厂检验包装

1）出厂检验包装工序及出厂检验项目的规定。出厂检验包装工序往往称为"出厂检验包装工序"（也有的简称为检验包装工序、检包工序）。出厂检验包装工序由专门的出厂检验部门（一般称为检验科、检查科）承担。质量检验的目的是保证出厂产品的质量符合 GB/T 6952—2015《卫生陶瓷》及企业质量检验标准。

GB/T 6952—2015《卫生陶瓷》对出厂检验项目的规定见表1-5，同时有以下规定：

"9.2.2 组批规则和抽样方案"中：

"9.2.2.1"规定：对出厂检验项目中的5.1、6.1.4.1进行逐件检验。（编者注：5.1为外观质量，6.1.4.1为水封。）

"9.2.2.2"规定：对出厂检验项目中的其他项目按 GB/T 2828.1 的规定进行，采用一般检验水平Ⅱ，正常检验一次抽样方案。

2）组批规则与抽样方案的操作：

① GB/T 6952—2015《卫生陶瓷》"9.3.3 组批规则"规定：以同品种同类型同型号的产品组批，每500～3000件为一批，不足500件仍以一批计。

② GB/T 6952—2015《卫生陶瓷》"9.4 抽样方法"规定：出厂检验按9.2.2.2规定的样本量从所组批中随机抽取样品。

一般检验水平Ⅱ见表2-1（选自 GB/T 2828.1《计数抽样检验程序 第1部分：按接收质量限（AQL）检索的逐批检验抽样计划》），正常检验一次抽样方案见表2-2（选自 GB/T 2828.1《计数抽样检验程序 第1部分：按接收质量限（AQL）检索的逐批检验抽样计划》）。

③ GB/T 6952—2015《卫生陶瓷》"9.2.3 判定规则"规定：出厂检验项目的接收质量限（AQL）为1.5。经检验所要求项目均合格，则该批产品为合格，凡有一项或一项以上不合格，则判定该批产品不合格。

表2-1 一般检验水平

批量	特殊检验水平				一般检验水平		
	S-1	S-2	S-3	S-4	Ⅰ	Ⅱ	Ⅲ
2～8	A	A	A	A	A	A	B
9～15	A	A	A	A	A	A	C
16～25	A	A	B	B	B	B	D
26～50	A	B	B	C	C	C	E

续表

批量	特殊检验水平				一般检验水平		
	S-1	S-2	S-3	S-4	Ⅰ	Ⅱ	Ⅲ
51～90	B	B	C	C	C	C	F
91～150	B	B	C	D	D	D	G
151～280	B	C	D	E	E	E	H
281～500	B	C	D	E	F	F	J
501～1200	C	C	E	F	G	G	K
1201～3200	C	D	E	G	H	H	L
3201～10000	C	D	F	G	J	J	M
10001～35000	C	D	F	H	K	K	N
35001～150000	D	E	G	J	L	L	P
150001～500000	D	E	G	J	M	M	Q
500001 及以上	D	E	H	K	N	N	R

3）抽查结果的处置：

① 批的标记。为了明确检查批，根据要求，在所抽样品陶瓷里面的表面看不到的部位及批的包装箱规定位置加盖抽检人员工号及检验日期等标记。

② 合格品的处置。将所抽样品中的合格品填写"产品出厂检验报告"，将这批产品入库。

③ 不合格品的处置。将所抽样品中的不合格项，及时反馈检验部门及相关工序进行确认。将抽样不符合项的内容填写检验报告，反馈到相关部门。对这批产品停止入库，再次抽样检验或全数再次检验。

④ 将抽检的检验结果进行记录并报送有关部门。

需要说明的是，目前绝大多数卫生陶瓷生产企业为了保证产品质量，对 GB/T 6952—2015《卫生陶瓷》9.2.1 条款中的出厂检验项目（表1-5）的全部项目进行逐件检验。

4）包装

包装是将检验合格的产品用包装物进行包装，同时要将出厂检验合格证、安装使用说明书、装箱清单、装配图等一起装入包装物中，有的产品还需要装入一些产品使用及安装配套的配件。包装物一般为纸包装箱。

出厂检验的详细内容见第 4 章、第 5 章，包装的详细内容见第 10 章。

（2）型式检验

按 GB/T 6952—2015《卫生陶瓷》的规定，型式检验是通过抽查的方法，对在某些情况下生产出的、经出厂检验判定为合格的产品进行与质量有关的全部项目的检验。

型式检验的详细内容见第 6 章。

（3）待入库产品的抽查检验

待入库产品的抽查检验是将已经包装待入库的产品定期进行抽查检验，由于 GB/T 6952—2015《卫生陶瓷》中没有这个要求，因此有的企业做这项检验，有的企业不做这项检验。这个检验可由承担型式检验的部门完成。检验的目的是对出厂检验的质量、包装作业的质量进行检查、监督。

待入库产品的抽查检验内容可为表1-5中的外观质量、最大允许变形、水封、便器用水量、冲洗功能、安全水位及用水量标识，同时也要检验配件的安装状况是否符合要求；要按 GB/T 6952—2015《卫生陶瓷》10.2、12.1 条款与企业相关要求对抽样产品的

表2-2　正常检验一次抽样方案（主表）

接收质量限（AQL）（每格数值为 Ac Re）

样本量字码	样本量	0.010	0.015	0.025	0.040	0.065	0.10	0.15	0.25	0.40	0.65	1.0	1.5	2.5	4.0	6.5	10	15	25	40	65	100	150	250	400	650	1000
A	2	↓	↓	↓	↓	↓	↓	↓	↓	↓	↓	↓	↓	↓	↓	↓	↓	0 1	1 2	2 3	3 4	5 6	7 8	10 11	14 15	21 22	30 31
B	3	↓	↓	↓	↓	↓	↓	↓	↓	↓	↓	↓	↓	↓	↓	↓	0 1	1 2	2 3	3 4	5 6	7 8	10 11	14 15	21 22	30 31	44 45
C	5	↓	↓	↓	↓	↓	↓	↓	↓	↓	↓	↓	↓	↓	↓	0 1	1 2	2 3	3 4	5 6	7 8	10 11	14 15	21 22	30 31	44 45	↑
D	8	↓	↓	↓	↓	↓	↓	↓	↓	↓	↓	↓	↓	↓	0 1	1 2	2 3	3 4	5 6	7 8	10 11	14 15	21 22	30 31	44 45	↑	↑
E	13	↓	↓	↓	↓	↓	↓	↓	↓	↓	↓	↓	↓	0 1	1 2	2 3	3 4	5 6	7 8	10 11	14 15	21 22	30 31	44 45	↑	↑	↑
F	20	↓	↓	↓	↓	↓	↓	↓	↓	↓	↓	↓	0 1	1 2	2 3	3 4	5 6	7 8	10 11	14 15	21 22	30 31	44 45	↑	↑	↑	↑
G	32	↓	↓	↓	↓	↓	↓	↓	↓	↓	↓	0 1	1 2	2 3	3 4	5 6	7 8	10 11	14 15	21 22	30 31	44 45	↑	↑	↑	↑	↑
H	50	↓	↓	↓	↓	↓	↓	↓	↓	↓	0 1	1 2	2 3	3 4	5 6	7 8	10 11	14 15	21 22	30 31	44 45	↑	↑	↑	↑	↑	↑
J	80	↓	↓	↓	↓	↓	↓	↓	↓	0 1	1 2	2 3	3 4	5 6	7 8	10 11	14 15	21 22	30 31	44 45	↑	↑	↑	↑	↑	↑	↑
K	125	↓	↓	↓	↓	↓	↓	↓	0 1	1 2	2 3	3 4	5 6	7 8	10 11	14 15	21 22	30 31	44 45	↑	↑	↑	↑	↑	↑	↑	↑
L	200	↓	↓	↓	↓	↓	↓	0 1	1 2	2 3	3 4	5 6	7 8	10 11	14 15	21 22	30 31	44 45	↑	↑	↑	↑	↑	↑	↑	↑	↑
M	315	↓	↓	↓	↓	↓	0 1	1 2	2 3	3 4	5 6	7 8	10 11	14 15	21 22	30 31	44 45	↑	↑	↑	↑	↑	↑	↑	↑	↑	↑
N	500	↓	↓	↓	↓	0 1	1 2	2 3	3 4	5 6	7 8	10 11	14 15	21 22	30 31	44 45	↑	↑	↑	↑	↑	↑	↑	↑	↑	↑	↑
P	800	↓	↓	↓	0 1	1 2	2 3	3 4	5 6	7 8	10 11	14 15	21 22	30 31	44 45	↑	↑	↑	↑	↑	↑	↑	↑	↑	↑	↑	↑
Q	1250	↓	↓	0 1	1 2	2 3	3 4	5 6	7 8	10 11	14 15	21 22	30 31	44 45	↑	↑	↑	↑	↑	↑	↑	↑	↑	↑	↑	↑	↑
R	2000	↓	0 1	1 2	2 3	3 4	5 6	7 8	10 11	14 15	21 22	30 31	44 45	↑	↑	↑	↑	↑	↑	↑	↑	↑	↑	↑	↑	↑	↑

⇩——使用箭头下面的第一个抽样方案。如果样本量等于或超过批量，执行100%检验。

⇧——使用箭头上面的第一个抽样方案。

Ac——接收数。

Re——拒收数。

包装进行确认，如：包装箱上的产品包装标识的印刷是否清晰和符合要求，包装箱内是否放置了符合要求的出厂检验合格证、安装使用说明书、装箱清单、装配图等，按照装箱实物与清单对照，确认是否一致，有无漏装。

抽查的数量可参照本章2.1（1）2）的抽查方法；抽查的频度（即间隔多长时间或间隔多少入库数量抽查一次）由企业确定。抽查结果的处置可参考本章2.1（1）3）。

2.2 出厂检验包装作业内容

（1）出厂检验的检验项目

对出厂检验项目，GB/T 6952—2015《卫生陶瓷》中做出了规定，见本章2.1（1）。

本章2.1（1）中已经提到："目前绝大多数卫生陶瓷生产企业为了保证产品质量，对GB/T 6952—2015《卫生陶瓷》9.2.1中的出厂检验项目（表1-5）的全部项目进行逐件检验"。许多企业对产品除完成要求的出厂检验项目外还增加一些逐件检验项目。如：对一些重要的安装及配套、组装尺寸的检验，对部分便器的水封存水的检验，使用漏水检验设备对坐便器漏水的检验，使用耐热检验设备对洗面器的耐急冷急热性能的检验，对部分坐便器进行漏气检验。

产品出厂检验工作按企业制定的出厂检验标准进行，这个标准应不低于GB/T 6952—2015《卫生陶瓷》的要求，也可以更严格。

（2）作业内容

出厂检验包装工序的作业内容包括：出厂检验、统计、缺陷分析、信息反馈、研磨加工、配件及装配检验、包装。

1）出厂检验：检验人员采取一定的方法，使用工具、量具、设备、材料对烧成品（简称成瓷）进行测量、测试、检查、检验，将其检验结果中的缺陷项与判断标准进行比较，确定出合格品、不合格品、研磨加工品、回烧品。其中，研磨加工品是安装面等部位需要进行研磨加工的产品；回烧品是将不合格品中的棕眼、坯秃、落脏等缺陷，经过打磨、填埋回烧专用的修正剂后，再放到窑炉内进行烧成（回烧）的产品。

2）统计：将产品的检验结果及数据按合格与不合格的各种类别项进行统计和汇总，并将不合格的缺陷数据按缺陷名称进行统计和汇总。

3）缺陷分析：将缺陷产生的原因进行分析。

4）信息反馈：将检验结果、统计数据、缺陷分析及时反馈给质量管理部门和相关生产工序。

5）研磨加工：对需研磨加工的产品进行研磨，研磨后再进行检验。

6）配件及装配检验：对需要与合格品配套包装及装配的配件进行质量确认，对配件装配的质量进行确认。

7）包装：对包装物的质量进行确认，将合格品及需要的配件、文件（说明书、合格证、装箱清单、装配图等）装入包装物，在包装物外表面上粘贴必要的标识。

（3）出厂检验包装作业流程图及出厂检验作业场地布置

1）出厂检验包装作业流程举例。某企业检验包装作业流程如图2-1所示，检验包装作业管理内容见表2-3。

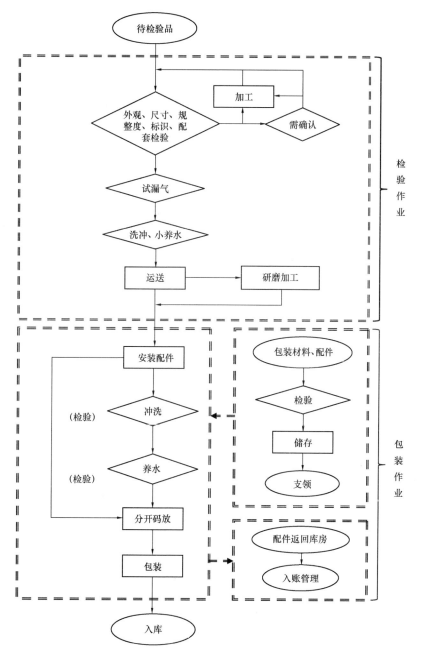

图 2-1 检验包装作业流程

表 2-3 检验包装作业管理内容

类别	检验作业	包装作业
责任人	检验组长	包装组长
支持文件	1. 检验组长职责	1. 包装组长职责
	2. 内控检验标准	2. 订单要求
	3. 检验作业指导书	3. 单品种包装作业指导书
	4. 单品种检验标准	4. 胶带纸封箱管理规定
	5. 订单要求	5. 现场 5S 检查管理规定

续表

类别	检验作业	包装作业
责任人	检验组长	包装组长
支持文件	6. 各检验操作类文件 7. 自制工器具管理办法 8. 研磨作业指导书 9. 培训计划 10. 现场5S检查管理规定	
工作记录	1. 各工序检验结果表、汇总表 2. 工器具台账 3. 工器具校验记录 4. 重点项目检验记录 5. 功能抽查记录 6. 标准化管理工作会议记录 7. 培训记录 8. 考核记录	1. 配件验收记录 2. 便盖验收记录 3. 纸箱验收记录 4. 条码验收记录 5. 安装密封圈验收记录 6. 配件安装检查记录 7. 包装品种、数量记录 8. 配件台账 9. 配件支领记录

2）出厂检验作业流程举例。

某企业出厂检验作业流程如图2-2所示。

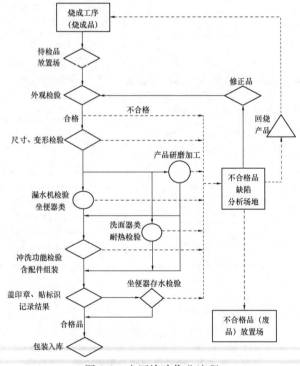

图2-2　出厂检验作业流程

3）作业场地布置。出厂检验、包装作业需要较大的作业场地，包括：待检验品放置场地、检验作业场地、合格品放置场地、不合格品缺陷分析场地、不合格品（废品）放置场地、研磨加工品放置场地、研磨加工作业场地、回烧品放置场地、配件及装配检验场地、部分合格品的配件装配场地、包装场地、已包装品放置场地。

某企业作业场地布置的举例如图2-3所示。

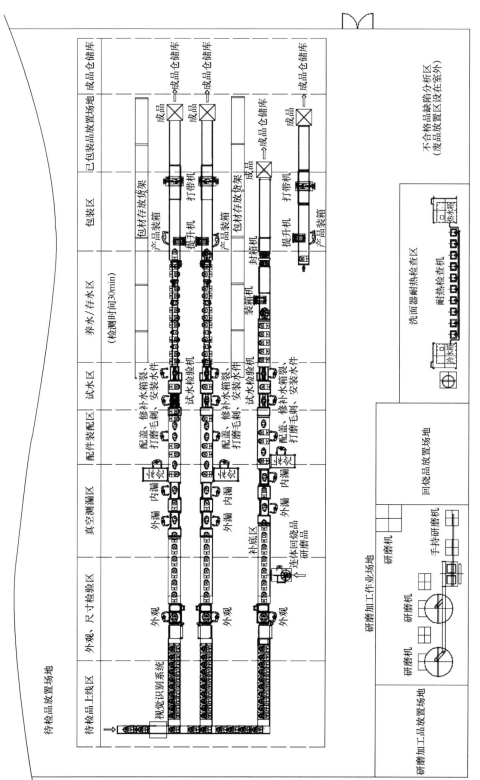

图 2-3 检验包装作业场地布置

2.3 机构设置与作业管理

企业要设立单独的出厂检验包装部门，这个部门与生产各工序无上下级关系。产量小的可设立检验班（组），产量大的可设立检验科，科的下面可设组或小组。企业要明确检验部门的工作内容、职责、权限和管理要求，要确定检验部门的负责人和作业人员的岗位责任制，也要对检验标准的把握情况进行定期检查。

（1）出厂检验包装部门的管理要点

1）数量、质量的管理。确保按质按量完成生产计划部门下达的出厂检验、统计、缺陷分析、信息反馈、研磨加工、配件及装配检验、包装等各项生产任务。

2）人员管理：

① 对新作业人员进行技术培训，考核合格后方可上岗作业；

② 经常进行技术培训，讲解检验标准，提高检验人员的作业水平；

③ 对检验人员的检验能力进行定期的考核评价，使其正确掌握判断标准，防止检验尺度过松或过严。

3）检验使用的设备、工具、量具、规具、材料的管理：

① 检验使用的设备、工具、量具、规具、材料的准备、管理和维护；

② 检验设备与研磨加工设备的管理和维护；

③ 包装设备与搬运设备的管理和维护。

4）用于缺陷判断的标准样板、限度样板等的制作与保管。

5）检验操作的管理：

① 检验操作顺序的确认；

② 检验操作方法的确认；

③ 判断标准的正确把握的确认；

④ 检验结果的记录内容的确认。

6）待检验品、合格品、不合格品等的放置的管理。各类产品按规定运输、码放，并放置在规定的位置。

7）检验结果的统计、缺陷分析、信息反馈。按规定及时、准确地进行结果的统计、缺陷分析、信息反馈。

8）新产品的检验准备工作。在新产品、新型号的产品投产前，与有关部门协作，做好检验标准及检验作业指导书、检验设备、工具、量具、规具、材料的准备。

9）产品包装的作业管理。

10）参与本工序作业管理规定和安全操作规定的制定，切实执行这些规定。

（2）岗位责任制

建立岗位责任制是必要的管理方法。以下为某企业检验科科长、组长、作业人员的岗位责任制，供参考。

检验科科长岗位责任

1. 根据计划部门下达的计划合理安排工作，确保完成出厂检验、统计、缺陷分析、信息反馈、研磨加工、配件及装配检验、包装等各项生产任务。

2. 积极推进部门内各项管理工作。

3. 加强生产计划变更后的联络工作。

4. 做好作业人员的配置和调度工作。

5. 对新检验人员进行检验标准讲解和检验操作的培训。

6. 对检验人员进行作业方法的指导和确认，并进行定期的考核评价。

7. 定期抽检，降低漏检率，减少事故产品。

8. 负责本部门工器具的日常管理。

9. 负责本部门设备的维护、保养工作。

10. 负责本部门质量管理、环境管理、职业健康安全管理体系工作；负责本部门危险源的改善；负责本部门5S工作的开展；建立安全卫生检查制度，定期进行检查。

11. 及时处理解决组长提出的各种问题。

12. 及时向部门内人员传达公司下达的文件、要求等。

检验科组长岗位责任

1. 根据部门下达的计划合理安排工作，确保完成检验、统计、缺陷分析、信息反馈等各项生产任务。

2. 积极推进组内各项管理工作。

3. 对作业人员进行抽检，避免出现上混（将不合格品判定为合格品）和下混（将合格品判定为不合格品）。每天对再检场地产品进行再检确认。

4. 对作业人员进行现场指导，确认是否按《作业指导书》操作，帮助作业人员对判断不清的缺陷进行判断。

5. 确认设备运行状态，出现异常及时与相关部门联系进行修理。

6. 按规定的时间对使用的全部检测规具进行点检，超出标准的或磨损较大的及时更换；每月对机台的照度进行一次点检，达不到要求的进行调整或更换。

7. 负责现场5S工作，做好环境管理工作，及时发现跑、冒、滴、漏现象，并及时联系维修；杜绝各种浪费，监督作业人员节约水、电、气等能源；监督作业人员按规定投放各种垃圾；负责本组内化学危险品的保管、发放、使用。

8. 做好职业健康、安全管理，对现场存在的安全隐患及已经识别的危险源及时进行改进，杜绝安全事故的发生；确认作业人员劳动防护用品的使用情况；确认作业人员是否按《岗位安全操作规程》进行作业，对违反规程者及时制止；当出现紧急情况时，积极组织人员进行应急处置。

9. 做好记录管理，负责本组内各种记录的填写、收集、保存及归档，并对记录负责。

10. 每天下班后认真巡视现场，填写好记录后方可离开。

11. 对组内人员考勤进行记录。

检验科作业人员岗位责任

1. 遵守公司的各项规章制度，积极推进组内各项管理工作。

2. 根据制定的各种《作业指导书》的要求完成分配的工作。

3. 将工作结果进行记录，记录要清楚、整齐，而且要对记录负责。

4. 对于缺陷判断不清的产品，由组长、科长判断，签字后才能判定为合格。

5. 每天工作前，根据点检表检查设备，确保设备处于正常使用状态。出现问题时，向组长报告；确认工器具数量及磨损状态，出现不合格时，及时找组长进行更换。在工作中节约水、电、气等，产生的废弃物严格按照《垃圾分类一览表》的规定处置。

6. 正确使用劳动保护用品，严格按照本岗位《安全操作规程》的要求进行作业，当出现紧急情况时，按照要求进行各种应急处置。

7. 每天工作结束后做好现场 5S 工作，将自己管辖的区域按要求进行整理、清扫并保持 5S 成果。

2.4 技术管理

出厂检验包装工序主要包括以下技术管理的内容。

2.4.1 QC 工程表的制定

参与制定本工序的 QC 工程表。QC 工程表是采用品质过程控制管理的形式，对本工序的检验及设备、工具、规具、材料等各个环节进行质量管理，从而保证工作质量。

某企业制定的出厂检验工序的"坐便器检验 QC 工程表""洗面器检验 QC 工程表""小便器检验 QC 工程表"见第 5 章 5.2。

2.4.2 作业要求与作业指导书的制定

参与制定本工序的作业要求和作业指导书。

（1）作业要求

检验、包装工序由许多作业单元组成，作业单元中有比较简单的作业，可以采用"作业要求"的形式对作业的内容、要求、注意事项等进行说明。以下为某企业作业要求的实例，供参考。

产品放置的作业要求

各类产品放置时需遵守以下作业要求：

1. 各类产品按规定区域放置。

2. 为便于用叉车搬运，待搬运的各类产品要放置在托板上。各类产品使用的托板大小、在托板上码放的方式与数量按书面通知执行。注意产品放置在托板上时要码放稳固。大件产品要两人合作搬动、放置。

3. 除不合格品外，产品按要求码放，有的产品可码放两层或多层，码放高度不超过 1.5m，保证产品搬运过程中的安全；为了防止产品上下左右之间的刮蹭，在码放时要将专用的隔布或木板（木条）放在产品与产品之间作为隔离防护层。

4. 除不合格品外，冬季不可露天存放产品，避免受到冰雪损害。

5. 大开裂破损的不合格品由专人运输和处理。

（2）作业指导书

《作业指导书》对作业顺序、操作说明、操作注意事项、管理事项等进行规范和要求。《作业指导书》是检验工序指导作业的重要技术文件，也是对新的作业人员进行上岗培训的技术文件。

某企业的《连体坐便器检验作业指导书》《柜式洗面器检验作业指导书》《落地式小便器检验作业指导书》见第 5 章 5.3。

2.4.3　统计与检验结果处理

（1）统计

将检验情况记入"每日检验产品结果记录表"等表格中，这些表格要记录每日全部检验的产品结果，每日分型号的产品检验结果，每日发生的全部缺陷，每日分品种、型号发生的缺陷，每日产品包装数量，每日产品入库数量等数据。要计算当日检验合格率和分品种、型号的合格率等数据。按要求统计每周和每月的上述数据，其中一些数据需要以板报的形式公示。现在一些企业产品的检验结果，采用电脑程序扫码统计分析。

以下为某企业检验记录统计的内容，见表 2-4～表 2-6，供参考。

表 2-4　检验综合记录统计表（某企业）

日期：

综合记录统计	出窑数量	检验数量	合格品数量	不合格品数量	不合格品数量中		研磨加工品数量	备注
					废品数量	回烧品数量		
数量								
百分比								

表 2-5　产品检验综合记录统计表（某企业）

日期：

产品型号	检验数量	合格数量	不合格数量	合格率	不合格品缺陷明细（代表符号）																	备注
					D	M	L	F	K	P	G	N	V	I	H	S	Sc	B	Y	T	R	E	Z	
合计																								

表 2-6　原料工序各种缺陷记录统计表（某企业）

日期：　　　　　　　　　　　工序：原料工序

产品型号	不合格品数量	缺陷 A	缺陷 B	缺陷 C	缺陷 D	缺陷 E	备注
百分比							

其他工序，如成形工序、施釉工序、烧成工序、检验工序等也按表 2-6 的格式做出各工序的各种缺陷记录统计表。以上各种记录统计表也可以合并做成一个大表格。

在上述第一层检验记录统计的内容之下，还要有第二层记录统计的内容，如回烧品回烧后的检验结果、研磨加工品在研磨加工后的检验结果等。

（2）缺陷分析

使用六面体图在不合格品出现缺陷的位置上注明缺陷的名称，按需要记录缺陷的位置，做出统计表，供分析研究缺陷时使用。设置不合格品缺陷分析场地，供生产各工序的人员对缺陷进行分析研究和确认，缺陷发生的各工序的负责人员将这些信息及产品发生缺陷的操作人员、操作日期等信息带回本工序，研究解决对策。

可根据实际情况将缺陷责任区划分到各工序，便于在日常检验工作中尽快按工序划分、整理缺陷。某企业缺陷责任区划分格式见表 2-7，供参考。

表 2-7　缺陷责任区划分（某企业）

缺陷	部门						
	开发部门	泥釉加工	成形	施釉	烧成	检验	其他
A 缺陷							
B 缺陷							
C 缺陷							
D 缺陷							
E 缺陷							
F 缺陷							
G 缺陷							

（3）信息反馈

判断不合格品中缺陷发生的原因，确定缺陷发生的责任工序，将这些信息及时反馈制造工序和质量管理部门，力求缺陷一经发现，由相关工序和人员及时进行处置，最大限度地减少损失。按上级部门要求参与产品缺陷的分析研究，提出解决方案。

1）质量异常情况的报告。检验中，遇到质量异常情况时，可采用填写质量异常情况报告书的形式，将质量异常情况书面报告有关部门。某企业质量异常情况报告书的格式见表 2-8，供参考。

表 2-8　质量异常情况报告书（某企业）

发行时间：		报告书主题：	编号：
发行部门：			
批准：			
质量异常发生期间：	质量异常发生型号、数量：	质量异常造成的后果：	
质量异常状况：			
原因初步判断：			
对策建议：			
报告书发送部门：			

2）质量异常处理流程。为尽快解决出现的质量异常情况，要建立质量异常处理流程。某企业质量异常处理流程图如图 2-4 所示，供参考。

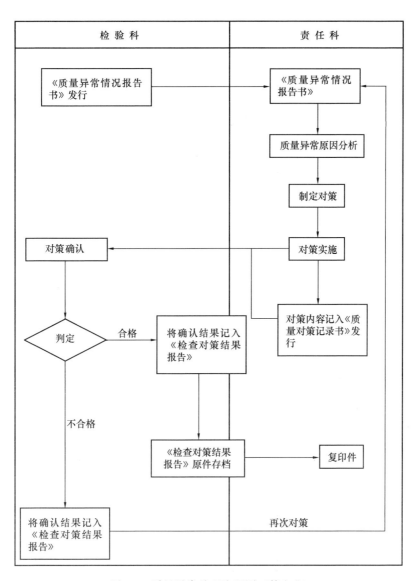

图 2-4　质量异常处理流程图（某企业）

2.4.4　自我检查

为了保证检验部门检验作业的质量，检验部门要定期对本部门检验作业的相关内容、检验标准的执行情况进行自我检查。

某企业的"检验科自我检查规定"见表 2-9 ，"检验人员评价记录表"见表 2-10，"产品自我检查记录表"见表 2-11，供参考。

表 2-9 检验科自我检查规定（某企业）

类别	序号	记录表	检查内容	担当人	检查频率	点检表
冲洗装置	1	冲洗装置检查表	冲洗条件（水压、水封、水位高度） 通水路（水道过球） 墨水洗净（涂布范围） 冲洗性能（代用污物）	技术员	1次/2个月	有
	2	污水置换检测表（便器类）	稀释率	技术员	1次/2个月	有
包装箱	3	包装箱质量确认表	材质、外观、尺寸	组长	3件/批次	有
限度样板	4	限度样板点检表	全部限度样板（数量、外观）	组长	1次/日	有
规具量具	5	规具、量具点检表	全部规具、量具尺寸、外观	技术员	1次/2个月	有
检查台	6	检查台点检表 检查台照度点检表	制品密封橡胶垫（损伤、变形） 软管、配管（损伤、连接处漏） 操作开关（灵活有效、损伤） 水槽（水量、异物、脏污） 气缸（动作灵活、漏气） 配电箱盘（异声、发热） 漏水检验机（用漏水检验机样品测试） 冲洗检验机（水压） U形压力计（水位、损伤、刻度） 尺寸变形检查台（水平度、凹凸） 冲洗检查台（水平度） 检查规具（个数、磨损、标识、脏污） 代用污物（个数、破损） 检查台照度	作业人员	1次/日	有
分体水箱	7	分体水箱水量确认表	水量	组长	1次/日	有
作业人员	8	作业人员评价记录表	作业顺序是否正确 检验方法是否正确 是否掌握缺陷标准 是否掌握产品尺寸规格要求 是否掌握产品弯曲要求 使用规具方法是否正确 是否熟记作业指导书 缺陷判定是否正确 是否掌握限度样板使用方法 是否熟记产品各部位名称	科长技术员	2次/（人·年）	评价结果记入评价记录表

表 2-10　检验人员评价记录表（某企业）

1. 作业项目：产品检验、研磨加工、耐热检验、其他项检验
2. 被评价作业人员：　　　　　　　　（男 、女）
3. 评价日期：
4. 评价人员：
5. 评价结果：总分数　　　判定：合格・不合格
6. 核准人员：

评　价　记　录

序号	评价项目	评价分数		
		好（8～10分）	一般（6～7分）	差（5分以下）
1	作业顺序是否正确			
2	检查方法是否正确			
3	是否掌握缺陷标准			
4	是否掌握产品尺寸规格要求			
5	是否掌握产品弯曲要求			
6	使用规具方法是否正确			
7	是否熟记作业指导书			
8	缺陷判定是否正确			
9	是否掌握限度样板使用方法			
10	是否熟记产品各部位名称			
差评项目数		分数小计		
		分数合计		

评价分数说明：

1. 总评价分数 60 分以上为合格。
2. 总评价分数 60 分以下和单项为差评的，继续进行培训，培训后需再次进行评价。

表 2-11 产品自我检查记录表（某企业）

检查日期：　　年　　月　　日　产品型号：

序号	检查项目	检查内容与要求	点检周期	结果、异常记录　　○：合格　　×：不合格					
				第一件		第二件		第三件	
				异常内容	结果	异常内容	结果	异常内容	结果
1	外观检验	外观缺陷范围内变形范围内	1次/2个月						
2	安装孔检测	孔径尺寸检测合格	1次/2个月						
3	水道过球	通过标准规定尺寸球	1次/2个月						
4	冲洗条件	水压	1次/2个月						
		水封							
		水箱内水位高度							
5	墨线洗净（涂布范围）	洗净无残留	1次/2个月						
6	冲洗功能（代用污物）	坐便器排出>90个球	1次/2个月						
		蹲便器排出3次检测>10个							
7	漏水检验检查	判定压力是否范围内	1次/2个月						
		保持时间是否范围内							
8	洗面器耐热检查	冷热水温差范围内	1次/2个月						
		冷热水存放时间符合要求							
备注	合格产品抽样，1次/2月全型号产品检查。由技术员进行，每次抽样3件。出现的异常问题要进行反馈与对策解决		检查者						
			确认者						

2.5　作业安全管理

（1）检验包装工序作业中的不安全因素

检验包装工序作业中存在一些不安全因素，见表2-12。

表 2-12　检验包装工序作业中存在的不安全因素

序号	作业内容	不安全因素内容
1	产品的检验作业	1. 在产品的搬运、拿取、码放、起吊、检验过程中，未采取防护或由于作业方法不正确造成肢体的划伤、扭伤、砸伤
		2. 打音检验时，用力过大，使产品破碎，造成人员伤害
		3. 在漏水检验时，手未离开便器圈面就进行操作，造成手的压伤
		4. 冲洗功能检验操作不当造成地面存水，使作业人员滑倒、摔伤
2	耐热检验作业	耐热检验作业时，未正确使用防护用品引起热水烫伤
3	分析缺陷的砸废瓷作业	未按《砸废瓷安全操作规程》的要求作业，造成人员伤害
4	产品研磨加工作业	1. 未正确使用安全防护用品（防护眼镜、耳罩或耳塞）引起的眼睛与听力的损伤
		2. 研磨砂轮紧固不当或研磨产品固定不当，造成研磨时砂轮或产品甩出，使作业人员受到伤害
5	包装作业	作业人员未正确使用安全防护用品（手套），发生纸箱对作业人员肢体的划伤

（2）安全管理规定举例

为防止检验作业中出现安全事故，需要制定相应的安全管理规定，对作业人员进行安全教育，落实安全管理工作。

1）检验作业安全管理规定举例。以下为某企业的《检验作业安全管理规定》，供参考。

检验作业安全管理规定

检验工序的作业安全管理规定如下，作业人员必须遵照执行。

1. 作业人员必须按要求着装。

2. 每日早上认真做好上岗前的安全操。

3. 工作前按各操作岗位要求穿戴好防护用品（手套、围裙、套袖、防护眼镜、安全帽、耳罩等）。

4. 按要求做好各设备的点检。

5. 叉车搬运产品时，首先要确认托板上面产品码放的稳固性，产品码放高度不能遮挡视线。

6. 叉车搬运产品过程中，托板上不准乘人。

7. 从托板上拿取产品时，要先拿两边后拿中间，注意产品边沿是否有黏疤、毛刺等，发现后需要研磨处理，防止手的划伤。

8. 按各产品码放要求进行码放，码放时注意托板摆放位置，要先放中间产品，后放两边产品，产品间要按要求做好防护，产品码放要稳固。

9. 产品在搬放到检验台时，要注意高度，防止与架台碰撞。

10. 20kg 以上的产品需 2 人配合搬运，防止身体扭伤。

11. 在使用起吊设备搬运产品时，要将固定具放好，慢慢启动，手要扶着产品，注意高度与方向，平稳放在检查台或托板上。

12. 产品检验与研磨加工作业时，要按照作业指导书进行操作。

13. 耐热检验作业要按作业指导书操作；要穿戴防水护具（胶皮手套、皮围裙、雨鞋）；放热水检验时，产品发生炸裂会造成热水外流，注意防止造成烫伤。

14. 使用研磨机或手持研磨机研磨前，要确认研磨砂轮是否紧固；研磨机研磨前要将安全门关闭。更换砂轮时，要先断电源或切断压缩空气，更换后要先空转一下，确认安装的牢固性后再使用。使用手持研磨砂轮时，砂轮转动方向不能对着人。

使用研磨机研磨作业时，砂轮盘要缓慢下压。研磨结束时，要先将砂轮盘提起一定高度，产品转到取出位置，关闭设备，打开安全门，松开产品夹具后取出产品。

15. 现场所有通道上禁止停放产品，要保持道路畅通。叉车使用后必须停放在指定位置。

16. 现场消火栓、配电柜前禁止放置任何物品。作业台周边不可放置与工作无关的物品。各种托板不可立放。

17. 现场设备、工具、照明等设施出现问题应立即与相关人员联络，进行维修。

18. 作业结束后做好现场 5S 工作。

19. 发现安全隐患时，及时向组长、科长报告。

2）砸废瓷安全操作规定举例。对于一些不合格品（简称废瓷），检验工序、成形工序和其他工序的有关人员要砸开这些废瓷，观察缺陷的状况，分析产生缺陷的原因。为了保护进行砸废瓷作业人员的安全，避免发生人身伤害事故，企业一定要制定砸废瓷的安全管理制度。以下是某企业的《砸废瓷安全操作规定》，供参考。

砸废瓷安全操作规定

检验工序在检验过程中会出现不合格品（简称废瓷），相关人员要对这些废瓷进行破坏性处理，以观察缺陷的状况，分析产生缺陷的原因。为了保护作业人员的安全，避免发生人身伤害事故，作业人员需遵守本安全操作规程。

（1）场地及护具的要求

1）设置放置废瓷专用场地与砸废瓷专用场所，并张贴"放置废瓷专用场地"和"砸废瓷专用场所"的标志。由检验部门负责管理、确认，由安全部门负责监督。

2）由检验部门配备"砸废瓷专用场所"的使用工具及各种防护用品，包括锤子、防护面罩、防护手套、皮围裙、皮套袖、皮护腿、安全腰带、安全鞋等，并对其进行日常点检、维护与更新。

（2）砸废瓷的作业规定

1）必须对砸废瓷作业人员进行安全教育培训，要求自觉遵守相关规定，按要求佩戴和使用劳动防护用品，没有经过安全教育培训的人员不能进行作业。管理者要进行确认。

2）砸废瓷作业人员首先检查砸废瓷的使用工具及防护用品是否完好，并将防护用品按防护要求穿戴好（包括防护面罩、防护手套、皮围裙、皮套袖、皮护腿、安全腰带、安全鞋等），搬重物时要系好安全腰带。

3）砸废瓷作业人员首先要对废瓷进行外观完整性确认，对废瓷上有大裂、炸裂、磕碰、破损的要特别注意，防止在砸废瓷搬动时发生自行破坏而造成人身伤害；然后将废瓷从放置处移动到"砸废瓷专用场所"，在移动时要注意废瓷的完整性，轻拿轻放。

4）砸废瓷时，作业人员不能紧靠废瓷，防止废瓷下落时被砸伤；锤子砸瓷的方向不能朝向自己，要朝向外下方；砸瓷的力度适中，不可过大，防止碎片溅起伤人；在拿取破片时必须戴手套，不能摘掉手套拿取。

5）砸废瓷过程中，近距离观看人员必须穿戴相同的防护用品。无关人员不得进入"砸废瓷专用场所"。

6）砸废瓷作业人员完成砸瓷后要及时清理现场，防止破碎的瓷片划伤人。完成全部作业后，将砸瓷使用的工具及各种防护用品确认完好后放回指定位置。

3　检验设备与工器具

卫生陶瓷质量检验中，要使用一些设备和工器具，可以提高工作效率，降低劳动强度，本章介绍常用的检验设备和工器具。

3.1　出厂检验设备

生产企业常用的卫生陶瓷检验设备、装置，包括检查台、功能测试设备、漏水检查机、洗面器耐热检查机等。

3.1.1　检查台

检查台是进行产品外观质量检验和尺寸、变形检验时使用的装置，包括外观检查台、变形检查台、组合式检查台和直角检查台。

3.1.1.1　外观检查台

外观检查台用于产品外观质量检验，有固定式、旋转式，工作台面有长方形、正方形、圆形。检查台的台面用PVC板或大理石板等材质制作，为了防止产品在检查时与台面发生碰伤与划伤，一般会在外观检查台面上放置一层3～5mm厚的胶皮台垫作为防护。

图3-1　旋转式外观检查台

（1）旋转式外观检查台

旋转式外观检查台如图3-1所示，一般由金属型材组合或焊接而成，工作台通过旋转轴承与骨架连接，当待检产品放在工作台上后，可以使其转动，便于观察产品。

技术参数：

外形尺寸：（长×宽×高）1400mm×1180mm×2130mm；

双管LED日光灯：18W×2，$L=1200$mm，带安装架2个；

日光灯高度：2030mm；

照度要求：1100lx；

长方形工作台面尺寸：（长×宽）900mm×600mm；

圆形工作面直径：ϕ600mm～ϕ750mm；

台面厚度：约20mm；

抽屉内腔尺寸：（长×宽×厚）500mm×520mm×120mm；

工作台面高度：650mm。

（2）固定式外观检查台

一般由金属型材组合或焊接而成，工作台面一般采用整体 PVC 板平铺形式，工作台面不能旋转，产品外观检查作业时，检验人员在工作平台上翻转产品进行缺陷判定。其他构造与"旋转式外观检查台"相同。

（3）照度的要求与测量

外观检查台的照度要求为 1100lx，用照度计测量检查台面上的照度，将照度计放在检查台中央测量照度值，达不到照度要求的要调整或更换灯管。照度测量频度：每月 1 次。

（4）使用注意事项

1）产品在旋转台上摆放时应轻放，尽可能使待检产品的重心与旋转台的中心重合。

2）经常检查工作台面螺栓连接的紧固性，不得有松动的情况，定期检查旋转台轴承内润滑油的情况，需要时补充润滑油。

3.1.1.2 变形检查台

变形检查台为水平工作台面，用于产品的尺寸与变形检验，工作台面的水平与凹凸要在基准范围内，台面的工作表面不应有污垢、损伤和影响使用的缺陷。

（1）设备构造

变形检查台一般由金属型材组合或焊接而成，检验台的支腿为可调式；工作台面一般材质为大理石或 PVC 板材，有固定式、旋转式两种，待检产品置于工作台平面上，可检验其尺寸与变形。

（2）技术参数

工作台面尺寸：（长×宽×厚）900mm×600mm×（20～40）mm；

双管 LED 日光灯：18W×2，$L=1200$mm，带安装架 2 个；

日光灯高度：2030mm；

工作台面高度：650mm。

（3）工作台面平面的检测

1）检查工作台面水平度。开始作业前，用 500～600mm 长的水平尺检查工作台面自身的水平度；如图 3-2 所示，旋转式工作台面是将水平尺中心放置于平台中心上，并

图 3-2 台面水平度的检测

以转轴为中心旋转90°，多次旋转将整个台面进行测量；固定式工作台面是将水平尺放在平台的前中后及左中右位置进行测量。检查台面水平度的标准范围为≤0.5mm。

2）检测台面磨损及变形度。将水平尺紧贴台面从前到后、从左到右滑动确认平面度，并用塞尺测量间隙，间隙的标准范围为≤0.5mm。

3）台面水平度与台面磨损及变形度每日作业前要检测，超出标准范围的要进行调整或更换。

（4）照度的要求与测量

同本章3.1.1.1（3）。

（5）使用注意事项

同本章3.1.1.1（4）。

3.1.1.3 组合式检查台

组合式检查台是外观检查台和变形检查台的组合形式，兼有产品的外观质量检验和变形检验的功能，由机架、外观检查台、变形检查台、工具挂板、转台托架、抽屉、背部靠板、电脑平台等组成，如图3-3所示。

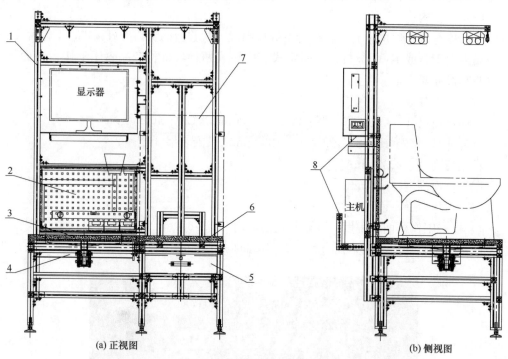

(a) 正视图　　　　(b) 侧视图

图3-3　组合式检查台构造图

1—机架；2—工具挂板；3—外观检查台；4—转台托架；5—抽屉；6—变形检查台；
7—背部靠板；8—电脑平台

外观检查台部分应符合本章3.1.1.1的相关要求，变形检查台部分应符合本章3.1.1.2的要求。

3.1.1.4 直角检查台

直角检查台用于检验产品与安装墙面、安装地面及固定安装装置的平面度与垂直度，落地式小便器直角检查台如图3-4所示，拖布池直角检查台如图3-5所示。

图 3-4　落地式小便器直角检查台　　　图 3-5　拖布池直角检查台

（1）技术参数

1）落地式小便器直角检查台技术参数：

外形尺寸：（长×宽×高）800mm×600mm×1200mm；

平台净高度：（150±3）mm；

板材（靠墙面、底面）厚度：20mm。

2）拖布池直角检查台技术参数：

外形尺寸：（长×宽×高）800mm×600mm×1000mm；

平台高度：距地安装，排污口安装座高度（400±3）mm；

板材（靠墙面）厚度：20mm。

（2）设备构造

落地式小便器直角检查台：采用 40×60 矩管焊接结构，底部铺设 PVC 板，背部安装大理石板。

拖布池直角检查台：采用 40×60 矩管焊接结构，底部按照安装要求配备排水连接件或其他安装装置，背部安装 PVC 板，并安装对应金属挂件。

（3）使用注意事项

1）每日进行落地式小便器直角检查台的立面垂直度、底面水平度、台面磨损及变形度的检测；检测方法参见本章 3.1.1 内容（立面垂直度的标准范围为≤0.5mm）。

2）每日进行拖布池直角检查台的立面垂直度、安装平面水平度、台面磨损及变形度的检测；检测方法参见本章 3.1.1 内容（立面垂直度的标准范围为≤0.5mm）。

（4）照度的要求与测量

同本章 3.1.1.1（3）。

3.1.2　功能测试设备

功能测试设备根据 GB/T 6952—2015《卫生陶瓷》的功能要求进行设计，满足相关性能测试的需要。企业常用的功能测试设备包括坐便器、蹲便器、小便器的冲洗功能测试设备，坐便器、小便器、洗面器的漏水检验设备和洗面器耐热性能检验设备。

3.1.2.1 坐便器冲洗功能检查台

（1）分体坐便器冲洗功能检查台

分体坐便器冲洗功能检查台如图 3-6 所示，用于分体式坐便器的冲洗功能试验。

1）技术参数：

最大气源压力：0.4MPa(4kgf/cm²)；

气缸：SC-65×490-FA；

气缸最大输出压力：1833N；

外形尺寸：(长×宽×高)750mm×902mm×2141mm。

2）设备构造：设备由机架、试验水箱、升降系统、过滤装置（接排出物）、蓄水箱、给水装置、气控系统、电控装置等组成，如图 3-7 所示。

图 3-6　分体坐便器冲洗功能检查台

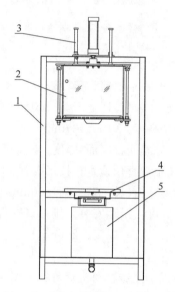

图 3-7　分体坐便器冲洗功能检查
台构造图

1—机架；2—试验水箱；3—升降系统；

4—过滤装置；5—蓄水箱

① 机架：为本机的支撑骨架，采用方管、角钢、槽钢焊接而成。

② 试验水箱：主材质为有机玻璃板，水箱上部金属板通过 4 根螺栓将水箱上下锁紧，上部金属板预留升降系统连接用螺栓孔；水箱正面标有刻度，可明确显示出坐便器的实际用水量，配备冲水配件或自动止水浮球、液位计等自动上水装置，保证作业中补水量的一致性。为确保水箱与坐便器给水口的密封性，水箱底部排水口安装密封用软橡胶垫；为防止被测坐便器在检测过程中刚性碰撞，在与工件（产品）结合部位配备弹性胶垫或其他缓冲材料。

③ 升降系统：由气缸、导向机构组成，为脚踏式杠杆驱动（或气缸驱动），在换向阀控制下实现试验水箱的上升和下降。

④ 过滤装置：由不锈钢丝网和金属框架制作，收集坐便器冲洗过程中排出的试验

介质，便于作业人员的拿取和确认数量。

⑤ 蓄水箱：不锈钢板制作，收集检验过程中冲洗排出的水，经过水泵循环再利用。

⑥ 给水系统：由蓄水箱、液位控制器、循环水泵、自来水供水装置、管道等组成，实现蓄水箱和试验水箱自动补水。

⑦ 气控系统：由气源处理三联件、二位五通电磁换向阀、二位五通手动换向阀、节流阀等构成，用于气缸的空气分配及压力调整。

⑧ 电控装置：包括配电盘、按钮、指示灯以及蜂鸣器等，用来实现测试的自动启动和停止。

3）试验操作：

① 调整试验水箱下降速度；调节气缸口处的单向节流阀，使水箱上升、下降的过程运行平稳。应避免水箱部分偏重，长期使用单侧按压、进水管的拉拽等会造成中心偏移、导向杆卡套。

② 将坐便器放在检查台上，坐便器排水口与接水漏斗开孔对正。

③ 踩下水箱上升脚踏板（或扳动水箱升降换向阀）使水箱升起，将待测坐便器移至水箱下方，使水箱排水口对准分体坐便器进水口。

④ 踩下水箱下降脚踏板（或扳动水箱升降换向阀）使水箱下降，并对正压紧坐便器进水口。

⑤ 在坐便器水圈下 25mm 处用墨水涂画一条连续墨线，放置试验介质（PP 球、颗粒等），开启水箱进水管路阀门向水箱内注水，达到指定水位后进水阀自行止水关闭。

⑥ 扳下或按下水箱排水按钮，此时水箱内的水通过排水阀排入坐便器内，试验介质（PP 球、颗粒等）随着水的冲洗从排污口排出，存留在过滤装置内。

⑦ 确认圈下墨线冲刷残余数量和长度，将过滤装置内的试验介质取出，确认冲洗结果和排出数量，综合判定冲洗功能是否符合标准要求。

⑧ 踩下水箱上升脚踏板（或扳动水箱升降换向阀）使水箱升起，将坐便器拉出，试验作业结束。

4）设备使用前的检查：

① 检查升降机构是否灵活。

② 检查升降高度是否与坐便器高度相符；必要时调整调节杆长度，使其达到使用要求。

③ 检查前后行程是否符合坐便器的要求，可调整检查台上的橡胶挡块，使分体坐便器进水口和水箱排水口对正。

④ 检查水箱与自来水管道（水源）连接部位的密封性，确保供水系统无漏水现象。

⑤ 检查设备上的各阀门开关与水箱扳手或按钮是否灵活。

⑥ 检查水箱升降用气缸的缸杆和两侧导向杆往返运动是否无卡阻。

⑦ 每日工作前要确认水箱的排水量是否在规定范围内。

（2）连体坐便器冲洗功能检查台

连体坐便器冲洗功能检查台与分体冲洗功能检查台相比，设备上不需要单独配置水箱，只需按要求提供稳定的供水装置，其他设备构造与分体坐便器冲洗功能检查台构造相同；技术参数、试验操作、设备使用前的检查等基本相同。

3.1.2.2 蹲便器冲洗功能检查台

蹲便器冲洗功能检查台如图 3-8 所示，用于蹲便器的冲洗功能试验。

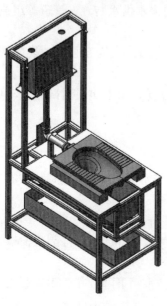

（1）技术参数

供水压力：≥0.14MPa；

水箱高差：（565±5）mm；

外形尺寸：（长×宽×高）1100mm×750mm×1800mm。

（2）设备构造

设备由机架、试验水箱、过滤装置、蓄水箱、给水管路、集水漏斗等组成，如图 3-9 所示。

① 机架：为本机的支撑骨架，采用方管、角钢、槽钢焊接而成。

② 试验水箱：水箱主材质为透明有机玻璃板与 PVC 板，正面标有刻度，可明确显示出蹲便器的实际用水量；水箱置于上下夹板之间，通过 4 根活接螺栓将水箱上下锁紧固定，滑杆支撑水箱并可在机架立柱上的长孔内上下滑动，从而实现水箱上下调节，以适应不同型号蹲便器试验使用。水箱内装有进水阀、排水阀，实现自动上水、排水，保证作业中补水量和排水量符合检测要求。

图 3-8 蹲便器冲洗功能检查台示意图

③ 过滤装置：由不锈钢丝网和金属框架制作，收集蹲便器冲洗过程中排出的试验介质，便于作业人员的拿取和确认数量。

④ 蓄水箱：不锈钢板制作，收集检验过程中冲洗排出的水，经过水泵循环再利用。

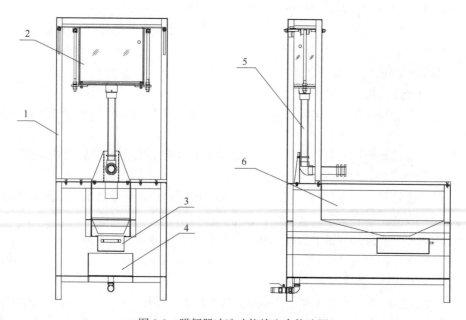

图 3-9 蹲便器冲洗功能检查台构造图

1—机架；2—试验水箱；3—过滤装置；4—蓄水箱；5—给水管路；6—集水漏斗

⑤ 给水管路：蹲便器进水口与水箱出水口用 PVC 管连接，管道采用 φ50mmPVC 管和弯头黏结牢固，PVC 管末端安装密封件，确保管道与蹲便器给水口连接的密封性。

⑥ 集水漏斗：由厚度 1.5mm 的不锈钢板制作，收集蹲便器冲洗检验过程中排污口排出的水和试验介质，防止冲洗水洒落地面。

（3）试验操作

1）将蹲便器放于冲洗架台上，调整水箱高度使水箱排水管的出水口与蹲便器进水口处于相同高度。推移蹲便器使水箱排水管插入蹲便器进水口将其紧密结合，如图 3-10 所示。

2）将水箱进水管路接通供水装置（供水装置应符合 GB/T 6952—2015《卫生陶瓷》要求的标准化供水系统），开启水源阀门，此时水箱上水阀开始注水，水注到规定水量线位置自行止水。

3）蹲便器内按数量与要求摆放试验介质（人造试体），并在包内圈下约 30mm 处用墨水涂画一条连续的墨线；扳下或按下水箱排水按钮，此时箱体内的水通过排水阀排入蹲便器，人造试体随着水的冲洗从排污口排出，存留在过滤装置内。

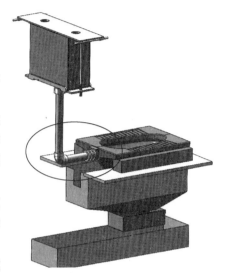

图 3-10　水箱下水管与蹲便器进水口
连接部位示意图

4）确认圈下墨线冲刷残余数量和长度，将过滤装置内的人造试体取出并确认数量，综合判定冲洗功能是否符合标准要求。

5）检测完毕，小心将蹲便器与水箱排水管分离，取下产品。

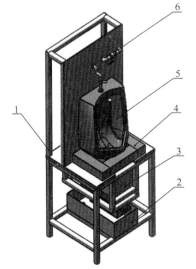

图 3-11　小便器冲洗功能检验
机构造示意图
1—机架；2—集水槽；3—下水箱；
4—小便器支架；5—小便器；6—供水管路

（4）设备使用前的检查

1）检查水箱活节螺栓连接是否牢固。

2）检查水箱排水管是否与蹲便器进水口高度相符，可调整滑杆高度，以达到使用要求。

3）检查水箱与自来水管道（水源）连接部位有无漏水现象；检查各开关阀门与水箱扳手或按钮是否灵活。

4）检查接收试验介质网筛装置是否对正集水器下口，移动是否顺畅。

5）每日工作前要确认水箱的排水量是否在规定范围内。

3.1.2.3　小便器冲洗检查台

小便器冲洗检查台用于小便器冲洗功能检验，如图 3-11 所示。

（1）技术参数

供水压力：≥0.3MPa；

供水管径：DN20mm；

集水槽尺寸：（长×宽×高）600mm×260mm×150mm；

外形尺寸：（长×宽×高）640mm×750mm×1800mm。

（2）设备构造

小便器冲洗检验设备如图3-11所示，由机架、集水槽、下水箱、小便器支架、供水管路等组成。

① 机架：为本机的支撑骨架，采用方钢、角钢、槽钢焊接而成。

② 集水槽：由厚度1.5mm的不锈钢板组焊，用于下水箱排出废水回收，通过底部排水管路进入指定污水回收设施。

③ 下水箱：用于冲洗检验用水收集，底部设计为漏斗形状，便于小便器冲洗水的收集。

④ 小便器支架：用于小便器垂直放置时的支撑，材质为聚氨酯等发泡材料，采用三点支撑形式满足小便器放置需要。

⑤ 小便器：待检产品。

⑥ 供水管路：由调压阀、流量计、球阀、供水管道等组成，根据要求对小便器冲洗用水压力进行调整。

（3）试验操作

1）调整供水压力冲洗阀式便器试验。供水系统标准化调试程序如下：

① 通过调整调压阀将出水口的静压力调至0.24MPa。

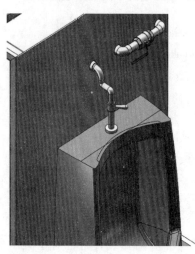

图3-12　小便器冲洗阀连接示意图

② 装上配套提供的冲洗阀，供水开关处于全开状态，使供水系统的出水端和冲洗阀出水口与大气相通。

③ 开启冲洗阀，通过调节阀门使流速峰值达到（95±4）L/min。

2）冲洗功能试验

① 将小便器放置于小便器支架上，移动小便器将冲洗阀连接到小便器进水口上，如图3-12所示。

② 根据产品型号及出水量要求，调整给水用转子流量计至相应刻度。

③ 在洗净面三分之一部位涂画一条连续水平墨线，进行冲洗功能检查。

④ 启动小便器冲洗阀，洗净开始，确认洗净面墨线的冲洗效果及冲洗过程中是否存在溅水、水倒沿、滴水现象，并根据检查结果判定冲洗性能是否合格。

⑤ 小便器带存水弯的按要求进行水封检测。

⑥ 每日工作前要确认冲洗阀排出的水量是否在规定范围内。

3.1.3　漏水检验机

漏水检验机采用产品内腔整体减压方式对产品进行漏水检验，常用设备有坐便器漏水检验机、小便器漏水检验机、洗面器漏水检验机。

3.1.3.1 坐便器漏水检验机

坐便器漏水检验机用于分体坐便器、连体坐便器的漏水检验，分体坐便器漏水检验机如图 3-13 所示，连体坐便器漏水检验机如图 3-14 所示。

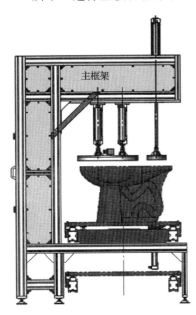

图 3-13　分体坐便器漏水检验机示意图

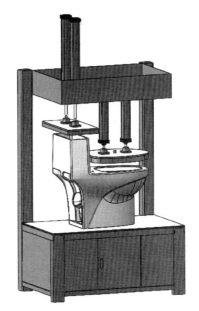

图 3-14　连体坐便器漏水检验机示意图

（1）连体坐便器漏水检验机技术参数

最大相对真空度：-60kPa；

供气压力：≥0.4MPa；

气缸规格：SC-63×550-FA，2 台；SC-63×280-FB，2 台

气缸输出压力：≥1833N；

真空泵功率：0.75kW；

真空泵转速：1420r/min；

抽气速率：4L/s；

适用连体坐便器类型：平口型水箱；

适用连体坐便器最大高度：780mm。

（2）连体坐便器漏水检验机设备构造

本设备由机架、水箱气缸组合、腔体气缸组合、水箱压板、主腔体压板、橡胶垫、真空发生系统、压力管路控制系统、电气控制系统等组成，如图 3-15 所示。

① 机架：为本设备的支撑骨架，采用方钢、角钢、槽钢焊接而成。

② 水箱气缸组：由两台气缸 SC-63×550-FA 平行组成，气缸端部安装机械固定用接盘，控制气管采用并联连接，通过两位五通电磁换向阀实现气缸伸出和缩回。

③ 主腔体（坐圈面）气缸组：由两台气缸 SC-63×280-FB 平行组成，气缸端部安装机械固定用接盘，控制气管采用并联连接，通过两位五通电磁换向阀实现气缸伸出和缩回。

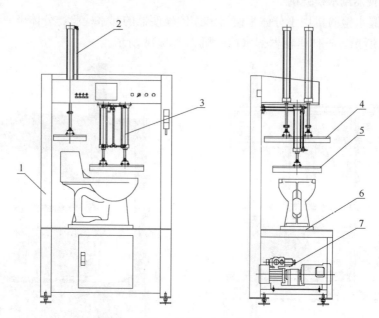

图 3-15　连体坐便器漏水检验机构造图

1—机架；2—水箱气缸组合；3—腔体气缸组合；4—水箱压板；

5—主腔体压板；6—橡胶垫；7—真空发生系统

④ 水箱压板：固定于水箱气缸组端部，用于水箱口的封堵，由厚度 12mm 的钢板与胶垫组成，其中胶垫采用 40mm 海绵橡胶，并用防水胶粘剂与钢板粘接牢固。

⑤ 主腔体压板：固定于主腔体气缸组端部，用于坐圈面的封堵，根据坐便器坐圈面仿形制作，由厚度 12mm 的钢板与胶垫组成，其中胶垫采用 30mm 软橡胶，并用防水胶粘剂与钢板粘接牢固。

⑥ 橡胶垫：采用厚度 30mm 的软橡胶板制作，作业时，保证产品底部排污口部位密封。

⑦ 真空发生系统：由真空泵、真空管路、液位探针（或压力传感器）及电磁阀等组成，用于抽出坐便器内腔的空气，保持一定的真空度数值和真空时间。

⑧ 压力管路控制系统：由气源处理三联件、二位五通电磁换向阀、二位五通手动换向阀、节流阀等构成，用于气缸的空气分配及压力调整。

⑨ 电气控制系统：包括 PLC 触摸屏、配电盘、按钮、指示灯、蜂鸣器等，用来控制设备检验的过程。

（3）连体坐便器漏水检验机设备工作原理

利用真空泵将坐便器内腔中的空气抽出，通过真空管路控制、液位探针（或压力传感器）来显示腔体内压力变化，从而判定坐便器内腔中是否有漏水的缺陷。

（4）连体坐便器漏水检验机检验操作

1）调整腔体压板的下降速度。调节气缸进气口处的单向节流阀。

2）调整气缸的进气压力。调节气源处理三联件中的减压阀，使气缸进气管路的压力为 0.3～0.4MPa，不可过大，以免压裂坐便器，也不可过小，否则密封不严。

3）漏水测试。将坐便器置于检查台上，排污口放置在封堵橡胶垫上使坐便器坐圈面或连体坐便器水箱口对准上压板，以防漏气。按启动按钮，腔体（坐圈面）及水箱压板下降，将坐便器的坐圈面、水箱口及下排污口压紧密封，之后自动抽真空。在坐便器腔体内负压的作用下，触摸屏数值随之变化，当达到设定值后，自动停止抽真空并开始检测，保持负压一段时间，触摸屏数值变化在所设定范围内，合格指示灯亮，蜂鸣器发出合格的声响，表示坐便器合格，自动解除真空，腔体（坐圈面）及水箱压板提起；当触摸屏数值变化超过设定值时，不合格指示灯亮，蜂鸣器则发出不合格的声响，证明产品不合格，这时，提升压板要以手动按钮复位。

分体坐便器漏水检验机与连体坐便器漏水检验机的上述情况基本相同。

3.1.3.2 小便器漏水检验机

小便器漏水检验机如图 3-16 所示，用于小便器的漏水检验。

（1）技术参数

最大相对真空度：—60kPa；

供气压力：≥0.4MPa；

气缸规格：SC-63×300-FB；

气缸输出压力：≥1833N；

真空泵功率：2.2kW；

真空泵转速：1450r/min；

抽气速率：9.5L/s。

（2）设备构造

本设备由机架、压缩空气管路、真空发生系统、腔体压板、气缸组、电气控制系统等组成，如图 3-17 所示。

① 机架：机架采用方钢、角钢、槽钢焊接而成。

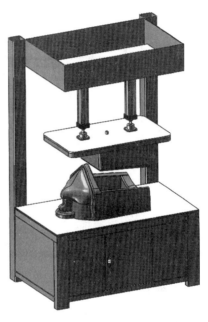

图 3-16　小便器漏水检验机示意图

② 压缩空气管路：由气源处理三联件、二位五通电磁换向阀、二位五通手动换向阀、节流阀等构成，用于气缸的空气分配及压力调整。

③ 真空发生系统：由真空泵、真空管路、液位探针（或压力传感器）及电磁阀等组成，用于抽出小便器内腔的空气，保持一定的真空度数值和真空时间。

④ 腔体压板：固定于腔体气缸组端部，由厚度 12mm 的钢板（根据小便器正面仿形制作）与胶垫组成，其中胶垫采用 30mm 海绵橡胶，并用防水胶粘剂与钢板粘接牢固。腔体压板制作时，压板板面要调平处理，管接头、预埋件与压板连续焊接，焊缝不得漏气。

⑤ 气缸组：由两台气缸 SC-63×300-FB 平行组成，气缸端部安装机械固定用接盘，控制气管采用并联连接，通过两位五通电磁换向阀实现气缸伸出和缩回。

⑥ 电气控制系统：包括 PLC 触摸屏、配电盘、按钮、指示灯、蜂鸣器等，用来控制设备检验的过程。

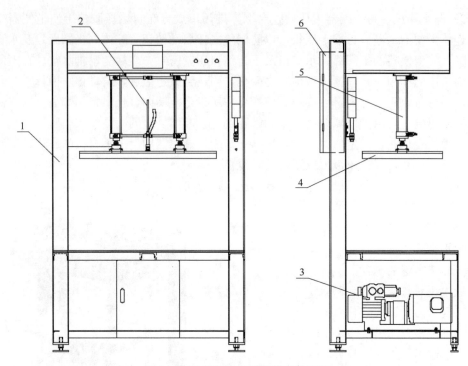

图 3-17　小便器漏水检验装置构造图

1—机架；2—压缩空气管路；3—真空发生系统；4—腔体压板；5—气缸组；6—电气控制系统

（3）设备工作原理

利用真空发生装置将小便器内腔中的空气抽出，通过真空管路控制、液位探针（或压力传感器）来显示腔体内压力变化，从而判定小便器是否漏水。

（4）检验操作

与本章 3.1.3.1 基本相同。

3.1.3.3　洗面器漏水检验机

洗面器漏水检验机如图 3-18 所示，用于洗面器溢水道的漏水检验。

（1）技术参数

最大相对真空度：－60kPa；

供气压力：≥0.4MPa；

真空泵功率：0.37kW；

真空泵转速：1400r/min；

抽气速率：2L/s。

（2）设备构造

本设备由机架、玻璃管式液位计（液位计内装有电极棒）、水槽、真空发生系统、电气控制系统等组成，如图 3-19 所示。

① 机架：为本机的支撑骨架，采用方钢、角钢、槽钢焊接而成。机架上装有指示灯，指示灯有三个显示，红

图 3-18　洗面器漏水检验机

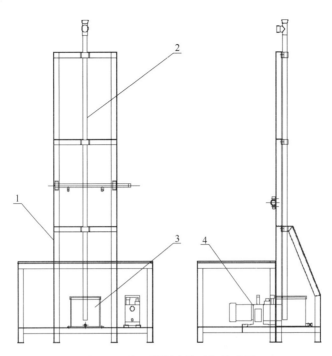

图 3-19　洗面器漏水检验机构造图

1—机架；2—玻璃管式液位计；3—水槽；4—真空发生系统

色为电源指示，黄色为不合格指示，绿色为合格指示。

② 玻璃管式液位计：由有机玻璃管制成，并固定于主机架上；玻璃管顶部胶塞内安装 5 根探针并密封，探针分别为真空电磁阀停止位、水位高速下降停止位、水位低速下降停止位、合格范围上限位、合格范围下限位。

③ 水槽：由有机玻璃板拼接后焊接组成，液位高度保证玻璃管内充满水，且玻璃管底部不露出水面。

④ 真空发生系统：由真空泵、真空管路、液位探针（或压力传感器）及电磁阀等组成，用于抽出洗面器内腔（溢流水道）的空气，保持一定的真空度数值和真空时间。

⑤ 电气控制系统：包括 PLC 触摸屏、配电盘、按钮、指示灯、蜂鸣器等，用来控制设备检验的过程。

另外，洗面器排水口、溢流孔的橡胶塞、胶垫、吸盘与有机玻璃管橡胶塞和电极制作时要保证密封性。

（3）设备工作原理

采用真空方式将洗面器溢流水道内的空气抽出，通过玻璃管内水位高度变化来检验洗面器溢流水道内是否有泄漏现象，根据水位变化幅度判定洗面器漏水性能是否合格。

（4）检验操作

1）将洗面器放在检查台上，洗面器排水口底面用胶塞或胶垫密封好，溢流孔用海绵橡胶垫堵塞，排水口上面用与检测设备相连的吸盘封堵。

2）用手将吸盘封住洗面器盆内的排水口上面，按下设备启动按钮，启动真空泵，使管路内形成负压，液位计玻璃管内水位迅速上升。

3）玻璃管水位升至真空泵停止位后，电极节点接触导通，此时真空泵自动停止运转。

4）约1s后，水位高速下降阀打开，当高速下降电极节点断电后，水位低速下降阀打开。

5）水位至低速下降停止位后，开始计时，保持一定时间的负压。

6）合格与否判定：

①绿色指示灯亮，表明洗面器漏水合格，蜂鸣器发出合格的声响5s，此时电磁阀自动打开使空气进入真空管路内。

②洗面器溢流水道内有泄漏现象，管路内无法形成负压，液位计内水位很快下降，黄色指示灯亮，蜂鸣器发出不合格的声响。

7）检查结束后，用手拿掉吸盘，取下产品，进行下一个洗面器的检验工作。

（5）操作注意事项

设备有两个工位、两个吸盘，分别安装两个手动球阀；操作时两个吸盘应交替使用，如同时操作，管路内将无法形成负压。

3.1.4 洗面器耐热检查机

洗面器耐热检查机如图3-20所示，用于洗面器耐热性能的检验。

图 3-20　洗面器耐热检查机

（1）技术参数

热水设定温度：85～95℃；

冷水设定温度：5～13℃；

冷热水温度差：（80±2）℃；

制热功率：15kW；

制冷量：45kW；

水箱容积：1～3m³（根据检测工位数设定）。

（2）设备构造

由机架、工件放置台、冷水箱、热水箱、管道系统、控制系统等单元组成。

（3）设备工作原理

设备装有两组供水系统，分别由水箱、供水管道、电磁阀等组成。检验时，先向洗面器内注入冷水，放置 2～5min，放掉冷水，再加入热水，放置 2～5min，冷水与热水的温度差要求（80±2）℃，通过冷水与热水的温度差造成产品的急速收缩和膨胀，最后确认产品有无出现炸裂现象，出现炸裂为不合格。

3.2　专业检验设备

除 3.1 中叙述的测试设备之外，还有一些卫生陶瓷和附属配件的测试设备，这些设备大多在专业检验部门中使用，在此称为专业测试设备，以下介绍其中的几种。

3.2.1　卫生陶瓷耐荷重试验机

卫生陶瓷耐荷重试验机如图 3-21 所示，用于卫生陶瓷产品的耐荷重试验。设备按照 Q/JYY 054—2006《CHJ 型卫生陶瓷耐荷重试验机》制造，符合 GB/T 6952—2015《卫生陶瓷》对试验设备的要求，采用压缩空气驱动气缸活塞为试样加载。

图 3-21　卫生陶瓷耐荷重试验机

技术参数：

电源：AC，50Hz，220V±22V；

最大试验力：4000N；

工作压力：0～0.70MPa，可调；

气缸直径：100mm；

外形尺寸：(长×宽×高)850mm×1350mm×1600mm。

3.2.2　卫生陶瓷冲洗试验装置

卫生陶瓷冲洗试验装置如图 3-22 所示，用于卫生陶瓷坐便器、蹲便器、小便器的冲洗性能试验。本试验装置符合标准 GB/T 26730—2011《卫生洁具　便器用重力式冲水装置及洁具机架》的试验方法，符合 GB/T 6952—2015《卫生陶瓷》和 JC/T 931—2003《机械式便器冲洗阀》对试验设备的要求。

图 3-22 卫生陶瓷冲洗试验装置

本装置采用变频恒压供水系统作为装置的压力供给单元。试验开始后,通过安装在出水管上的压力传感器和流量传感器检测实时的冲洗水流的压力与流量信号,并反馈到控制系统,控制系统将反馈信号与设定信号进行比较,根据实际情况调节系统供水输出,同时用电子秤称量试样用水量,从而对卫生陶瓷冲洗性能进行检测。本装置有操作简便、试验准确等特点。

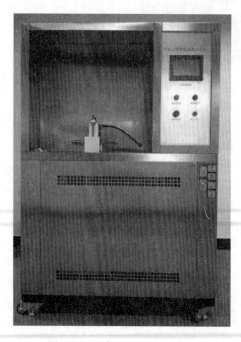

技术参数:

电源:AC,380V,50Hz;

试验压力:0.05~0.55MPa;

用水量:3~11L/次;

冲洗水出口管径:ϕ20mm、ϕ40mm;

外形尺寸:(长×宽×高)2300mm×1800mm×890mm。

3.2.3 坐便器防虹吸试验机

坐便器防虹吸试验机如图 3-23 所示,用于卫生陶瓷水箱进水阀的防虹吸性能及水位线性能试验。设备采用真空泵驱动,PLC 控制,在样品与设备真空机之间有一个透明容器,用于虹吸测试失败时收集吸入的水流,以保护真空机不被损坏。通过设备的抽真空系统模拟供水管道发生的真空状态,以检测进水阀有无虹吸现象发生。按美国认证机构(UPC)的规定,进水阀在进水系统有

图 3-23 坐便器防虹吸试验机

0.1MPa 真空度的情况下，进水系统不会受到污染。进水阀所控制的水位线（CL 线）应在距泄压孔(25±0.5)mm 范围内。

（1）防虹吸性能测试的内容

① GB/T 34549—2017《卫生洁具 智能坐便器》规定的"防虹吸性能"；

② GB/T 26750—2011《卫生洁具 便器用压力冲水装置》规定的"防虹吸性能测试"；

③ GB/T 26730—2011《卫生洁具 便器用重力式冲水装置及洁具机架》规定的"进水阀防虹吸功能试验"；

④ JC/T 931—2003《机械式便器冲洗阀》规定的"防虹吸性能"；

⑤ JG/T 285—2010《坐便洁身器》规定的"负压作用性能试验"。

（2）技术参数

符合标准：ASME A112.18.1—2005/CSA B125.1-05、ASSE 1014、GB/T 26730—2011、GB 18145、GB 4706.1—2005、IEC 61770；

电源：AC，380V，50Hz；

机器功能：测试样品在临界水位有无虹吸现象发生；

测试工位：单工位；

真空产生方式：叶片式真空泵；

最大真空度：0.06Pa；

真空罐容积：100L；

集水器容积：0.1L；

水箱高度：1430mm；

操作时间：0～999s，可设定；

设备尺寸：(长×宽×高)1650mm ×1400mm ×1880mm。

3.2.4　冲洗阀、进出水阀寿命及热变性测定仪

冲洗阀、进出水阀寿命及热变性测定仪如图 3-24 所示，用于对水箱进出水阀、冲洗阀进行寿命及抗热变性的检测。本测定仪符合标准 GB/T 26730—2011《卫生洁具 便器用重力式冲水装置及洁具机架》对试验性能的要求。

技术参数如下：

电源：AC，380V，50Hz；

供水系统可提供最高压力：1.0MPa，压力可连续、可调；

供水系统泵的最大流量：5t/h；

气缸型号：$\phi 20$mm×100mm；

气源压力：0.1～0.6MPa；

供水系统泵电机功率：5HP(3.7kW)；

补水系统最大流量：2.4t/h；

补水系统泵最大扬程：35m；

补水系统泵电机功率：0.37kW；

加热系统加热温度：在 0～48℃之间可调；

水箱内腔尺寸：(长×宽×高)400mm×175mm×300mm。

图 3-24   冲洗阀、进出水阀寿命及热变性测定仪

3.2.5   水箱配件阀类综合试验机

水箱配件阀类综合试验机如图 3-25 所示，用于检测便器水箱阀类的密封性、水击、耐压、噪声、虹吸以及流量等性能。本设备符合标准 GB/T 26730—2011《卫生洁具 便器用重力式冲水装置及洁具机架》、GB/T 26750—2011《便器用压力冲水装置》中对试验设备的要求。本设备由箱体、供水系统、真空系统、自动控制系统等组成。

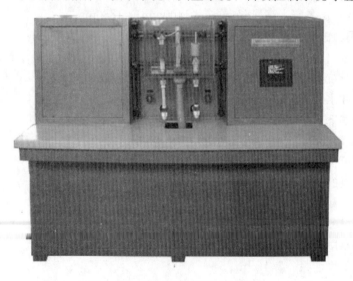

图 3-25   水箱配件阀类综合试验机

技术参数：

电源：AC，380V，50Hz；

工作压力：0～1.75MPa；

系统真空度：－80kPa；

保压时间：5～300s。

3.3 运输设备

产品检验工序需要一些产品运输设备，主要是输送线，还有其他一些运输工具。

3.3.1 输送线

常用的输送线包括皮带输送机、辊筒输送机、链条输送机、伸缩式输送机、倍速链输送机。

（1）皮带输送机。皮带输送机是一种以连续皮带承载物料的运输机械，由机架、输送带、托辊、辊筒、张紧装置、传动装置等组成；适用于输送粉状、粒状、小块状的物料及袋装物料，可在环境温度－20～40℃范围内使用，被输送物料温度小于60℃。其机长及装配形式可根据使用要求确定，传动可用电辊筒，也可用带驱动架的驱动装置。按设备长度方向的形态分为直线式、转弯式和伸缩式。

（2）辊筒输送机。辊筒输送机适用于底部是平面的物品输送，如各类箱、包、托板（托盘）等货物的输送。辊筒输送机由传动辊筒、机架、支架、驱动部等部分组成。传动辊筒分为动力辊筒、无动力辊筒；按设备长度方向的形态分为直线式、弯道式、斜坡式、伸缩式等；考虑链条抗拉强度，单线最长一般不超过10m。辊筒输送机可实现水平输送、转弯、合流、分流、转向、靠边、积放、自滑等各种功能，能承受较大的冲击载荷；辊筒线之间易于衔接，可用多条辊筒输送机与其他输送机组成复杂的物流输送系统。

（3）链条输送机。链条输送机是以链条作为牵引和承载体输送物料，链条可以采用普通的套筒辊子输送链，也可采用其他各种特种链（如积放链、倍速链）。链条输送机的输送能力强，主要输送托板（托盘）、大型周转箱等。输送链条结构形式多样，并且有多种附件，易于实现积放输送，可用作装配生产线或作为物料的储存输送。

（4）伸缩式输送机。伸缩式输送机每单元由若干辊子组成，每个单元可独立使用，也可连接使用，连接安装方便，一个单元最长和最短之比可达3∶1，可灵活改变输送方向，最大时可以大于180°。按动力可分为有动力设备和无动力设备。

（5）倍速链输送机。倍速链输送机是在特制的铝型材或钢结构导轨中安装塑钢复合辊式倍速链条构成的输送设备，托板（托盘）物品放在倍速链条上，托板（托盘）的运行速度是链条运行的整倍数。倍速链输送机由输送链条、辊轮、机架、动力系统组成，可实现输送线上的链条的移动速度保持不变，但链条上方被输送的托板（托盘）物品可以按照设计要求控制移动节拍，在需要停留的位置上停止运动，由作业人员进行各种检验、装配操作，完成操作后，再使托板（托盘）物品继续向前输送。倍速链输送机在成形至包装工序的应用十分广泛。

3.3.2 其他运输工具

其他运输工具主要包括托板、手动叉车、电瓶叉车和AGV小车。

（1）托板。托板用于物品（工件、产品）的承载，按用途可分为两类：存储托板、流水线工装板。

1）存储托板是存放物品（工件、产品）的承载物，在地面或高架仓库与货物一起构成基本存储单元，要求有足够的强度、刚度，外形尺寸（长、宽、高）按需要确定，主要材质有木材、塑料、钢材、钢木等。卫生陶瓷生产中，检验工序、包装工序多使用木质托板、塑料质托板，如图 3-26、图 3-27 所示。

图 3-26　木质托板　　　　　　　图 3-27　塑料质托板

2）流水线工装板是在流水线上使用的存放物品（工件、产品）的承载物。

流水线工装板可分为以下种类：

按材料分类：进口胶合板、PVC 增强板、一次成形塑料板、铝质板、胶合板、PVC 合成板。

按表面处理方式分类：防静电胶皮、金字塔形耐磨胶片（普通和防静电）、PP 耐磨板、耐磨防滑胶皮、防静电地毯、防静电高密度海绵等。

按结构分类：单层板、双层板；普通板、带信号发生器板。

某种工装板的主要参数：

厚度：18～35mm；

平直度：1mm 以内；

绝缘强度：≥2MPa；

导电：$U=200V$，$I_{max}=2.3A$；

承载：600N 均布载荷；

尺寸（长×宽）：880mm×550mm、900mm×600mm，可根据需要确定。

（2）手动叉车。手动叉车，也称为地牛，如图 3-28 所示，是对成件托板（托盘）的中小型物品近距离运输的手动运输工具。手动叉车利用液压千斤顶来进行升降，设备细长，有四个运行轮和一个转向轮，转向轮上部称为"牛头"，作用类似自行车的车把，用于转向和升降后面两个支撑部的高度；牛头上有个舌头，按下舌头即可降低支撑部的高度，上下多次按压牛头即可将支撑部升高。手动叉车相对于电动叉车更加小巧，便于在检验现场的通道穿行，运动灵活。

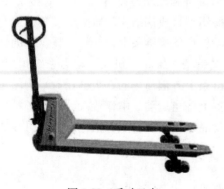

图 3-28　手动叉车

手动叉车常用的规格有 2t 手动叉车、2.5t

手动叉车、3t 手动叉车、5t 手动叉车。

（3）电动叉车。电动叉车又称为电瓶叉车，如图 3-29 所示，可对成件托板（托盘）的物品进行装卸、堆垛和短距离运输作业。电动叉车带有充电电池，多使用直流（DC）串激电动机，机械特性能满足叉车所需要的低速大扭矩的工作要求。其优点是操纵简单，检修容易，运转时平稳无噪声，不排废气，运营费用较低，整车的使用年限较长；缺点是需要充电室和充电设备，充电时间较长，对路面要求较高。

图 3-29　电动叉车

（4）AGV 小车。AGV 是 Automated Guided Vehicle 的缩写，AGV 小车是装有电磁或光学等自动导引装置，能够沿规定的导引路径行驶，具有安全保护以及各种移载功能的自动运输车，以可充电的蓄电池为其动力来源，如图 3-30 所示。

图 3-30　AGV 小车

AGV 小车主要包括车辆、现场部件、固定控制系统、外围设备。车辆是 AGV 小车运动的核心；现场部件为 AGV 小车预设在行驶路径上的导引装置。例如，电磁或磁带导引路径地面预埋的金属线、光学导引路径上涂漆或粘贴的色带、激光导引路径上安装的激光反射板等；固定控制系统的任务是管理运输订单、优化日程、通过预先定义的接口和其他控制系统通信，还负责与客户交互和提供辅佐功能，如图形可视化和统计分析；外围设备包括车辆的各种车载设备如电池装载站和负荷传递机。

AGV 小车按拿取物品的方式分为叉取式和夹抱式。叉取式的取货工具为货叉，主要用于叉取有托板（托盘）装载的物品；夹抱式的取货工具为夹爪，主要用于夹取包装外形规则的物品。

AGV 小车的导航方式有磁导航、激光导航、惯性导航、视觉导航等，均可轻松改变路径，其中激光导航的路径改变更为灵活。

3.4 坐便器检验流水线

一些企业使用坐便器检验流水线，以输送线为主体运送待检验产品，使用一些检验设备，在输送线上或支线上进行坐便器的质量检验等操作。检验流水线具有减少作业人员、降低劳动强度、减少产品搬运过程中造成的磕碰等特点。以下为某企业的坐便器检验流水线的情况，供参考。

某企业的坐便器检验流水线如图 3-31 所示，由循环倍速链输送线、托板升降机、辊筒输送机、倍速链输送机等构成；整体装置采用程序自动控制、光电管定位、蜂鸣器报警、指示灯显示。

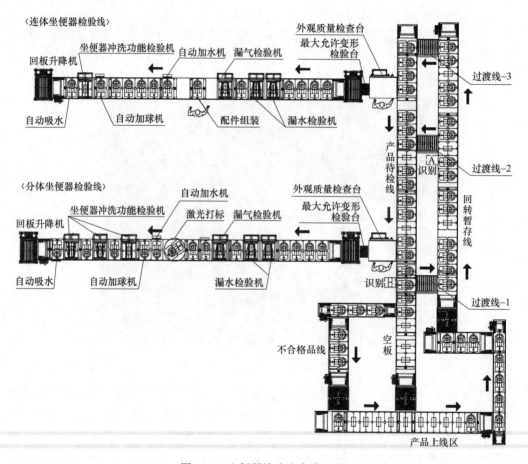

图 3-31　坐便器检验流水线示意

坐便器检验流水线包括产品上线区、回转暂存线（包括过渡线）、产品检验区（连体坐便器检验线和分体坐便器检验线）、不合格品下线区、控制系统等，可以完成连体坐便器和分体坐便器的质量检验等作业，同时完成待检品、合格品、不合格品、托板的自动流转。

（1）技术参数

检验线总长度：约 26m；

检验线宽度：0.92m，局部 1.8m；

检验线高度：0.75m，局部 2.6m；

输送线运行速度：2～6m/min；

产品输送形式：自动输送；

产品定位形式：自动挡停定位；

外观质量检验形式：人工检验；

最大允许变形检验形式：人工检验；

漏水检验形式：设备检验；

漏气检验形式：设备检验；

冲洗功能检验形式：设备检验；

功能检验补水：自动循环补水；

便器内残存水处理形式：吸水风机自动吸水；

托板回收形式：检验线采用双层倍速链，下层自动返板；烧成品上线、输送、暂存采用单层倍速链，单层循环返板；

安全防护措施：检验线两端及中部设置急停开关，可紧急停止全部设备的运行；

检验线装机总功率：38kW。

（2）设备构造

坐便器检验流水线包括产品上线区、回转暂存线（包括过渡线）、产品检验区（连体坐便器检验线和分体坐便器检验线）、不合格品下线区、托板返回线、控制系统等。

1）产品上线区：产品上线区采用单层侧滚轮动力输送线，设置 5 个产品上线工装板，末端设置自动检测装置，检测托板满载时自动放行，产品流转至下个区域。

2）回转暂存区：回转暂存区由单层侧滚轮动力输送线和三个过渡线组成，产品和空托板在线上连续流转，倍速链上安装识别装置，产品经过渡线入口端时根据识别判定产品或托板的流转方向。

3）产品检验区：产品检验区分为连体坐便器检验线和分体坐便器检验线，产品检验区采用双层侧滚轮动力输送线、辊筒线组合形式，由托板升降机、顶升旋转台、外观质量检查台、最大允许变形检验台、漏水检验机、漏气检验机、冲洗功能检验机、吸水机等设备组成。此外，连体坐便器检验线和分体坐便器检验线设置的作业设备的不同是连体坐便器检验线上增加设置了配件组装工位，分体坐便器检验线上增加设置了激光打标工位和设备。

① 双层侧滚轮输送线：输送线由铝合金框架、驱动机构、输送链条组成，上层输送产品至各个检验工位，下层用于检验结束后的托板返回。

② 托板升降机：升降机由铝合金框架、升降动力系统及水平输送机构组成，安装于双层输送线两端，用于托板在输送线上下层转换运行。

③ 顶升旋转台：该旋转台分为自动旋转台及手动旋转台两种，均安装于输送线内部，自动旋转台用于托板或产品转向，手动旋转台用于顶升人工旋转对产品进行检验。

④ 外观质量检查台：本设备由铝合金框架、电脑放置架、键盘放置架、工具挂板

及照明系统组成,安装于输送线侧部,与手动旋转台配合使用,对产品进行外观质量检验。

⑤ 最大允许变形检验台:该设备由框架及面板组成,安装于设备最前端,对产品进行变形检验。

⑥ 漏水检验机:本设备跨输送线安装,主要由主框架、升降压板、真空系统、控制系统组成,对产品内腔可能漏水的情况进行检验。

⑦ 漏气检验机:本设备跨输送线安装,主要由主框架、升降压板、供水系统、控制系统组成,对产品可能漏气的部位进行检验。

⑧ 冲洗功能检验机:本设备由主框架、升降装置、储水罐、接水槽、供水装置、回水装置及控制系统组成,共有 3 个工位,可对不同墙距的产品进行冲洗功能检验。

⑨ 吸水风机:吸水风机由主框架、接水槽、风机、隔声室、气管道以及控制系统组成,安装于输送线尾部托板升降机处,用于吸取产品检验后产品中的残余水。

4) 不合格品下线区:不合格品下线区采用单层侧滚轮动力输送线、输送线配置移载机、检测装置等,运送不合格品,待不合格品取下后,空托板继续流转,托板堆积满仓时有报警提示。

5) 托板返回线:在检验线的末端,用人工或移载装置将托板上的产品搬走,托板升降机自动将托板输送至底层输送线之上,托板在底部输送线上向变形检验台方向输送,并在输送线中部位置进行 180°旋转后输送至与变形检验台邻近的托板升降机上,等候使用。

6) 控制系统:控制系统由控制柜、电气控制机构、气路控制机构、外部总开关、操作按钮、指示灯及相应仪表组成,用于控制流水线的运行。

(3) 作业流程

1) 产品上线:烧成品出窑,将烧成品移载至输送线的产品上线区,并按底部排污口位置将产品对正放置,产品上线完成后,上线区末端检知开关检测托板载荷状态后自动放行,进入输送线流转。

2) 回转暂存区:回转暂存区由单层侧辊轮动力输送线和三个过渡线组成。产品和空托板在线上连续流转;倍速链上产品经"过渡线-2"入口端"识别 A"判定,分体坐便器经"过渡线-2"分流进入待检测区域,连体坐便器继续经倍速链输送至"过渡线-3",并经"过渡线-3"进入待检区域。

"过渡线-2"根据入口端检知器"识别 A"完成分体、连体坐便器的拣选、输送,避免分体坐便器不必要的输送浪费。

"过渡线-1"根据入口端检知器"识别 B"完成托板满载、托板空载、不合格品的拣选和输送;完成三种流转状态判定:

① 托板满载时,经"过渡线-1"进入产品待检线;

② 托板空载时,继续向下流转并进入空板输送线;

③ 托板满载且为不合格品时,继续向下流转并进入不合格品线。

3) 产品检验:连体坐便器检验线和分体坐便器检验线的作业内容稍有不同,下面以分体坐便器检验线为例进行说明。

① 取产品:人工从产品待检线取产品并放置在外观质量检查台上,空托板留在待

检线等待产品分级操作工放行指令继续流转。

② 外观质量检验：人工将产品放置在检验台上，控制检验工位顶升旋转台，并对产品进行外观质量检验，检验完毕后人工控制旋转台下降，不合格品由人工重新搬回待检线继续流转，随后人工控制阻挡器放行，不合格产品和托板继续流转。

③ 最大允许变形检验：外观质量检验合格的产品，搬入最大允许变形检验台对产品进行最大允许变形检验，不合格产品的处理方式同外观质量检验；合格产品搬运到相邻的托板升降台的托板之上，并手动启动托板升降机辊轮运行，将带托板产品向后续工序输送；当该托板完全脱离托板升降机后，托板升降机自动将等待在底层输送线之上的托板运输顶升就位，等待后续变形检验合格品放置。

④ 漏水检验：最大允许变形检验合格的产品自动输送至漏水检验工位的上一个工位等待，待漏水检验机的检验工位无产品时，产品（带托板）自动输送至外漏测试工位，该工位阻挡器自动升起，漏水检验机自动运行对应程序对产品进行抽真空漏气检验；产品为合格品时，绿灯亮起，在产品上喷涂绿色标记，自动输送到下一工位，产品不合格时，蜂鸣器报警，红灯闪烁，人工干预是否复检，需要复检时，按复位按钮，重新检测一次。合格时自动放行，不合格时，蜂鸣器报警，红灯闪烁，在产品上喷涂红色标记，并将产品输送至下一工位缓存区挡停。当人工将不合格品搬离下线并手动恢复程序时，空托板继续向下一工位输送。

⑤ 漏气检验：产品（或空托板）自动输送至工位，当检测到托板上无产品时，托板继续向下一工位输送，当探测到托板上有产品时，该工位阻挡器自动升起，漏气检验机自动运行对应程序对产品进行漏气检验，以后的流程与以上④的操作相同。

⑥ 激光打标：产品（或空托板）自动输送至自动旋转台工位，自动挡停，旋转台自动顶升并旋转 180° 后下降，如果激光打标工位有托板，则等待激光打标工位放空，如果激光打标工位没有托板，则直接输送至激光打标工位。

产品输送至激光打标工位后，当感应器探测到托板上有产品时，该工位阻挡器自动升起，挡停产品，同时升降台将产品顶起，人工对产品进行激光打标，激光打标完成后，人工控制升降台下降，按下激光打标工位上的放行按钮，激光打标工位的前后阻挡器下降，将完成打标的产品向下一个工序输送，并将等待在激光打标工位前的产品向激光打标工位输送。

在当班检测的产品不需要激光打标时，可将放行按钮长按 5s，则激光打标工位取消，直接放行。

⑦ 冲洗功能检验：产品（或空托板）自动输送至功能测试工位前一工位等待，通过人工控制将等待的产品输送至冲洗功能检验工位，当检测到托板上无产品时，托板继续向下一工位输送；当探测到托板上有产品时，程序自动选择对应产品型号的检验位置，挡停产品，对产品进行冲洗功能测验，测验完成后阻挡器自动放行，合格产品继续向下一工序输送，不合格品由人工搬离下线。三个冲洗功能检验工位根据需要可任意选择是否投入使用。

⑧ 自动吸水：产品在吸水工位上，按启动风机按钮，吸水风机启动 15s（时间可设置），吸取产品的残余水。

⑨ 托板返回：功能检验和吸水完成后的产品（或空托板）自动输送至线尾的托板

升降机上，检测开关检查托板上有无产品，有产品时，人工或移载装置将托板上的产品搬走，托板升降机自动将托板输送至底层输送线上，随后托板升降机升起，等待后续产品就位。

托板在底部输送线上向变形检验台方向输送，并在输送线中部位置进行 180°旋转后输送至与变形检验台邻近的托板升降机上，等候使用。

4) 不合格品下线：回转线产品经"过渡线-1"入口端"识别 B"的识别判定，进入不合格品下线区，托板堆积满仓时有报警提示。

（4）设备维护、维修管理规定和安全操作规程

为保障流水线长期、安全、稳定地运行，要制定流水线的设备维护、维修管理规定和安全操作规程。

3.5 检验使用的工器具

3.5.1 检验使用的工器具、材料

（1）工具、量具

工具：打音木槌、扳手、镊子、点检镜、合格印章、日期印章、磨石等。

量具：直尺、游标卡尺、水平尺、塞尺等，部分量具由企业加工制作。

各个种类产品检验所用的工具、量具不尽相同，详见第 4 章。

（2）材料

代用污物（坐便器、蹲便器试验用）、擦布、记号笔、红（或蓝）墨水、毛刷等。各种类产品检验所用的工具、量具不尽相同，详见第 4 章、第 5 章。

（3）外观检查限度样板

在外观检查中使用限度样板，限度样板由质量管理部门制作提供或由检验部门制作，经批准后使用。检查人员对产品缺陷与外观检查限度样板进行对比，对产品是否合格做出正确判断。

限度样板有：白釉颜色样板；特殊颜色的釉颜色样板；外观缺陷限度样板；缺陷样片；斑点检测胶片。详见第 4 章的 4.1（4）3)。

3.5.2 检验使用的规具

规具由企业根据检验产品的种类、作业要求由自己制作，在检验作业中使用十分便利、准确，包括塞尺、水封尺、测量尺寸（产品的长、宽、高、孔径、间隔等）的限界规具等。规具在使用中要定期点检，保证其完好和准确。

某企业的"坐便器检验规具规格及点检表""洗面器检验规具规格及点检项目表""小便器检验规具规格及点检项目表""水箱检验规具规格及点检项目表"见第 5 章的 5.1，从中可以了解规具的种类、规格和用途，以及规具点检的要求。

4　产品的出厂检验

GB/T 6952—2015《卫生陶瓷》中产品出厂检验项目的规定见第1章的表1-5。

GB/T 6952—2015《卫生陶瓷》的附录与出厂检验项目有关，见表4-1。

表4-1　GB/T 6952—2015 附录中与出厂检验项目有关的内容

序号	附录名称	细目
1	附录A　卫生陶瓷产品标记	A.1　范围
		A.2　产品分类代码
		A.3　示例
2	附录B　卫生陶瓷产品尺寸要求示意图	B.1　坐便器排污口尺寸
		B.2　壁挂式坐便器安装螺栓孔间距
		B.3　坐便器水封深度、水封表面尺寸和坐便器坐圈离地高度示意图
		B.4　坐便器坐圈尺寸示意图
		B.5　洗面器、净身器和水槽排水口尺寸
		B.6　供水配件安装孔和安装面尺寸(编者注：洗面器和净身器)
		B.7　蹲便器水封深度要求
		B.8　小便器尺寸要求
3	附录C　卫生陶瓷产品变形测量方法示意图	C.1　连体坐便器
		C.2　分体坐便器
		C.3　靠墙式分体坐便器
		C.4　水箱
		C.5　洗面器
		C.6　净身器
		C.7　蹲便器
		C.8　小便器
		C.9　洗涤槽和拖布池
4	附录D　耐荷重性试验示意图	编者注：坐便器、小便器、洗面器、洗涤槽和淋浴盘试验示意图
5	附录E　便器功能试验装置	编者注：标准化供水系统及排水管道输送特性试验装置
6	附录F　蹲便器排放试验用人造试体示意图	编者注：试验用人造试体与排放试验用人造试体放置
7	附录G　无水小便器功能要求及试验方法	编者注：对各功能要求及试验方法进行说明

本章介绍这些出厂检验项目的详细内容。

4.1　外观质量检验

（1）检验条件

外观缺陷最大允许范围应符合 GB/T 6952—2015《卫生陶瓷》或企业的检验标准，外观缺陷对各种产品划分的 A 面～E 面 5 个面各面的要求有所不同。

（2）技术要求

GB/T 6952—2015《卫生陶瓷》"5.1 外观质量"中的技术要求包括釉面、外观缺陷最大允许范围、色差。

1）釉面。GB/T 6952—2015 "5.1.1 釉面"规定：除安装面（不包括炻陶质水箱）及下列所述外，所有裸露表面和坐便器及蹲便器的排污管道内壁都应有釉层覆盖；釉面应与陶瓷坯体完全结合。

① 坐便器和蹲便器：瓷质便器水箱背部和底部、瓷质水箱盖底部和后部、瓷质水箱的内部、蹲便器安装后排污水道外隐蔽面部分。

② 洗面器：洗面器后部靠墙部位、溢流孔后部、台上盆底部、洗面器角位和立柱后部。

③ 净身器和洗手器：正常位非可见区域及隐蔽面。

④ 其他用于防止产品烧成变形的位于非可见面区域的支撑部件。

2）外观缺陷最大允许范围。GB/T 6952—2015 "5.1.2 外观缺陷最大允许范围"规定：外观缺陷最大允许范围应符合表 4-2 的规定。

表 4-2　卫生陶瓷外观缺陷最大允许范围

缺陷名称	单位	洗净面	可见面	其他区域
开裂、坯裂	mm	不准许		不影响使用的允许修补
釉裂、棕眼	mm	不准许		允许有不影响使用的缺陷
大釉泡、色斑、坑包	个	不准许		
针孔	个	总数 2	1；总数 5	
中釉泡、花斑	个	总数 2	1；总数 6	
小釉泡、斑点	个	1；总数 2	2；总数 8	
波纹	mm²	≤2600		
缩釉、缺釉	mm²	不准许		
磕碰	mm²	不准许		20mm² 以下 2 个
釉缕、桔釉、釉粘、坯粉、落脏、剥边、烟熏、麻面	—	不准许		—

注：1. 数字前无文字或符号时，表示一个标准面允许的缺陷数。

　　2. 0.5mm 以下的不密集针孔可不计。

3）色差。GB/T 6952—2015 "5.1.3 色差"规定：同一件产品或配套产品之间应无明显色差。

（3）试验方法

1）GB/T 6952—2015 "8.1.1 釉面和外观缺陷"规定：在产品表面的漫射光线至少为 1100lx 的光照条件下，距产品约 0.6m 处目测检查釉面和外观缺陷，检查时应将产品翻转观察各检查面。

2）GB/T 6952—2015 "8.1.2 色差"规定：在产品表面的漫射光线至少为 1100lx 的光照条件下，距离产品约 2m 处，对水平放置的一件产品或集中水平放置的一套产品目测检查是否有明显色差。

（4）检验用具

1）外观检查台使用固定式检查台或旋转式检查台，台面尺寸足够放置产品，满足检验需要。

2）检验工具、量具。工具：打音木槌、点检镜、磨石等。量具：直尺、游标卡尺、水平尺、塞尺等。

3）外观检查限度样板。在外观检查中使用限度样板，限度样板由质量管理部门制作提供或由检验部门制作，经批准后使用。作业人员将产品上的缺陷与外观检查限度样板进行比对，确认产品上的缺陷是否在合格范围内并做出正确判断。

在检验中，对釉面的色差、毛孔、波纹、棕眼、斑点等缺陷判断较为困难，有的企业由相关部门制作釉面各种状况的试片，也可以选择产品中出现的釉面各种状况作为样板，一种缺陷制作不同程度（等级）的样板，并在企业标准中规定产品合格范围的等级，作为判断缺陷的限度样板。限度样板有以下几种：

① 白釉颜色样板：包括标准颜色样板、浓颜色限度样板、淡颜色限度样板。检验时，釉面呈色要按照颜色限度样板进行比对判定。

② 特殊颜色的釉颜色样板：白釉以外的釉色的颜色样板。检验时，釉面呈色要按照颜色限度样板进行比对判定。

③ 外观缺陷限度样板：企业自制釉薄、煮肌、波肌、梨肌、无光、商标不良、坯不良等缺陷的限度样板，检验时，对于检验中出现的缺陷可按照各限度样板进行比对判定。

④ 缺陷样片：各种缺陷的代表性的样片，对于检验中出现的缺陷可按照缺陷样板进行比对判定。

⑤ 斑点检测胶片卡：为确认斑点大小而制作的透明的斑点检测胶片卡，通过与检测胶片上不同直径和宽度的对比，可以判断斑点、杂欠点的大小，如图 4-1 所示。使用时，将胶片放置在斑点、杂欠点的上面移动，由于胶片是透明的，可以确定斑点的大小。

（5）产品表面的目视检查顺序与方向

在产品表面检查时，视线看到的面，手也要抚摸到，按检查顺序与方向进行目视与抚摸，视线按顺序移动也可减少颈部疲劳。

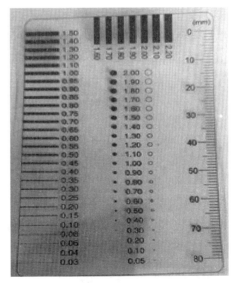

图 4-1　斑点检测胶片卡

必要时将产品抬起倾斜检查，视线要正对产品检查面。

1）检查面积较大产品时的顺序与方向：面积较大的产品，如坐便器、水箱，需横向及上下移动视线检查，如图 4-2、图 4-3 所示，图中带箭头曲线或直线表示检验顺序，圆圈表示目视范围的移动，图 4-4～图 4-7 方法相同。

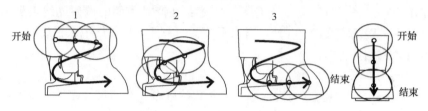

图 4-2　坐便器类横向及上下移动视线示意图

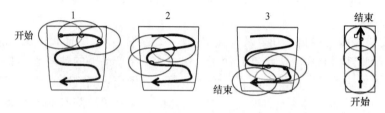

图 4-3　水箱类横向及上下移动视线示意图

2）检查面积较小产品时的顺序与方向：面积较小的产品，如洗面器，需横向移动视线检查，如图 4-4 所示。

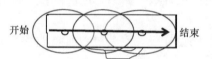

图 4-4　横向移动视线示意图

3）检查坐便器圈上表面的移动顺序：从水箱座部位开始，视线移动的同时手也要对表面进行触摸确认，注意边角部位的检查，如图 4-5 所示。

4）检查坐便器洗净面的顺序：从外侧向里侧移动视线，同时手也要对表面进行触摸确认，注意检查圈下出水孔和水道入口处的落脏、开裂等缺陷，如图 4-6 所示。

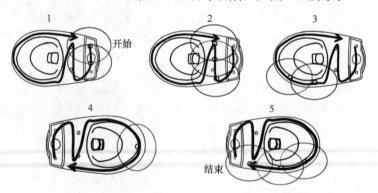

图 4-5　检查坐便器圈上表面移动顺序示意图

5）检查洗面器洗净面的顺序：从后立面开始，再右侧、左侧、前面移动视线，同时手也要对表面进行触摸确认，注意检查上下排水口处开裂和洗净面的落脏等缺陷，如图 4-7 所示。

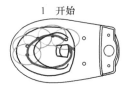 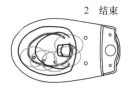

图 4-6　检查坐便器洗净面移动视线示意图

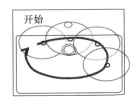 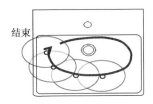

图 4-7　检查洗面器洗净面移动视线示意图

（6）外观缺陷的判断方法举例

检验中，需要对外观缺陷进行判断，某企业的外观缺陷判断方法见表 4-3，供参考。

表 4-3　外观缺陷的判断方法（某企业）

项目	内容	
1. 可在同一视野看到的缺陷	适用缺陷	缺陷间隔
	棕眼、釉秃、落脏	间距 50mm 以上。但是，不适用于坐便器的背面
2. 缺陷的面区分	2.1　交界面的缺陷采用上位所属原则，如下图所示，缺陷属于 A 面 	
	2.2　配件安装部位：A、B 面的五金件安装部位被五金件盖住的面为 C 面 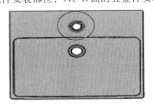 	

3. 缺陷的尺寸测定位置，如右图所示	棕眼	釉秃、坯秃		落脏	斑点

续表

项目	内容
4. 缺陷的尺寸测定方法	4.1 棕眼、釉秃、落脏、斑点的大小用胶片卡测定 4.2 棕眼、釉秃、落脏的缺陷按修正前的尺寸测定 4.3 正圆以外的缺陷按长边的尺寸判定
5. 开裂	各面都不允许贯通裂存在
6. 落脏	A、B面的落脏在允许大小范围内，釉面盖住了的为合格
7. 斑点	即使仅有一部分为浓颜色，也作为浓斑点判断。尺寸包括薄的部分在内，进行整体测定
8. 煮肌、波肌、坯不良	即使是一部分不好，该部分也要按等级样板判断。坯不良缺陷的判断：不包括施釉面露坯体的缺损
9. 梨釉、光泽、斑点、龟纹、流釉	即使是一部分不好，该部分也要按等级限度样板判断
10. 釉薄	10.1 即使是一部分不好，该部分也要按等级样板判断 10.2 水箱背面需要施薄釉，不可无釉 10.3 座圈的内侧面要全部施釉，对自洁釉产品，圈的内侧必须全部覆盖自洁釉
11. φ0.2以下缺陷	φ0.2以下的缺陷不列为判断对象。但外观较难看的，要作为缺陷判断
12. 缺陷尺寸换算表	缺陷允许尺寸可按下表换算 规格值 / 换算值 $\phi1.0\times1$个 / $\phi0.5\times2$个 $\phi1.0\times2$个 / $\phi0.5\times4$个 规格值$\phi1.5$以上不进行换算
13. 复合缺陷的判定	A、B、C、D、E各面缺陷，即使是其中一个面有不良，也要作为不合格处理
14. 倒角	14.1 研磨面的倒角最大为1.5mm 14.2 来自成形工序的倒角(釉盖住的)最大为3.0mm
15. 弯曲变形	依照产品检验作业指导书执行
16. 其他	有关缺陷判断方法依照产品检验作业指导书执行

（7）产品的打音检验

许多企业增加了产品的打音检验操作，即在进行外观质量检验操作时，用木槌敲击产品的主体部位和容易发生成形裂或烧成炸裂的部位，如产品有较大的成形裂或烧成炸裂，在打音时会发出异常的声音，由此可发现这一类缺陷。产品打音的操作如图4-8所示。

（8）产品釉面检验方法举例

在检验作业中，使用限度样板与产品出现的缺陷进行比对。

1）釉面色差比对：产品的颜色发生变化时，要用浅色、标准色、浓色限度样板进行比对，浅色与标准色之间的为合格，浓色与标准色之间为合格。

图 4-8　产品打音的操作

（a）坐便器内部打音的操作；（b）坐便器外部打音的操作；

（c）小便器外部打音的操作；（d）洗面器背面打音的操作

2）釉面波纹比对：限度等级的判定检验时，缺陷部位与限度样板进行比对，缺陷状况在限度样板以上范围内（含限度样板等级）判定为合格。

3）釉面斑点、杂欠点的比对：使用斑点检测胶片卡确定斑点、杂欠点的大小，按标准进行判定。

使用斑点检测胶片卡时，缺陷的尺寸以检测胶片卡上斑点可以盖住或套住缺陷为准，如图 4-9 所示。

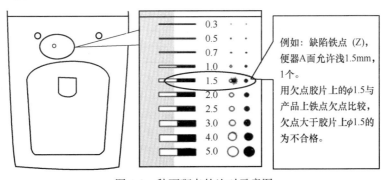

图 4-9　釉面斑点的比对示意图

（9）外观质量检验的注意事项

① 产品与视线的位置。视线与产品成直角，作业人员根据身高的不同调整视线的高度，如身材高的作业人员要弯曲膝盖、分开双脚，降低视线高度。

② 产品表面与眼睛的距离。距离产品 0.6m，近看、远看兼顾，看清楚检查的视野约 20cm 见方，首先观察整体，然后按目视顺序观察。

③ 多缺陷部位的观察。移动产品，选择最合适的角度，对缺陷多的部位要近距离观察，边移动产品边寻找最佳检查角度；作业人员之间要经常沟通缺陷的情况，特别注意对缺陷多的部位的检查。

④ 表面光泽的观察。利用光线的明暗查看，观察产品表面时，要移动视线和晃动产品。

⑤ 不易查看部位的观察。倾斜产品探头查看，将产品倾斜至容易查看的角度，可根据需要探头入内查看，无法看到的部位要使用镜子确认，事先要准备大、小镜子。

⑥ 凹凸部位确认。查看产品凹凸部位时，要一边看一边用手抚摸，感觉凹凸的大小。

⑦ 污垢、灰尘的清除。使用手套或抹布擦拭，产品有污垢、灰尘时，擦拭干净后再检查。防止将污垢或灰尘误认为缺陷。

⑧ 重点打音检验部位。重点打音检验部位为单双面交接的部位、与烧成垫接触易发生炸裂的部位、以前的产品曾发生过炸裂的部位。

4.2 最大允许变形检验

检验变形包括技术要求、变形测量器具与测量方法。

（1）技术要求

应符合 GB/T 6952—2015《卫生陶瓷》5.2 的规定。GB/T 6952—2015《卫生陶瓷》"5.2 最大允许变形"规定，卫生陶瓷产品的最大允许变形量应符合表 4-4 的规定。

表 4-4　最大允许变形　　　　　　　　　　　　　　　　mm

产品名称	安装面	表面	整体	边缘
坐便器 净身器	3	4	6	—
洗面器 洗手盆	3	6	20mm/m，最大 12	4
小便器	5	20mm/m，最大 12	20mm/m，最大 12	—
蹲便器	6	5	8	4
洗涤槽	4	20mm/m，最大 12	20mm/m，最大 12	5
水箱	底 3 墙 8	4	5	4
淋浴盆	—	20mm/m，最大 12	20mm/m，最大 12	—

注：形状为圆形或艺术造型的产品，边缘变形不作要求。

（2）变形测量器具与测量方法

1）测量器具。GB/T 6952—2015《卫生陶瓷》"8.2.1 测量器具"规定，测量器具包括：

① 精度为 1.0mm 的钢直尺、直角尺、高度尺；

② 测量器具精度为 0.1mm 塞尺或类似功能的量具；

③ 具有水平平面的检测工作台。

2）测量方法。GB/T 6952—2015《卫生陶瓷》"8.2.2 测量方法"规定：

① "8.2.2.1 钢直尺法"：用钢直尺的直边紧贴测量面，测量其最大缝隙。

② "8.2.2.2 平台法"：将产品的被测量面放置于工作平台上，用塞尺测量上翘部分到平台垂直距离或用直角尺和钢直尺测量左右两边的高度差。

③ "8.2.2.3 对角线法"：用钢直尺测量两对角线，求其尺寸差。

3）变形部位及测量方法。GB/T 6952—2015《卫生陶瓷》"8.2.3 变形部位及测量方法"规定，各类产品的变形部位及测量方法按表 4-5 的规定进行，测量方法示意图参见 GB/T 6952—2015 附录 C。

表 4-5　产品变形部位及测量方法

产品名称	变形名称	变形部位	测量方法
坐便器 净身器	安装面弯曲变形	底座平面、安装水箱口平面	平台法
	表面变形	坐圈平面	平台法
	整体变形	整体歪扭不平、坐圈倾斜	平台法
洗面器 洗手盆	安装面弯曲变形	靠墙面、支架面、下水口的下平面	平台法、钢直尺法
	表面变形	洗净面以上的水平表面	钢直尺法
	整体变形	对角方向的歪扭	平台法、对角线法
	边缘弯曲变形	边缘侧面	钢直尺法
小便器	安装面弯曲变形	靠墙面和地面	平台法
	表面变形	两侧面、前平面	钢直尺法、平台法
	整体变形	对角方向歪扭	平台法、对角线法
蹲便器	安装面弯曲变形	靠地表面	平台法
	表面变形	上表面	钢直尺法、对角线法
	整体变形	整体及水圈平面歪扭	平台法、对角线法
	边缘弯曲变形	两侧边	钢直尺法
洗涤槽	安装面弯曲变形	底面、靠墙面和支架面	钢直尺法、平台法
	表面变形	水平上表面、侧面	钢直尺法、平台法
	整体变形	整体歪扭	对角线法、平台法
	边缘弯曲变形	水圈侧边和侧面	钢直尺法、平台法
水箱	安装面弯曲变形	靠墙面、底面	钢直尺法、平台法
	表面变形	正面和侧面	钢直尺法
	整体变形	整体歪扭	对角线法
	边缘弯曲变形	水箱上口、箱盖安装面	钢直尺法
各类产品	安装孔平面度	孔眼平面	钢直尺法

（3）补充说明

1）变形检查台：用规具检查台面水平与凹凸控制在 0.5mm 以内。在检验产品表面与边缘变形时，可自制一些测量使用的直线棒规具，规具的长度符合检测面与部位要求，规具上有最大允许变形量，用于产品变形检验作业。

2）产品测量基准面的确定：产品变形检查是在不受力的自然放置状态下进行，产品测量基准面如图 4-10 所示。

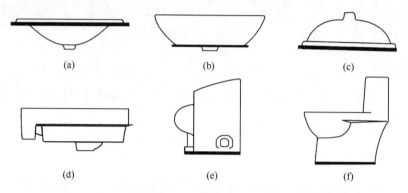

图 4-10 产品测量基准面示意图（图中黑实线为基准面）

(a) 台上式洗面器基准面；(b) 桌上式洗面器基准面；(c) 台下式洗面器基准面；

(d) 半嵌式洗面器基准面；(e) 壁挂式坐便器基准面；(f) 落地式坐便器基准面

3）缝隙检测方式：检测时注意塞尺或规具的角度，台面与规具插入接触面要吻合，不能倾斜规具检测，如图 4-11 所示。

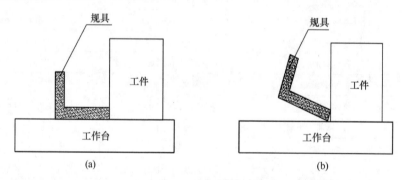

图 4-11 缝隙检测示意图

(a) 正确方式；(b) 错误方式

4）目视角度：目视时，目光要与被观察点成直线，不能斜视。目视水平仪状态的正确与错误方式举例如图 4-12 所示。

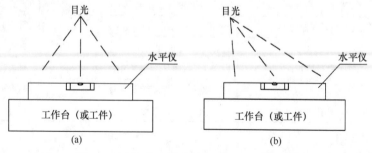

图 4-12 目视水平仪状态的正确与错误方式

(a) 正确方式；(b) 错误方式

4.3 水封检验

（1）技术要求

水封深度：GB/T 6952—2015《卫生陶瓷》"6.1.4.1 水封深度"规定，所有带整体存水弯的便器水封深度应不小于 50mm，如图 4-13 所示（图 4-13 引用自 GB/T 6952—2015《卫生陶瓷》图 B.3）。

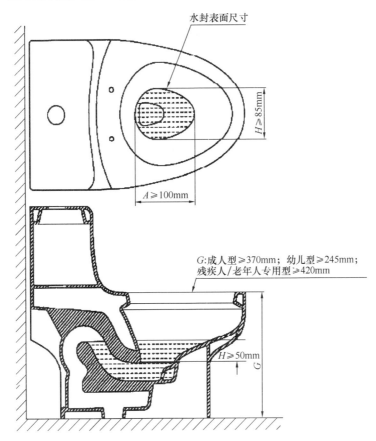

图 4-13 坐便器水封深度、水封表面尺寸和坐便器坐圈离地高度示意图

（2）试验方法

水封深度：GB/T 6952—2015《卫生陶瓷》"8.3.5.1 水封深度"规定，向便器存水弯加水至有溢流，停止溢流后，用水封尺或直尺或有效仪器测量由水封水表面至水道入口上表面最低点的垂直距离。

用水封尺测量水封深度如图 4-14 所示。

（3）补充说明

1）为提高检验工作效率，一般在坐便器冲洗功能检验时，按顺序对水封深度、污物冲洗（球排放）、水封回复进行检测，同时目视观察水封表面的尺寸大小及形状是否异常和对称，对有疑问的要进行检测确认。

① 坐便器水封表面尺寸技术要求：GB/T 6952—2015《卫生陶瓷》6.1.4.2 规定，

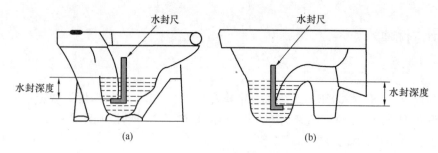

图 4-14　水封尺测量水封深度示意图

（a）坐便器测量水封深度；（b）蹲便器测量水封深度

安装在水平面的坐便器水封表面尺寸应不小于 100mm×85mm。水封表面尺寸如图 4-13所示。

② 坐便器水封表面尺寸检测方法：GB/T 6952—2015《卫生陶瓷》"8.3.5.2 水封表面尺寸"规定，向坐便器存水弯加水至有溢流，用游标卡尺或类似功能的量具测量水封表面的最大长度和宽度，并记录。

在检测坐便器水封表面尺寸时，往往使用自制的带有标准要求的最小长度和宽度的十字规具。

2）污物冲洗（球排放）确认的次数最多为 3 次，3 次球排放的平均数要大于 90个，对检验不合格的做好记录并放置到指定的区域。

4.4　便器用水量检验

（1）技术要求

1）便器名义用水量。GB/T 6952—2015《卫生陶瓷》6.2.1.1 规定：按 8.8.3 规定进行试验，便器名义用水量应符合表 4-6 的规定，实际用水量应不大于名义用水量。

表 4-6　便器名义用水量

L

产品名称	普通型	节水型
坐便器	≤6.4	≤5.0
蹲便器	单冲式：≤8.0；双冲式：≤6.4	≤6.0
小便器	≤4.0	≤3.0

2）GB/T 6952—2015《卫生陶瓷》6.2.1.2 规定：双冲式大便器的半冲平均用水量应不大于全冲水用水量最大限定值的 70%。

3）GB/T 6952—2015《卫生陶瓷》6.2.1.3 规定：普通型双冲式坐便器和蹲便器的全冲水用水量最大限定值（V_0）应不大于 8.0L。

4）GB/T 6952—2015《卫生陶瓷》6.2.1.4 规定：节水型双冲式坐便器的全冲水用水量最大限定值（V_0）应不大于 6.0L。

5）GB/T 6952—2015《卫生陶瓷》6.2.1.5 规定：节水型双冲式蹲便器全冲水用水量最大限定值（V_0）应不大于 7.0L。

6）GB/T 6952—2015《卫生陶瓷》6.2.1.6 规定：幼儿型便器用水量应符合节水型产品规定。

用水量要求的目的：标准中所规定的用水量并不是排出水量达到要求就可以，而是要求在此用水量下必须满足标准所要求的各项冲洗功能。

7）用水量的术语和定义

① "3.14 名义用水量"：产品标称的用水量。

② "3.15 实际用水量"：实际测得的便器平均用水量。

8）节水型和普通型便器的定义

① 节水型便器的定义：

坐便器：名义或实际用水量不大于 5L 的坐便器；

蹲便器：名义或实际用水量不大于 6L 的蹲便器；

小便器：名义或实际用水量不大于 3L 的小便器。

② 普通型便器的定义：

坐便器：名义或实际用水量不大于 6.4L 的坐便器；

小便器：名义或实际用水量不大于 4L 的小便器；

蹲便器：名义或实际用水量不大于单冲式 8L、双冲式 6.4L 的蹲便器。

（2）试验方法

1）功能试验装置。GB/T 6952—2015《卫生陶瓷》中规定如下：

8.8.1.1 条：便器功能试验应采用符合 E.1（图 4-15）规定的标准化供水系统。

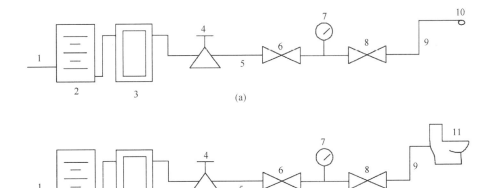

图 4-15 测试水箱式便器的标准化供水系统
（a）标准化供水系统；（b）水箱式便器试验供水系统

说明：

1——供水管道。试验应为干净水，应提供不小于 860kPa 的静压。

2——过滤器。使用过滤器除去水中的颗粒和污物，防止对供水系统的运行及便器测试的影响。

3——流量计。流量计的使用范围应为 0～38L/min，精度为全量程的 2%。可用变流涡轮流量计。

4——调压器。减压阀（稳压器）的适用范围应为 140～550kPa，且压差不超过 35kPa 时，流量不小于 38L/min。

5——供水管。应使用最小为 NPS 3/4 的供水管。

6——阀门。控制阀是市场上可买到的 NPS 3/4 球阀或类似便利阀。

7——压力表。压力表的使用范围为 0～690kPa，刻度为 10kPa，精度不低于全量程的 2%。

8——球阀或闸阀。用于通断控制（最小为 NPS 3/4）。

9——软管。用软管将标准化供水系统与便器联接。所用软管的内径不得小于 NPS 5/8。

10——截止阀。模拟进水阀的截止阀是 NPS 3/8，可用黄铜制 R15 模拟阀门用于坐便器测试。

11——样品。已安装水箱及进水阀的待测样品。

8.8.1.2条：排水管道输送特性应采用图 E.3（图 4-16）规定的排水管道输送特性试验装置。其中与坐便器排污口连接的排水管道采用内径为 100mm 的透明管，用 90°弯管连接横管，排水横管的长度为 18m，顺流坡度为 0.020，下排式坐便器排污口至横管中心的落差为 200mm。

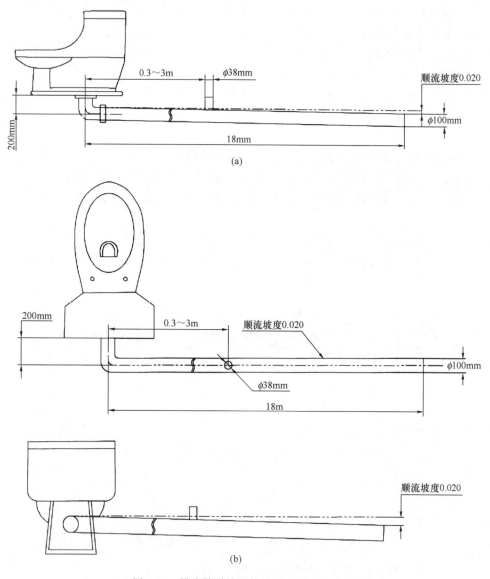

图 4-16　排水管道输送特性试验装置示意图

8.8.1.3条：排水管道输送特性试验应在符合 8.8.1.2 规定的装置上，采用符合8.8.1.1规定的相应标准化供水系统进行试验。便器其他功能试验应采用符合 8.8.1.1规定的标准化供水系统。

8.8.1.4条：应使用与该便器配套使用的冲水装置并安装成使用状态，在标准化供水系统上进行功能试验。

8.8.1.5条：将供水系统按表 9（本书表 4-7）规定调节供水压力测定便器用水量，

其他功能试验在保持测试用水量时冲水装置和供水系统的状态下，除防溅污试验按表9（本书表4-7）规定的最高压力下进行试验外，其他均在表9（本书表4-7）规定的最低试验压力下进行试验。

8.8.1.6条：不带整体存水弯的坐便器，应装配或采用生产商配套的符合5.8.4规定的存水弯进行功能试验；不带整体存水弯的蹲便器应按8.8.12的规定进行功能试验。

2）供水系统标准化调试程序。GB/T 6952—2015《卫生陶瓷》8.8.2.1规定：水箱式便器试验供水系统标准化调试程序，应符合图E.1的规定。具体程序如下：

① 调节压力调节器4至静压为(0.14±0.007)MPa。

② 打开截止阀10，调整阀门6，在(0.055±0.004)MPa动压下，流量计7所测的水流量为(11.4±1)L/min。

③ 保持阀门8试验时应为全开状态，调试完成后，关闭阀门8。

④ 卸掉截止阀，安装样品。

8.8.2.2规定：冲洗阀式便器试验供水系统标准化调试程序，应符合图E.2（图4-17）。具体程序如下：

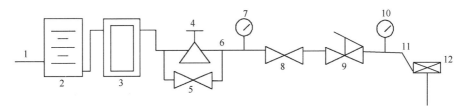

图4-17 测试水阀式便器的标准化供水系统

说明：

1——供水管道。试验应为干净水，应提供不小于860kPa的静压。

2——过滤器。使用过滤器除去水中的颗粒和污物，防止对供水系统的运行及坐便器测试的影响。

3——流量计。流量计的使用范围应为0～227L/min，精度为全量程的2%。可用变流涡轮流量计。

4——调压器。减压阀（稳压器）的适用范围应为140～550kPa，且压差不超过49kPa时，流量应不小于189L/min。可以用一个附加的调压阀，用于调整进口压力。

5，8，9——阀门，控制阀是市场上可买到的NPS 3/4等径球阀或类似8的调节阀9为快速通断阀、5为旁路阀门。

6——供水管，应使用最小管径为NPS-1-1/2的供水管。

7，10——压力表，压力表的使用范围为0～690kPa，刻度为10kPa精度不低于全量程的2%。

11——软管，用软管将标准化供水系统与冲洗阀联接。所用软管的内径为NPS-1-1/4且不得长于3m。

12——冲洗阀。应提供与冲洗阀配套的截止阀。制造商或实验室应提供制造商所选择的用于试验的冲洗阀。试验所用冲洗阀应符合GB/T 26750的规定。

① 通过压力调节器4设定表4-7的静压力调至0.24MPa。

② 装上配套提供的冲洗阀，供水开关处于全开状态，使供水系统的出水端和冲洗阀出水口可与大气相通。

③ 开启冲洗阀，通过调节阀门8，使流速峰值达到（95±4）L/min。如果厂商说明该冲洗阀达不到规定的最小流速，则将该冲洗阀调至全开状态。

④ 将冲洗阀连接到测试便器。

⑤ 记录冲洗阀装在便器上时的流量峰值和计量器10的动压峰值，必要时通过调节阀门9，使流量峰值保持在±4L/min，计算出0.55MPa压力下试验的用水量。

3）便器用水量试验供水压力。供水压力是试验的重要条件，"8.8.3.1 便器用水量试验供水压力"规定：在表 4-7 规定的供水压力下测定便器实际用水量。

表 4-7　便器用水量试验压力（静压力）　　　　　　MPa

便器类型	坐便器和蹲便器		小便器
冲水装置	水箱(重力)式	压力式	冲洗阀
试验压力	0.14	0.24	0.17
	0.35		
	0.55		

4）测试方法。GB/T 6952—2015《卫生陶瓷》8.8.3.2 规定，用水量测试方法如下：

① 将被测便器按 8.8.1 要求安装在符合 8.8.2 要求的供水系统上，连接后各接口应无渗漏，清洁洗净面和存水弯，并冲水使便器水封充水至正常水位。

② 在 8.8.3.1 规定的试验压力之一，按产品说明调节冲水装置至规定用水量，其中水箱（重力）冲水装置应调至水箱工作水位线标识。若生产厂对产品有特殊要求，则按产品说明和包装上的明示压力进行测定。

③ 按正常方式（一般不超过 1s）启动冲水装置，记录一个冲水周期的用水量；保持冲水装置此时的安装状态，按 8.8.3.1 的规定调节试验压力，分别在各规定压力下连续测定 3 次。双冲式便器应同时在规定压力下测定 3 次的半冲用水量。记录每次冲水的静压力、主水量、总水量、溢流水量（若有时）和冲水周期。

5）结果计算

① 单冲式便器用水量。8.8.3.3.1 规定，单冲式便器用水量按式（4-1）计算，测试结果精确至 0.1L：

$$V = V_1 \qquad (4-1)$$

式中　V——实际用水量（L）；

　　　V_1——单冲式便器用水量算术平均值（L）。

② 双冲式便器用水量。8.8.3.3.2 规定，双冲式便器用水量按式（4-2）计算，测试结果精确至 0.1L：

$$V = \frac{V_1 + 2V_2}{3} \qquad (4-2)$$

式中　V——实际用水量（L）；

　　　V_1——全冲水用水量算术平均值（L）；

　　　V_2——半冲水用水量算术平均值（L）。

③ 半冲水占全冲水用水量最大限定值（V_0）的比率（ρ）。8.8.3.3.3 规定，半冲水占全冲水用水量最大限定值（V_0）的比率（p）按式（4-3）计算，保留小数后一位：

$$\rho = \frac{V_2}{V_0} \times 100\% \qquad (4-3)$$

式中　ρ——半冲水占全冲水用水量最大限定值的比率（%）；

　　　V_0——全冲水用水量最大限定值（L），

V_2——半冲水用水量算术平均值（L）。

（3）补充说明

1）用水量及冲水周期。便器用水量：一个冲水周期内所用的水量。冲水周期：从冲水装置打开的瞬间至供水阀完全关闭瞬间的时间内，完成冲洗便器功能并补水至水封水位的过程。

2）测试用水量使用的器具：量筒（杯）或称量秤。

3）便器在各试验压力下所测用水量的最大平均值要符合 GB/T 6952—2015《卫生陶瓷》的要求。由于用水量是在所要求的各进水压力下进行测定，而便器水封回复功能也要求在每次冲水后能回复，因此用水量和水封回复可同时测定。

4）每日检验工作开始前，要对使用的检验设备进行确认，并对首件便器产品的用水量进行核准，包含功能检验用的水箱出水量、压力式冲水阀的出水量。便器使用重力式冲洗水箱检验时，要确认水箱内是否有水位线标识；有的产品水位线标识是在注浆成形时形成的，也有的产品需要在检验时按照便器用水量在水箱内壁规定位置上加盖或画上水位线标识。

4.5　坐便器冲洗功能

（1）技术要求

GB/T 6952—2015《卫生陶瓷》"6.2.2 坐便器冲洗功能"规定，各类坐便器冲洗功能试验项目见表 4-8。

表 4-8　坐便器冲洗功能试验项目

试验项目		普通型坐便器		节水型坐便器	
		全冲	半冲	全冲	半冲
洗净功能		√	√	√	√
球排放试验		√		√	
颗粒排放试验		√		√	
混合介质排放试验				√	
排水管道输送特性		√		√	
水封回复功能		√	√	√	√
污水置换功能	单冲式	√		√	
	双冲式		√		√
卫生纸试验			√		√

注：表中"√"为应检项目。

其中的出厂检验项目如下：

1）洗净功能。6.2.2.2规定：按8.8.4.1的规定进行墨线试验，每次冲洗后累积残留墨线的总长度不大于50mm，且每一段残留墨线长度不大于13mm。

2）球排放试验。6.2.2.3.1规定：按8.8.5进行球排放试验，3次试验平均数应不少于90个。

3）水封回复功能。6.2.2.5 规定：按 8.8.9 的规定进行试验，水封回复不得小于 50 mm。若为虹吸式坐便器，每次均应有虹吸产生。

4）污水置换功能。6.2.2.6 规定：按 8.8.10 进行污水置换试验，单冲式坐便器稀释率应不低于 100；双冲式坐便器只进行半冲水的污水置换试验，稀释率应不低于 25。

（2）试验方法

1）功能试验装置。同 4.4（2）1）。

2）供水系统标准化调试程序。同 4.4（2）2）。

3）墨线试验。8.8.4.1 规定：将洗净面擦洗干净，在坐便器水圈下方 25mm 处沿洗净面画一条连续的细墨线，启动冲水装置。观察、测量残留在洗净面上墨线的各段长度，并记录各段长度和各段长度之和。连续进行 3 次试验，报告 3 次测试残留墨线的总长度平均值和单段长度最大值。双冲式坐便器还应进行 3 次半冲水试验，并报告 3 次测试残留墨线的总长度平均值和单段长度最大值，精确至 1mm。

4）坐便器球排放试验。8.8.5 规定：将 100 个直径为 (19 ± 0.4)mm、质量为 (3.01 ± 0.1)g 的实心固体球轻轻投入坐便器中，启动冲水装置，检查并记录冲出坐便器排污口外的球数，连续进行 3 次，报告 3 次冲出的平均数。

5）水封回复试验。8.8.9 规定：本项试验适用于所有带整体存水弯的各类便器。

单冲式便器进行全冲水试验；若为双冲式便器，则先进行半冲水试验。

若一次冲水周期完成后，排污口出现溢流，则水封回复值与水封深度值相同，记录结果，试验结束。

若无溢流出现，则应测量水封深度，再连续完成 6 个冲水周期；若为双冲式便器，则按一次全冲两次半冲的顺序继续完成 6 个冲水周期，记录每次冲水后所测回复的水封深度。

在对虹吸便器测试过程中，应观察虹吸式便器每次冲水时是否产生虹吸；若有一次未发生虹吸，记录结果，试验结束。

报告水封回复的最小值；报告虹吸式坐便器是否有不虹吸发生。

6）污水置换试验。8.8.10 规定，小便器、坐便器和蹲便器的污水置换试验按以下规定进行：

用约 80℃的自来水配制浓度为 5g/L 的亚甲蓝溶液。

在试验条件下将坐便器或小便器冲洗干净，完成正常进水周期后，将 30mL 染色液倒入便器水封中，搅拌均匀，由水封水中取 5mL 溶液至容器中，按相应产品的技术要求加水稀释至 125mL 或 500mL（标准稀释率为 25 或 100），混匀后移入比色管中作为标准液待用。

启动坐便器或小便器冲水装置，冲水周期完成后，将便器内的稀释液装入与装标准液同样规格的比色管中，目测与标准液的色差：

若比标准液颜色深，则记录稀释率小于标准稀释率；

若与标准液颜色相同，则记录稀释率等于标准稀释率；

若比标准液颜色浅，则记录稀释率大于标准稀释率。

（3）坐便器功能检验补充说明

1）水箱配件组装：在检验连体坐便器冲洗功能前，作业人员要将水箱配件组装在产品上，组装时要注意水箱配件是否完好并与产品是否配套。组装时要确认：进水阀浮筒的水量刻度是否卡在规定的刻度位置上，排水阀的大小水挡是否在规定位置，组装时的扭力是否合适，配件组装是否牢固，补水管位置及浮筒有无歪扭。配件要与箱壁有一定间隙，在冲洗时确认各安全水位是否符合要求。

水箱配件组装的方法及要求见第 9 章。

2）冲洗功能检验：一般坐便器冲洗功能检验同水封检验一起进行。操作方法：用毛笔将稀释后的红色或蓝色墨水（墨水与水的比例一般为 1∶20）涂在被检测产品的洗净面上，冲洗时确认墨线残留情况，同时确认便器圈出水（布水）孔的出水方向（角度）是否正常，是否有直出水、溅水、翻水等现象，如图 4-18 所示。

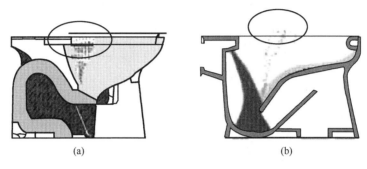

图 4-18　冲洗不良示意图
(a) 喷射孔冲洗不良；(b) 水流冲洗不良

3）排放功能检验：出厂检验要对便器做球排放功能检验，检验前与冲洗完成后都要确认投入和排出便器球的个数。也有企业用国外标准规定的代用污物进行检测，但便器的排放功能必须符合 GB/T 6952—2015《卫生陶瓷》的要求。

4.6　小便器冲洗功能

（1）技术要求

GB/T 6952—2015《卫生陶瓷》中"6.2.3 小便器功能"有如下规定：

1）洗净功能。6.2.3.1 规定：按 8.8.4.2 的规定进行墨线试验，每次冲洗后累积残留墨线的总长度不大于 25mm，且每一段残留墨线长度不大于 13mm。

2）水封深度。带整体存水弯的小便器要符合 GB/T 6952—2015《卫生陶瓷》6.1.4.1 关于水封深度的规定："所有带整体存水弯的便器水封深度应不小于 50mm。"

（2）试验方法

1）墨线试验。GB/T 6952—2015《卫生陶瓷》8.8.4.2 规定：将洗净面擦洗干净，在小便器出水圈最低出水点至水封面垂直距离的三分之一处沿洗净面画一条连续水平细墨线，启动冲水装置。观察、测量残留在洗净面上墨线的各段长度并记录各段长度和各段长度之和。连续进行 3 次试验，报告 3 次测试残留墨线的总长度平均值和单段长度最大值，精确至 1mm。

2）水封深度。带整体存水弯的小便器水封深度试验同 4.3（2）。

（3）小便器冲洗功能检验补充说明

1）小便器配件组装确认事项。现场检验小便器冲洗功能时，有些型号的产品需要组装冲洗功能感应器与冲洗喷头，配件组装方法及要求详见第9章。在组装配件时需要确认以下事项：

① 组装感应器作业时，要注意安装时的紧固力度，保证配件组装稳固。组装感应器控制面板时要注意面板的反正与安装缝隙。在连接线路插口时要确认好位置方向，不可损坏接口。

② 冲洗喷头组装时，要注意喷头的组装方向与角度，防止在冲洗时由于组装不当造成溅水。

③ 小便器上盖的固定配件组装时，要注意配件的左右方向是否正确。

2）冲洗功能检验。一般小便器冲洗功能检验同水封检验一起进行。操作方法：用毛笔将稀释后的红色或蓝色墨水（墨水与水的比例一般为 1：20）涂在被检测产品的洗净面的上三分之一处，冲洗时

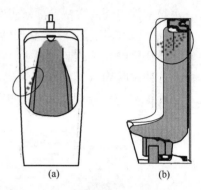

图 4-19　冲洗不良示意图
(a) 冲洗溅水不良；
(b) 冲洗出水孔角度不良

确认墨线残留情况，同时确认小便器喷头安装角度或圈出水（布水）孔的出水方向（角度）是否正常，是否有溅水、出水孔角度不良等现象，如图 4-19 所示。

4.7　蹲便器冲洗功能

（1）技术要求

GB/T 6952—2015《卫生陶瓷》中"6.2.4 蹲便器冲洗功能"有如下规定：

1）洗净功能。6.2.4.1 规定：按 8.8.4.3 的规定进行墨线试验，每次冲洗后累积残留墨线的总长度不大于 50mm，且每一段残留墨线长度不大于 13mm。

2）排放功能。6.2.4.2 规定：按 8.8.12 的规定进行试验，测定 3 次，至少 10 个试体冲出排污口；幼儿型蹲便器应至少 7 个试体冲出排污口。

3）水封深度。带整体存水弯的蹲便器要符合 GB/T 6952—2015《卫生陶瓷》6.1.4.1 关于水封深度的规定："所有带整体存水弯的便器水封深度应不小于 50mm。"

（2）试验方法

GB/T 6952—2015《卫生陶瓷》有如下规定：

1）洗净功能。8.8.4.3 规定：将洗净面擦洗干净，将市售墨水在蹲便器冲洗水圈下 30mm 处画一条连续细墨线，启动冲水装置，观察、测量残留墨线长度并记录，连续测试 3 次，报告 3 次测试残留墨线的总长度平均值，精确至 1mm。

2）排放功能试验。8.8.12 规定：按图 F.1（图 4-20）蹲便器排放试验用人造试体示意图的规定制备 4 个试体，将 3 个试体沿冲水方向并排放到便器冲洗面中间，若为幼儿型蹲便器则放 2 个试体，再将第四个试体成十字形横放在 3 个试体上面的中间位置，形成三竖一横的状态，见图 F.2（图 4-21）。立即冲水，观察并记录排出便器外的试体个数，测试 4 次，报告试体全部排出便器外的次数。

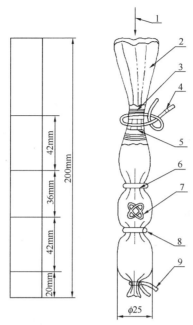

图 4-20 试验用人造试体示意图

说明：

1——37mL 水；
2——人造肠衣：长约 230mm，直径 ϕ25mm；
3——扎紧细线；
4，5——O 形圈：规格 10×1.8；
6——扎紧细线；
7——纱布外套：医用纱布；
8，9——纱布套绑线。

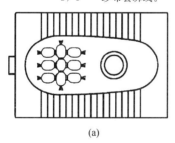 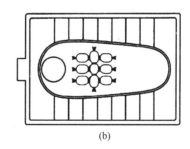

(a)   (b)

图 4-21 蹲便器排出功能试验试体放置示意图
(a) 前出水蹲便器；(b) 后出水蹲便器

对于不带整体存水弯蹲便器产品，在测试时应配接一直径为 110mm、水封深度为 50mm、落差为 500mm/300mm 的外接存水弯后进行测试。

3）水封深度。带整体存水弯的蹲便器水封深度试验同 4.3（2）。

（3）说明

试体的确认与更换：产品排放功能试验时，要对试验试体是否完好进行确认，对破损、漏水等不符合要求的试体要及时更换；试验试体不用时要放置在水中存放，避免试体干燥变形。

4.8 安全水位

（1）技术要求

GB/T 6952—2015《卫生陶瓷》"5.8.1便器配套要求"中对"安全水位"做了技术规定。

5.8.1.5规定：便器用重力式冲洗水箱的安全水位应符合GB/T 26730—2011《卫生洁具 便器用重力式冲水装置及洁具机架》中5.4.1的规定，隐藏式水箱安全水位应符合GB/T 26730—2011中5.4.10.2的规定。

（2）测定方法

GB/T 6952—2015《卫生陶瓷》8.14规定：将水箱配件安装在水箱中，按便器用水量调节进水阀至所需工作水位，用钢直尺测量水箱的有效工作水位至溢流口的垂直距离；用直角尺和钢直尺测量进水阀临界水位与溢流口水位的垂直距离；用直角尺测量水箱（重力）冲水装置的非密封口最低位与所测盈溢水位的垂直距离。并记录各测量值。

（3）补充说明

1）水箱内部配件安装后对应水位。在安全水位检测时要求冲水水箱（不包括隐蔽式水箱）各部件安装后的相对水位应符合GB/T 26730—2011《卫生洁具 便器用重力式冲水装置及洁具机架》5.4.1中图2的要求，如图4-22所示。

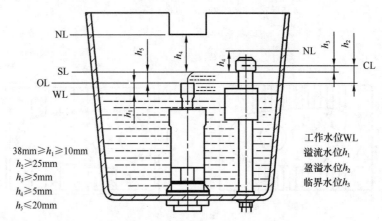

图 4-22　冲水水箱内部各部件安装后的相对水位示意图

溢流水位 h_1：配套水箱的有效工作水位至溢流口的垂直距离应不大于38mm；
盈溢水位 h_2：进水阀临界水位与溢流口水位的垂直距离应不小于25mm；
临界水位 h_3：水箱（重力）冲水装置的非密封口最低位应高于盈溢水位，其垂直距离不小于5mm。

2）排水阀安装在水箱中时，最高工作水位至溢流口的垂直高度不小于5mm。

3）进水阀和排水阀安装在水箱后，要保证进水阀CL线（盈溢水位线）至排水阀溢流口的垂直距离不小于25mm。

4）盈溢水位必须低于水箱非密封口的最低高度。不同水箱的非密封口位置不同，如：把手的安装孔和壁挂式水箱的挂墙安装孔都是非密封口。

4.9　用水量标识

4.9.1　GB/T 6952—2015《卫生陶瓷》的要求

（1）技术要求

GB/T 6952—2015《卫生陶瓷》"10 标志和标识"对水量标识进行了规定。

1）10.1.2 规定：便器用重力式冲洗水箱应有水位线标识。

2）10.1.3 规定：便器名义用水量应标识在产品可见部位。

3）10.2.1 规定：便器类产品应明示产品的名义用水量。

（2）试验方法

技术要求中的 1）、2）、3）均可按 GB/T 6952—2015 中"8.1.1 釉面和外观缺陷"的规定完成。见 4.1（3）1）。

4.9.2　《水效标识管理办法》的要求

（1）政府部门要求

1）政府部门公告。国家发展改革委、水利部、质检总局、国家认监委 2018 年 1 月 26 日公告内容：

根据《水效标识管理办法》（国家发展改革委、水利部和质检总局 第 6 号令）规定，国家发展改革委、水利部、质检总局和国家认监委组织制订了《中华人民共和国实行水效标识的产品目录（第一批）》《坐便器水效标识实施规则》，现予公告，自 2018 年 8 月 1 日起施行。

附件：1. 中华人民共和国实行水效标识的产品目录（第一批）

2. 坐便器水效标识实施规则

编者注：《中华人民共和国实行水效标识的产品目录（第一批）》中有"坐便器（含智能马桶）"。

2）政府部门令。中华人民共和国国家发展和改革委员会、中华人民共和国水利部、国家质量监督检验检疫总局令第 6 号（发布日期：2017 年 9 月 13 日）内容（部分）：

为推广高效节水产品，提高用水效率，推动节水技术进步，增强全民节水意识，促进我国节水产品产业健康快速发展，我们制定了《水效标识管理办法》，现予发布，自 2018 年 3 月 1 日起施行。

其中：

第八条　凡列入《目录》的产品，应当在产品或者产品最小包装的明显部位标注水效标识，并在产品使用说明书中予以说明。对于网络交易，销售者应当在产品信息展示主页面醒目位置展示相应的水效标识。

（编者注：《目录》指《中华人民共和国实行水效标识的产品目录》，下同。）

（2）企业水效标识的工作

1）对企业生产的凡列入《目录》的产品，按《水效标识管理办法》和《坐便器水效标识实施规则》的要求完成有关工作，在产品或者产品最小包装的明显部位标注水效标识，并在产品使用说明书中予以说明。对于网络交易，在产品信息展示主页面醒目位置展示相应的水效标识。

2）产品上的水效标识粘贴位置举例。某企业的水效标识粘贴位置做法如下，供参考。

①普通分体坐便器，水效标识粘贴在分体水箱正面右上角，标识上沿距水箱口30mm，标识右边缘距水箱右侧边50mm；

②普通连体坐便器，水效标识粘贴在水箱正面右上角，标识上沿距水箱口30mm，标识右边缘距水箱右侧边50mm；

③智能马桶、壁挂式坐便器、使用冲洗阀的坐便器，水效标识粘贴在底座正面，标识下沿距坐便器底部60mm；

④其余因产品外形导致无法按上述要求粘贴的，联系相关部门确定粘贴位置。

4.10 增加的出厂检验项目

有些企业在GB/T 6952—2015《卫生陶瓷》规定的出厂检验项目之外还增加了以下出厂检验项目。

4.10.1 配套与安装尺寸的检验

为了保证卫生陶瓷产品配件安装与给水及排水管道设施的配套性，产品的出厂检验要对重要的配套尺寸、安装尺寸、功能性尺寸，包括产品与配件安装有关的孔径的定形尺寸（孔径）、定位尺寸、安装孔平面度进行检验。检验按照GB/T 6952—2015《卫生陶瓷》5.3、6.1、7.1、8.3条款中规定的技术要求与检验方法执行。

（1）重要尺寸技术要求

1）尺寸允许偏差。GB/T 6952—2015《卫生陶瓷》5.3.1规定，凡是本标准中未注明卫生陶瓷产品尺寸偏差或限定值的尺寸，其允许偏差应符合表4-9的规定。

表4-9 尺寸允许偏差   mm

尺寸类型	尺寸范围	允许偏差
外形尺寸	—	规格尺寸×（±3%）
孔眼直径	$\phi\leq30$	±2
	$30<\phi\leq80$	±3
	$\phi>80$	±5
孔眼圆度	$\phi\leq70$	2
	$70<\phi\leq100$	4
	$\phi>100$	5
孔眼中心距	≤100	±3
	>100	规格尺寸×（±3%）
孔眼距产品中心线偏移	≤100	3
	>100	规格尺寸×3%
孔眼距边	≤300	±9
	>300	规格尺寸×（±3%）
安装孔平面度	—	2
下排式坐便器排污口安装距	—	0 / −30
落地式后排坐便器排污口安装距	—	+15 / −10

2）坯体厚度。5.3.2 规定：卫生陶瓷产品任何部位的坯体厚度应不小于 6mm。不包括为防止烧成变形外加的支承坯体。

3）便器尺寸技术要求。要符合 GB/T 6952—2015《卫生陶瓷》"6 便器技术要求"中 "6.1 尺寸要求"的规定。

① 坐便器排污口安装距。6.1.1 为坐便器排污口安装距要求。

6.1.1.1 规定：下排式坐便器排污口安装距应为 305mm，有需要时可为 200mm 或 400mm。特殊情况可按合同要求。

6.1.1.2 规定：后排落地式坐便器排污口安装距应为 180mm 或 100mm。特殊情况可按合同要求。

② 坐便器和蹲便器排污口尺寸。6.1.2 为坐便器和蹲便器排污口要求。

6.1.2.1 规定：下排式坐便器排污口外径应不大于 100mm，后排式坐便器排污口外径应为 102mm；虹吸式坐便器安装深度应为 13～19mm；下排虹吸式坐便器排污口周围应具备直径不小于 185mm 的安装空间，其他类型坐便器排污口周围应具备直径不小于 150mm 的安装空间；冲落后排式坐便器的排污管的长度不得小于 40mm。

坐便器排污口尺寸示意图应符合图 B.1（图 4-23）。

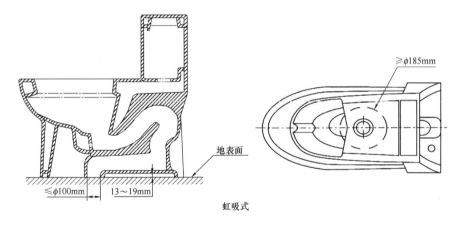

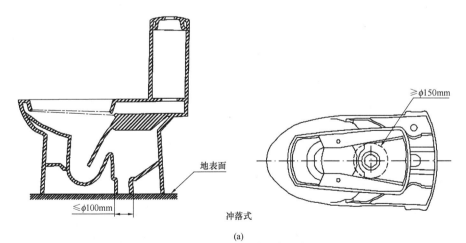

(a)

图 4-23　坐便器排污口尺寸要求示意图（一）

（a）下排式坐便器排污口尺寸

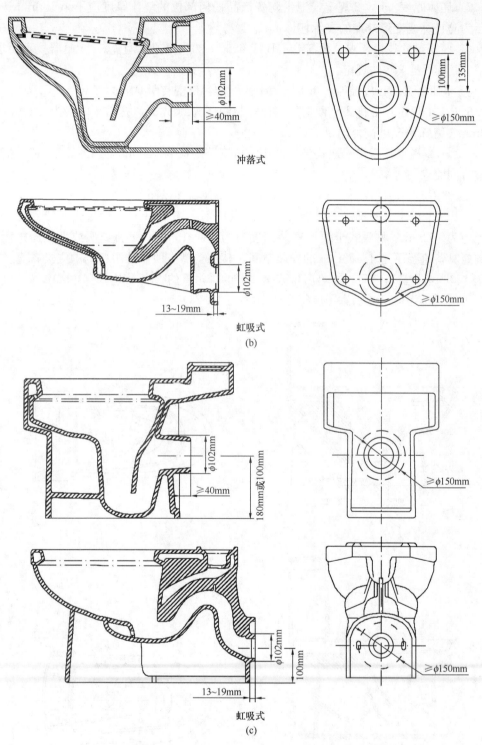

图 4-23 坐便器排污口尺寸要求示意图（二）

（b）壁挂式坐便器排污口尺寸；（c）落地后排式坐便器排污口尺寸

6.1.2.2 规定：蹲便器排污口外径应不大于 107mm。

③ 壁挂式便器螺栓孔。6.1.3 规定：壁挂式坐便器安装螺栓孔间距应符合图 B.2（图 4-24）的规定。

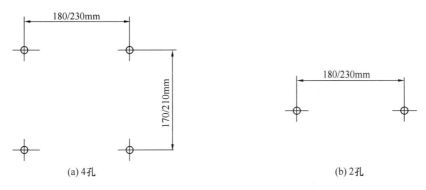

(a) 4孔　　　　　　　　　　　　　　　　(b) 2孔

图 4-24　壁挂式坐便器安装螺栓孔间距示意图

壁挂式坐便器的所有安装螺栓孔直径应为 20～27mm，或为加长型螺栓孔。

④ 存水弯最小通径。6.1.5 为便器存水弯最小通径要求。

6.1.5.1 规定：坐便器存水弯水道应能通过直径为 41mm 的固体球。

6.1.5.2 规定：带整体存水弯蹲便器水道应能通过直径为 41mm 的固体球。

6.1.5.3 规定：带整体存水弯的喷射虹吸式小便器和冲落式小便器的水道应能通过直径为 23mm 的固体球，或水道截面积应大于 4.2cm²。其他类型的小便器的水道应通过直径为 19mm 的固体球，或水道截面积应大于 2.8cm²。

⑤ 坐便器坐圈。6.1.6 为坐便器坐圈要求。

a. 坐便器坐圈尺寸。6.1.6.1 规定：坐便器坐圈尺寸应符合图 B.4（图 4-25）的规定，有特殊要求的按合同规定。

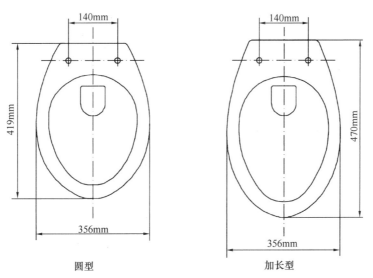

圆型　　　　　　　　　　　　　　　　加长型

图 4-25　坐便器坐圈尺寸示意图

b. 坐便器盖安装孔距边与坐便器坐圈宽。

6.1.6.3 规定，坐便器盖安装孔距边：成人普通型应为 419mm；成人加长型应为 470mm；幼儿型应为 380mm。

6.1.6.4 规定，坐便器坐圈宽：成人型应为 356mm；幼儿型应为 280mm。

c. 坐便器盖安装孔。6.1.6.2 为坐便器盖安装孔要求。

6.1.6.2.1 规定：安装孔直径应为 15mm。

6.1.6.2.2 规定：中心距应为 140mm 或 155mm。

6.1.6.2.3 规定，孔眼距中心线偏移应符合表 4-9 规定。

6.1.6.2.4 规定，孔眼圆度应符合表 4-9 规定。

d. 坐便器坐圈离地高度。6.1.6.5 规定，坐圈离地高度：成人型应不低于 370mm；幼儿型应不低于 245mm；残疾人/老年人专用型应不低于 420mm。

⑥ 便器进水口。便器进水口要符合"6.1.7 便器进水口"中"6.1.7.1 进水口距墙"与"6.1.7.2 进水口内径"的要求。

a. 进水口距墙。

6.1.7.1.1 规定：用冲洗阀的坐便器进水口中心至完成墙的距离应不小于 60mm。

6.1.7.1.2 规定：用冲洗阀的小便器进水口中心至完成墙的距离应不小于 45mm。

b. 进水口内径。6.1.7.2.1 规定：冲洗阀式坐便器进水口内径应为 32mm 或 38mm。

6.1.7.2.2 规定：冲洗阀式蹲便器进水口内径应为 28mm 或 32mm。

6.1.7.2.3 规定：挂箱式水箱坐便器进水口内径应为 32mm、38mm 或 50mm。

6.1.7.2.4 规定：冲洗阀式小便器进水口内径应为 13mm、19mm、32mm 或 38mm。

⑦ 水箱进水口和排水口。

6.1.8 规定：水箱进水口直径应为 25mm 或 29mm，排水口直径应为 65mm 或 85mm。特殊情况可按合同要求。

4）洗面器、净身器和洗涤槽尺寸技术要求要符合 GB/T 6952—2015《卫生陶瓷》"7 洗面器、净身器和洗涤槽技术要求"中"7.1 尺寸要求"的规定。

① 排水口尺寸。7.1.1 规定：排水口尺寸应符合图 B.5（图 4-26）的规定。

② 供水配件安装孔和安装面尺寸。7.1.2 规定：洗面器和净身器供水配件安装孔和安装面尺寸应符合图 B.6（图 4-27）的规定。安装孔背平面半径应至少比安装孔半径大 9mm。

③ 安装平面。7.1.3 规定：水嘴安装平面至少应高于产品最低溢流水位 13mm。

（2）测量方法

要符合 GB/T 6952—2015《卫生陶瓷》"8.3 尺寸"中所规定的测量器具与检测方法。

1）测量器具

① 检测工作台。8.3.1 规定：由水平工作平面和垂直工作平面组合而成的检测工作台。

② 测量工具。8.3.2 规定，测量工具包括：

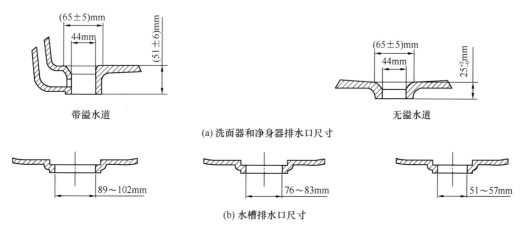

(a) 洗面器和净身器排水口尺寸

(b) 水槽排水口尺寸

图 4-26　洗面器、净身器和水槽排水口尺寸示意图

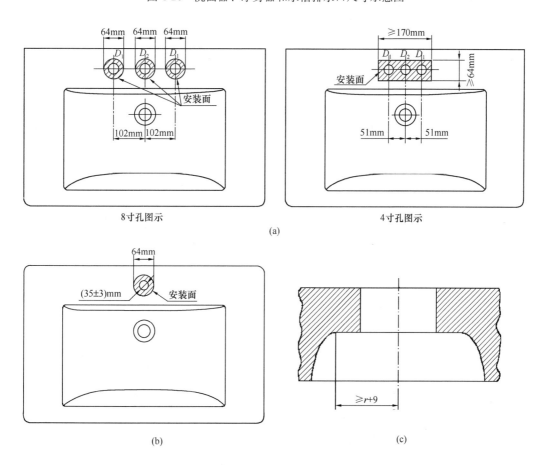

图 4-27　供水配件安装孔和安装面尺寸示意图
(a) 组合式；(b) 单孔；(c) 洗面器背面安装平台

a. 分度值为 1mm 的钢直尺、钢卷尺；

b. 精度为 1° 的直角尺；

c. 分度值为 0.02mm 的游标卡尺；

d. 分度值为 1mm 的水封尺；

e. 分度值为 0.5mm 的塞尺；

f. 带尺锥台及锥台；

g. 类似功能的测量器具。

2）测量方法

① 外形尺寸。8.3.3 中对长度、宽度、高度测量进行了要求。

a. 长度、宽度检测。8.3.3.1 规定：将被测样品放置在检测台水平工作面上，使被测的一端紧靠在垂直工作面上，将直角尺直立于水平工作面上并紧靠被测的另一端，然后用钢直尺沿中心线测其垂直工作面与直角尺之间两测量点的距离，即为产品的长度或宽度值。

b. 高度检测。8.3.3.2 规定：将样品的被测一端放置在水平工作面上，将钢直尺沿宽度方向紧靠另一被测端且使其平行于水平工作面，用直角尺测量水平工作面与钢直尺之间的距离，即为产品的高度值。

② 孔眼尺寸。8.3.4 中对孔眼尺寸的测量方法进行了要求。

a. 孔眼直径和孔眼圆度测量方法。8.3.4.1 规定：用游标卡尺测量孔眼直径，对于特型孔眼可用内、外圆卡配合测量。每孔测量 3 个点，每次测量均在上次测量位置基础上将测点旋转约 60°。取最小值为该孔眼直径值，其最大半径值为孔眼圆度值。

b. 孔眼中心距及中心线偏移测量方法。8.3.4.2 规定：在样品水平放置的情况下，将一个带尺锥台和一个锥台分别放入两个被测孔眼中，由锥台直尺读出并记录孔眼中心距离。继续固定锥台直尺测量位置，用钢直尺和直角尺确定中心线偏移。

c. 安装孔平面度测量方法。8.3.4.3 规定：将一块面积大于安装孔平面的平板平行置于被测面上，用塞尺测定两平面间的最大垂直间距。

d. 孔眼距边及排污口安装距测量方法。8.3.4.4 规定：被测样品放置于检测台上，用样品所测边缘靠紧直角尺，将带尺锥台放入孔眼中，读出并记录孔眼中心与直角尺之间的数值。

e. 排污口外径测量方法。8.3.4.5 规定：在距排污口 5～10mm 处用游标卡尺测量排污口最大外径。

③ 存水弯最小通径检测。8.3.6 规定：按 6.1.5 的规定，将规定直径的固体球放入便器水道入口中，用冲水或摇摆的方式使固体球沿水道运动，记录该球是否由排污口排出。

④ 坯体厚度测量。8.3.7 规定：取同类同期产品（或用破损成品），用游标卡尺或内卡配合钢直尺测量产品坯体的厚度，取最小值。

⑤ 其他尺寸测量。8.3.8 规定：按标准规定部位或图纸所示，用钢直尺、直角尺或游标卡尺进行测量。其中产品尺寸的长度值超过 1m 的情况下可用钢卷尺测量。

（3）补充说明

对配套与安装尺寸进行检验时，一部分尺寸是目视检测，对明显有疑问的进行测量；另一部分尺寸是实际测量，实际测量时，可以使用带有刻度的测量工具，也可以使用自制的符合尺寸要求的限界规具，还可以使用配件进行实际装配方式确认。

1）坐便器安装距与安装深度检测。使用排水连接件作为规具进行坐便器实配检测，要检测安装距和台的安装深度，如图 4-28 所示。使用排水连接件的坐便器，坐便器上要标明使用的排水连接件的安装距尺寸，其排水连接件与坐便器一同包装。

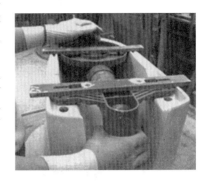

2）后排落地式坐便器排污口安装距检测。使用专用规具检测后排落地式坐便器排污口的高度及排污口的外径，如图 4-29 所示，图中所用的规具可兼用于对排污口的高度及排污口外径的检测。

3）坐便器排污口尺寸检测。确认便器排污口外径尺寸是否有超出尺寸要求的变形，如图 4-30 所示。对底部研磨过的产品要特别注意，对排污口周围有成形粘接小板的要重点确认。

图 4-28 安装距与安装深度检测

对后排式坐便器的排污管的长度进行检测，要注意排污管有无变形，如图 4-31 所示，图中所用的规具可兼用于后排式坐便器的排污管的长度和排污口外径尺寸的检测。

图 4-29 排污口高度与排污口外径检测

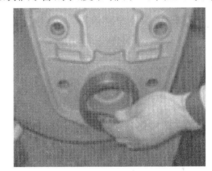

图 4-30 排污口外径检测

4）坐便器坐圈尺寸检测。对坐便器坐圈安装的长、宽尺寸检验时，可用坐圈盖进行实配检测，也可以使用自制的与产品配套坐圈盖尺寸相符的坐圈检测规具进行检测，在检验坐圈尺寸的同时注意坐圈盖上的几个支点与坐圈表面的缝隙是否过大。

5）壁挂式坐便器螺栓孔检测。对壁挂式坐便器螺栓孔径与间距检测时，一般使用自制的规具，检测举例如图 4-32 所示。

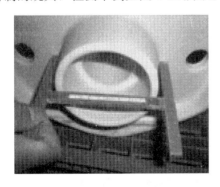

图 4-31 后排式排污管的长度检测

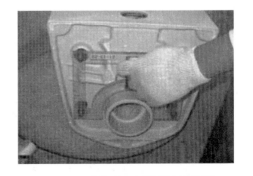

图 4-32 壁挂式坐便器螺栓孔检测

6）存水弯最小通径检测。检测时，注意存水弯入口的开口形状是否左右对称，管道内是否有泥渣与异物，管道球一定要能顺畅通过。存水弯最小通径检测举例如图4-33所示。

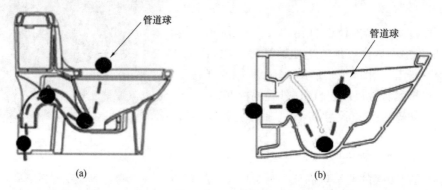

图 4-33　存水弯最小通径检测
（a）落地式坐便器存水弯最小通径检测；（b）壁挂式坐便器存水弯最小通径检测

7）洗面器、净身器和洗涤槽尺寸检测

① 排水口尺寸的检测。一般会使用与排水口配套的下水器实配检测，先确认排水口的上下是否有变形、错位使下水器放入位置异常，如有变形、错位，需要进行研磨处理；确认排水口锥面径尺寸与下水器接触面放入深度是否会造成存水，用专用塞规检测接触面的缝隙；确认下排水的排水口深度，注意确认是否有在半成品擦坯体或施釉时流下的泥汤和釉浆附着在排水口下面，如有需研磨处理。排水口实配检测举例如图 4-34所示。

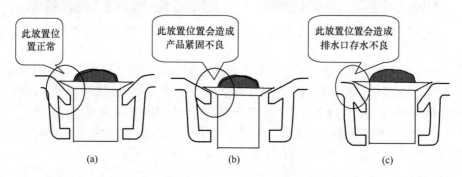

图 4-34　排水口实配检测
（a）位置正常；（b）造成紧固不良；（c）造成存水不良

② 供水配件安装孔和安装面尺寸检测。检测洗面器、净身器供水的龙头孔径与安装面尺寸时，一般使用限界规具。目视检测龙头安装背面尺寸，对有疑问的要进行检测，注意排泥路或注浆孔上堵的埋泥是否影响了安装尺寸，有影响的需要研磨处理。

8）自制规具与使用注意事项：在产品检验中为了检测作业更便捷，可自制一些带有上下限范围的孔径尺寸与孔间距尺寸的限界规具及带有上下限范围的长度与宽度的限界规具（直线棒），要求制作的孔径规具的深度必须大于被测孔径的深度。自制规具见第 5 章 5.1。

产品在使用孔径限界规具检测时，规具一定要穿过孔径深度，并且规具要在孔径上倾斜旋转180°以上进行确认，规具下限放置不下去（孔径过小）时，可根据情况进行孔径的研磨加工，规具上限放置下去的（孔径过大）为不合格品。在检测时要确认孔径及表面有无泥渣毛刺等影响安装的缺陷，如有可进行研磨加工处理。

使用长度与宽度及孔间距的限界规具检测时，检测的规具要与被测尺寸的位置平行放置。

4.10.2 漏水检验

漏水检验机是检测产品在外观目视检验中不易被查出的缺陷，如坐便器、洗面器、小便器通水道中的贯通裂（风惊）或贯通棕眼等，如果存在这种缺陷，产品在使用时会出现通水道的地方向外面漏水。许多企业都进行产品的漏水检验，以排除产品的漏水隐患。

漏水检验机的原理是将被检测产品的内部与外界相通的开口部位密封，启动设备将产品内部整体减压（内部抽真空），在规定的时间内达到规定的负压值，并保持一定时间，确认压力下降是否在范围内，从而判定产品正常使用时是否会发生漏水。

各设备厂家生产的漏水检验机有所不同，技术参数也不尽相同，要按照设备使用说明书上的要求进行检验。以下介绍两种形式漏水检验机的操作方法。

（1）坐便器漏水检验机（类型1）

设备构造见第3章3.1.3.1。

1）技术要求：将被检测产品的开口部密封后，启动设备对产品内部抽真空，当真空度达到−35kPa以上时，停止抽真空，真空压力保持一定时间，并检查压力数值的变化。

检验压力：−35kPa。压力保持时间：25s以上。

2）检验操作

① 准备工作

a. 确认密封用胶塞、胶垫是否齐全与完好，如有损坏需更换。

b. 设备可靠性确认：打开漏水检验机设备电源开关，首先对漏水检验机设备是否工作正常进行测试，用专用的漏水合格与不合格测试样品分别对设备进行检测确认，按漏水检验操作顺序与要求进行测试，并观察设备检测过程中有无异常，设备测试合格方可使用，有异常时停止作业及时调试或报修。每日作业前对设备进行点检测试确认。

② 检验作业

a. 产品的提取：作业人员将产品拿起并平稳放于漏水检验机台面上，要轻拿轻放。

b. 产品的孔径封堵：用胶塞、胶垫分别封堵连体便器水箱进水口、把手孔、排污口使其密封，有的型号的便器需要将便盖安装孔堵住。分体便器要封堵便器进水口、排污口。胶塞、胶垫可沾水封堵，以加强密封性。封堵完成后将产品放置在与检测设备相对应的指定位置。

c. 启动设备封堵水箱口与坐圈面：按下漏水检验机启动按钮，设备启动，坐圈面与水箱口上的气缸下降，将气缸上的封堵盖板与水箱口和坐圈面完全密封。注意确认气缸下降时产品放置的位置是否与封堵盖板对应，错位会造成封堵不严影响检测结果。在气缸下降时手不可放在便器箱口与圈面上，以防盖板压手。

d. 产品漏水检测：产品水箱口与坐圈面完成封堵后，设备开始对产品内部抽真空，当真空度达到要求的－35kPa 以上时，抽真空停止，如图 4-35、图 4-36 所示，压力保持时间为 25s。观察指示灯和声响状况，当真空度压力达到 25s 保持的时间时，设备上的绿灯亮起同时鸣合格声响，产品检测合格。当产品真空度压力达不到要求时，设备上的不合格黄灯亮起同时鸣不合格声响，产品检测不合格。在检测合格与不合格的声响鸣起后用于密封水箱口与坐圈面的气缸上升，产品检测完成。为了防止气缸上升时封堵盖板将产品带起发生危险，要在声响响起时先将连体水箱进水口或分体进水口的封堵胶塞拔下让内部与大气相通。

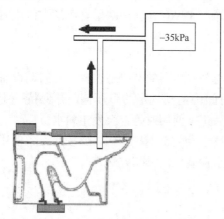 

图 4-35　漏水检验机（类型 1）检测示意图　　图 4-36　漏水检验机（类型 1）检测作业

③ 结束作业。将产品各胶塞分别取下，并将合格品按规定码放在托板上或转入下工序，不合格品标明缺陷符号，按规定码放在托板上指定位置，记录检测结果。

（2）漏水检验机（类型 2）

此种设备可以检验坐便器、小便器通水路与排水道及洗面器溢水道的漏水，设备的工作原理与类型 1 相同。

1）技术要求：将被检测产品的开口部密封后，启动设备对产品内部抽真空，将压力计水槽内的水吸入垂直透明的压力计管内，压力计水位上升到水柱高度（2000±50）mm，约（－19.6±0.5）kPa 时，水位电极探针反馈信号，抽真空设备停止工作，真空卸压阀开启，压力计水位逐步下降至合格范围上限的水位电极探针时，卸压阀关闭，在合格范围区内的抽真空压力下保持一定时间，根据压力计水位下降高度确认产品有无漏气发生。工作原理如图 4-37 所示。

检验压力：（－19.6±0.5）kPa（水柱 2000mm±50mm）。

合格范围压力：便器 147Pa 以下（水柱 15mm），洗面器 98Pa 以下（水柱 10mm）。

合格压力保持时间：便器 25s 以上，洗面器 7s 以上。

压力计水位由管内的 5 根电极针控制（由上至下）：A——真空电磁阀停止；B——水位高速下降阀停止；C——水位低速下降阀停止；D——合格范围压力的上限；E——合格范围压力的下限。

2）检验操作方法（以坐便器为例）

① 准备工作。准备工作与坐便器漏水检验机（类型 1）基本相同，见 4.10.2（1）

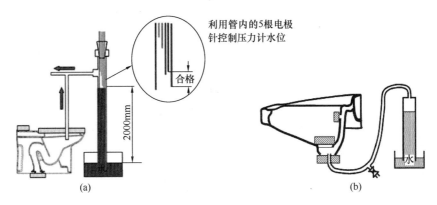

图 4-37　漏水检验机（类型 2）工作原理示意图

(a) 检验坐便器；(b) 检验洗面器

2) ①。漏水检验机（类型 2）只是在设备可靠性确认时增加了对压力计内检查压力的高度与水位电极针的合格范围压力的水位高度确认（钢直尺、卷尺测量）。

② 检验作业

a. 产品的提取。

b. 产品的孔径封堵。

c. 启动设备封堵水箱口与坐圈面。

在检验作业中，a、b、c 与坐便器漏水检验机（类型 1）相同，见本章 4.10.2（1）2）②a～c。

d. 产品漏水检测：在设备启动后气缸上的密封盖板将产品水箱口与坐圈面完成封堵，真空电磁阀开始运转，对产品内部抽真空，这时压力计水位上升，当压力计水位上升到管内的电极针 A 点时，水柱高度在（2000±50)mm 范围内，约(19.6±0.5)kPa，真空阀停止，压力计水位快速下降，达到管内的电极针 B 点时，水位高速下降阀停止，在达到管内的电极针 C 点时，水位低速下降阀停止，水位缓慢下降到管内的电极针 D 点，即合格范围压力的上限时，卸压阀关闭，确认压力计水位在合格范围压力下（147Pa 以下，约 15mm 水柱），保持时间要在 25s 以上。也就是合格压力上限压力计管内电极针 D 点到合格压力下限管内电极针 E 点之间为合格范围压力区。当水位下降到合格区电极针 D 点时，压力保持时间计时开始，保持时间为自动开启。

e. 检测判定

合格判定：水位处于合格区上限电极针 D 点与合格区下限电极针 E 点之间并保持时间在 25s 以上时，判定产品检测合格（147Pa 以下，约 15mm 水柱），如图 4-38 所示。

不合格判定：减压开始 20s 以内，压力计水位下降到合格区下限电极针 E 点以下，为不合格。减压结束后压力计水位高于合格区上限电极针 D 点，下降不到合格范围时，判定产品检测不合格，如图 4-39 所示。

f. 检测完成：检测可以达到压力计水位在合格上下限范围并保持时间在 25s 以上的产品时，设备上合格绿灯亮启同时合谐声响起，产品检测合格。未达到要求的，设备上不合格红灯亮启同时蜂鸣器响起，并按停止按钮减压解除（自动），密封水箱口与坐圈面的气缸升起（自动），产品检测完成。注意气缸上升时要防止气缸密封盖将产品带起发生危险，要在和谐声（蜂鸣器）响后，应立即取下进水口或排水口胶塞使产品内部与大气相通。

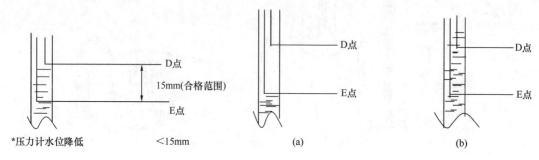

图 4-38　漏水检测合格判定示意图
　　　*压力计水位降低　　＜15mm

图 4-39　漏水检测不合格判定示意图
（a）压力计水位 E 点以下；（b）压力计水位高于 D 点

　　③ 结束作业：将产品各胶塞分别取下，合格品转入下一工序，不合格品标明缺陷符号，按规定码放在托板上指定位置，记录检测结果。

　　说明：坐便器漏水检验机可分别检测连体与分体坐便器，在连体坐便器检测时将管路与气缸调为箱体联动，如产品联动检测不合格，可将设备调为分动，分别对水箱与圈体进行漏水检测，测试方法相同。

4.10.3　漏气检验

　　部分坐便器为了在成形时便于水道内的泥浆顺利排出，将产品的排泥处（排泥管道）设计在水道顶端，与坐便器水箱排水口内相通，如图 4-40 所示，在成形脱型后，要将排泥处进行埋泥封堵，埋泥要平整且不应有裂产生。在产品检验时，此处可能出现由于埋泥操作不当和坯体与埋泥的软硬度不一致造成的贯通裂。如果此处出现贯通裂，会通过这个裂使下水管道的气味泄漏到室内。由于从产品外面的目视检验看不到此处是否存在贯通裂，有的企业要对这一类产品进行漏气检验，判断是否存在这个贯通裂。

　　以下为某企业的漏气检验方法，供参考。

　　（1）检验器具

　　使用±2000Pa（约±200mm 水柱）的 U 形压力计（玻璃制）1 个（图 4-40），1 根与之配套的乳胶管（图 4-40），1 个自制 U 形管钩（图 4-40）。用乳胶管连接压力计与 U 形管钩，U 形压力计要固定在检验台上。封闭排污口用胶垫 1 个。

　　（2）技术要求

　　检验压力：约 1.77kPa（约 180mm 水柱）。

　　保持时间：7s 以上。

　　合格范围：压力值减少在 20Pa 以内（约 2mm 水柱）。

　　（3）检验方法

　　1）准备工作

　　① 准备检测使用的器具。

　　② 确认 U 形压力计内的水位是否在"0"点，如不在要将其调整到"0"点，再进行漏气检测。

　　③ U 形管钩内不得有水。

2）漏气检测操作。检测方法如图4-40所示。

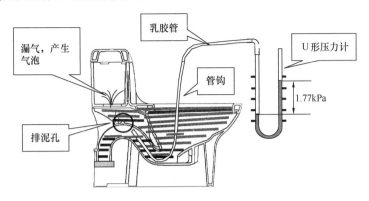

图4-40   漏气检测方法示意图

① 产品平放在检验台上，用胶垫封闭排污口。

② 将与U形压力计连接的U形管钩放入存水弯管道内，管道内的管钩要高于水封高度。

③ 向坐便器内注水，待U形压力计水柱达到约1.77kPa（约180mm水柱）时，水位应高于圈的下沿，同时水箱排水口内注满水，停止加水。

④ 停留7s以上，确认压力计水柱的下降是否在20Pa（约2mm水柱）范围内，超出范围时为不合格，同时确认水箱排水口内有无气泡出现，如出现气泡说明产品有漏气发生，产品为不合格品。

3）漏气产品的处置：有漏气产品发生时，要先将产品拿下放到专用托板上进行加工修正，用专用树脂将泥漏气点修补，修补要平整美观，待一定时间树脂固化后再进行检测，同时要将问题反馈到成形工序进行解决。

4.10.4 耐热检验

洗面器、净身器在使用中，有时会出现当室温比较低时直接将热水倒入盆内，或在运输储存过程中发生冷热交替的情况，如果产品的耐急冷热性能不好，可能会导致产品发生后期炸裂（风惊）。部分企业针对这种情况，在出厂检验中增加了耐热试验的项目，即使用耐热检验设备（见第3章3.1.4）对洗面器、净身器的耐急冷热性能进行检验。

以下为某企业洗面器耐热检验的操作实例，供参考。

（1）技术要求

冷热水温度差：（80±2）℃。

冷热水停留时间：2min。

先放冷水后放热水，产品应无炸裂。

（2）检验方法（使用第3章3.1.4的耐热检验机检验洗面器）

1）准备工作

① 确认耐热架台与封堵胶塞及温度计是否完好，如有损坏要修理或更换。

② 打开耐热检验机控制盘内的总电源开关与各项控制开关，确认冷热水设备、补水泵、循环泵是否正常工作，确认制冷水箱与加热水箱的水位高度是否在规定的范围内。

③ 确认耐热检验机控制盘上的温度显示器，查看热水和冷水温度设定值，按冷水与热水出水温度调节设定温度。用温度计确认冷、热出水管流出水的实际温度，温度差要求（80±2）℃。一般冷水设定温度范围为5~13℃，热水设定温度范围为85~95℃。

冬季室温低时，若产品在室温下的表面温度与热水温差可达到（80±2）℃范围内，可以省略放入冷水的步骤，直接加入热水检验。

④ 将耐热检验机架台上的冷水与热水阀门分别打开，将管道内的不符合温度的水放掉，排放时要用温度计测量水的温度，直到温度符合要求时关闭阀门。每隔一小时用温度计测量一次冷、热水温度并记录测量结果。耐热温度记录表形式见表4-10。

表4-10 耐热检验温度记录表

日期	班次工号	测量时间	设备设定温度（℃）		温度计实测温度（℃）		温差	备注
			冷水	热水	冷水	热水		
	白班-A2	8：00	8	94	10	92	82	
		9：00	8	94	11	92	81	
		10：00	8	94	11	91	80	

注：实测冷热水温差（80±2）℃，作业时每小时检测记录一次。

2）耐热检验操作

① 封堵洗面器排水口。用橡胶塞封堵洗面器排水口，注意堵牢，防止过松导致漏水影响耐热效果。将产品水平放置于耐热检查台上，出水管要在洗面器的盆内排水口上方。产品的放置方向由产品的形状（型号）而定。检验时，要先放冷水后放热水。

② 放入冷水。打开冷水阀，向洗面器盆内注入冷水，待冷水从溢流孔流出时关闭冷水阀，静置2min，拔出胶塞将冷水放净。在这期间要将控制盘上的排水阀转换开关转向冷排水位置，盆内冷水排出后会流向冷水循环处。

③ 放入热水。再次封堵排水口，打开热水阀，向盆内注入热水，待热水从溢流孔流出时关闭热水阀，静置2min，拔出胶塞将热水放净。在这期间要将控制盘上的排水阀转换开关转向热排水位置，盆内热水排出后会流向热水循环处。

④ 炸裂的查找。在冷、热水加入过程中，仔细听是否有炸裂声，对有炸裂声的产品要进行打音检查；放出热水后，取出产品，用木槌力度适中地敲击水道和单双交接面处等易发生炸裂部位，检查是否有炸裂发生，对易发生炸裂部位涂抹墨水查找。对发生炸裂的产品要在炸裂部位做上标记。产品无炸裂为合格，有炸裂为不合格。在耐热合格品的规定位置加盖耐热检验人员工号章和耐热检验日期章等。

3）产品处置。将产品分类码放。对合格产品进行清洁处理，表面应无墨水等污渍，合格的产品转入下一工序。不合格的产品做好炸裂部位与缺陷标记，放到指定区域，并按记录要求将耐热检验结果填写在耐热检查记录表（包括产品型号、成形日期、机台号、注浆回数），将炸裂发生位置标注在产品六面体图上。

4）结束作业。关闭耐热检验机控制盘内的总电源开关及各项控制开关，确认设备是否停止工作（关机工作可根据班次实际需要进行）。

（3）耐热检验注意事项

1）作业前必须穿戴手套、皮围裙、工作鞋等劳动保护用品。

2）在向产品注入热水时，操作人员要离检查台远一些，防止产品炸裂时热水外溢造成烫伤。

3）拿取产品时先要确认码放的牢固性与托板的好坏；码放时注意产品的间距，码放稳固，防止产品在移动过程中跌落造成破损；产品要轻拿轻放，注意安全，防止因用力过猛导致扭腰或产品滑落。

（4）补充说明

耐热检验合格的部分型号的洗面器产品要求在溢流孔上装配溢水环（盖），也有的企业是在外观检验合格后装配，装配的方法及要求见第9章。

4.10.5　水箱存水检验

部分企业在对连体便器检验时要求水箱内安装配件后进行存水检验，防止水箱在使用时发生渗漏现象。

检验方法：在连体坐便器水箱内安装上配件，向水箱内注入一定量的水，水位高于排水阀的排水口，水中加入适量墨水，停留一定时间（如5min），确认箱内水位有无下降渗漏现象，确认坐圈内有无墨水痕迹。如有问题，要对水箱、水箱配件、水箱配件的安装状况进行确认，查找原因，采取对策。

4.10.6　水封存水（养水）检验

有的企业在出厂检验中增加了便器水封存水（养水）检验。由于产品的结构不同，部分产品需要进行水封存水（养水）检验，确认存水弯处是否有贯通裂或孔眼向外漏水而影响水封的质量。

检验方法：检验要在室内常温下进行，将被检验的产品水平放置在架台上，排污口悬空，不可堵塞，向便器存水弯加水至排污口有溢流出现，待水封表面静止后，在水封水位高度上做上标记，放置4h以上。检测除自然蒸发的水分外，水封深度是否符合要求（GB/T 6952—2015规定水封深度应不小于50mm）。

同时要对水封表面尺寸进行目视确认，有疑问的要进行实测。达不到水封与水封表面尺寸要求的产品为不合格品，做好标记与记录，并反馈给有关工序。

5 检验规具、QC工程表、检验作业指导书实例

本章介绍检验工作中的检验规具、QC工程表、检验作业指导书的实例。

5.1 检验使用的规具实例

规具由企业根据检验产品的种类、作业的要求自己制作，在检验作业中使用十分便利、准确，包括塞尺、水封尺、测量尺寸（产品的长、宽、高、孔径、间隔等）的限界规具等。规具在使用中要定期点检，保证其完好和准确。

以下为某企业的"坐便器检验规具规格及点检项目表""洗面器检验规具规格及点检项目表""小便器检验规具规格及点检项目表""水箱检验规具规格及点检项目表"，从中可以了解规具的种类、规格和用途，以及规具点检的要求，供参考。

5.1.1 坐便器检验规具规格及点检项目表

坐便器检验规具规格及点检项目表见表 5-1。

表 5-1 坐便器检验规具规格及点检项目表

编号：

产品类别		坐便器				第1页		制表
检验台号						共3页		
序号	规具名称	规格图示		判定基准（mm）		点检项目	处置	点检周期
				尺寸	公差			
1	便盖安装孔孔径			A 18	$\begin{array}{c}0\\-0.3\end{array}$	测量 A、A' 尺寸	基准外的废弃	1次/2个月
				A' 14	$\begin{array}{c}+0.30\\0\end{array}$			
2	便盖安装孔间距便盖安装面变形			A' 140	±0.5	测量 A' 尺寸	基准外的废弃	1次/2个月
						测量 A、B、C、D、E、F 点的平面度		

114

序号	规具名称	规格图示	判定基准（mm）		点检项目	处置	点检周期
			尺寸	公差			
3	排水管道径球	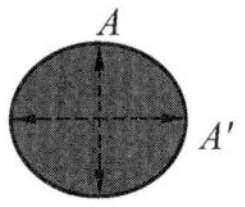	A、A′44	+2 0	测量 A、A′尺寸	基准外的废弃	1次/2个月
4	给水口口径	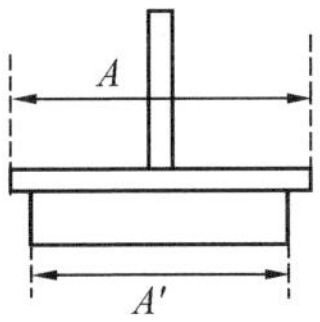	A　31	0 −0.3	测量 A、A′尺寸	基准外的废弃	1次/2个月
			A′　27	+0.3 0			
5	排水口（外）口径	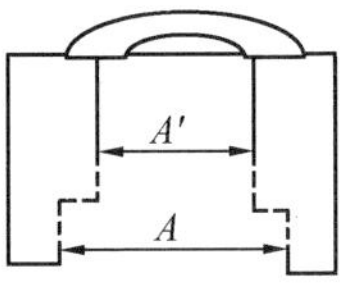	A　74	0 −0.3	测量 A、A′尺寸	基准外的废弃	1次/2个月
			A′　69	+0.3 0			
6	排水口（内）口径	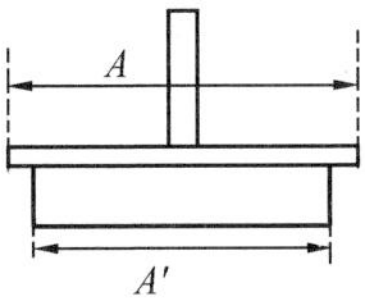	A　57	0 −0.3	测量 A、A′尺寸	基准外的废弃	1次/2个月
7	水封深度		平整度	0.5mm以内	使用面平整度、刻度是否清晰	基准外的废弃	1次/2个月
8	扳手孔孔径	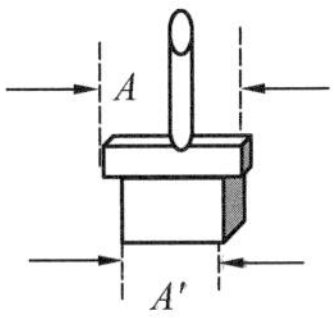	A 18.5	0 −0.3	测量 A、A′尺寸	基准外的废弃	1次/2个月
			A′ 16.5	+0.3 0			
9	水箱排水口口径	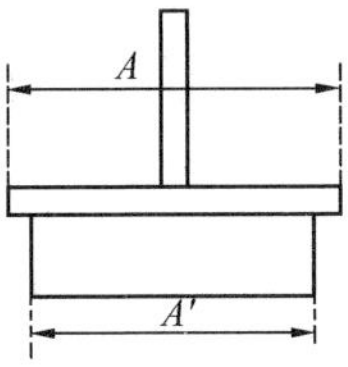	A　87	0 −0.3	测量 A、A′尺寸	基准外的废弃	1次/2个月
			A′　83	+0.3 0			

续表

序号	规具名称	规格图示	判定基准（mm）		点检项目	处置	点检周期
			尺寸	公差			
10	地面至排污口面高度	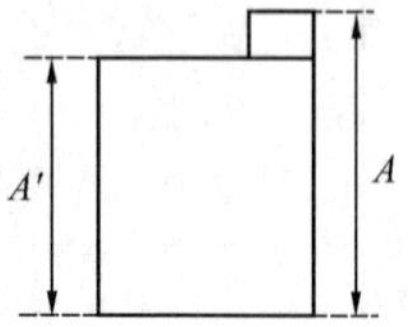	A 124 / A′ 112	±0.5	测量A、A′尺寸	基准外的废弃	1次/2个月
11	水道入口的高度检测	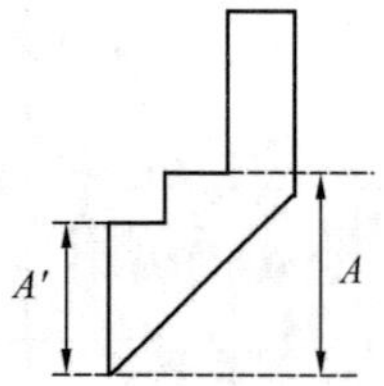	A 58 （0 −0.3） / A′ 52 （+0.30 0）		测量A、A′尺寸	基准外的废弃	1次/2个月
12	水封表面面积	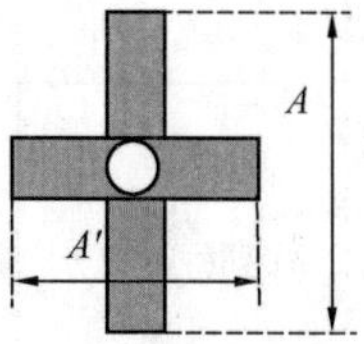	A 100 （+0.5 0） / A′ 85		测量A、A′尺寸	基准外的废弃	1次/2个月
13	水箱排水口的凹凸	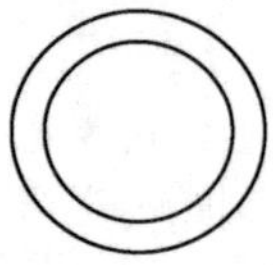	专用规具	0.5mm以内	测量使用面平整度	基准外的废弃	1次/2个月
14	水箱体的后倒检测	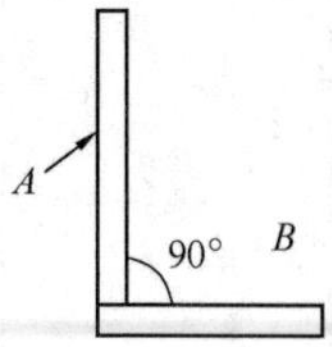	A平整度 / B 90°	0.5mm以内 / —	测量规具角度与使用面平整度	基准外的废弃	1次/2个月
15	缝隙规具	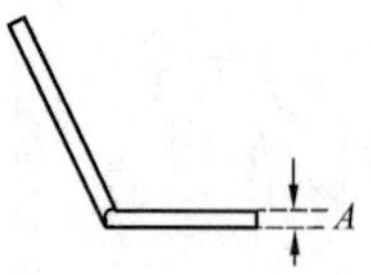	A 1.5	0 −0.3	测量A尺寸	基准外的废弃	1次/2个月

5.1.2 洗面器检验规具规格及点检项目表

洗面器检验规具规格及点检项目表见表5-2。

表 5-2 洗面器检验规具规格及点检项目表

编号：

产品类别		洗面器			第1页		制表
检验台号					共2页		
序号	规具名称	规格图示	判定基准（mm）		点检项目	处置	点检周期
			尺寸	公差			
1	水龙头孔孔径（三孔）		A 29	0 −0.3	测量 A、A'尺寸（三孔尺寸相同）	基准外的废弃	1次/2个月
			A' 26	+0.3 0			
2	水龙头孔间隔		A 102	±0.5	测量 A尺寸	基准外的废弃	1次/2个月
3	排水口口径		A 46	0 −0.3	测量 A、A'尺寸	基准外的废弃	1次/2个月
			A' 43	+0.3 0			
4	安装孔孔径		A 10	0 −0.3	测量 A、A'尺寸	基准外的废弃	1次/2个月
			A' 7	+0.3 0			
5	柜安装面的长度 柜安装面的宽度		专用规具平整度	0.5mm以内	测使用面平整度	基准外的废弃	1次/2个月
6	溢水孔孔径		A 26.5	0 −0.3	测量 A、A'尺寸	基准外的废弃	1次/2个月
			A' 25	+0.3 0			

编号：

产品类别		洗面器			第2页		制表
检验台号					共2页		
序号	规具名称	规格图示	判定基准（mm）		点检项目	处置	点检周期
			尺寸	公差			
7	龙头孔下面安装平面	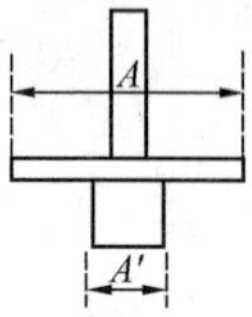	A 55	0 −0.3	测量 A、A' 尺寸	基准外的废弃	1次/2个月
			A' 26	+0.3 0			
8	排水口变形与深度规具	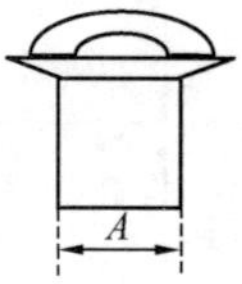	A 43	0 −0.3	测量 A 尺寸	基准外的废弃	1次/2个月
9	上表面变形	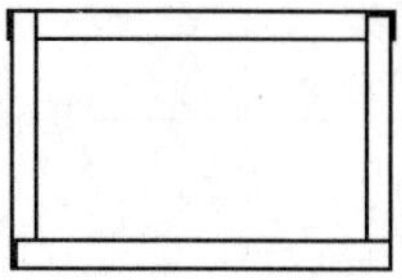	专用规具平整度	0.5mm以内	测使用面平整度	基准外的废弃	1次/2个月
10	背安装面上沿变形	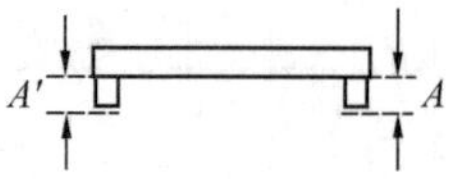	A 3 A' 3	0 −0.3	测量 A、A' 尺寸	基准外的废弃	1次/2个月
11	侧边沿面变形	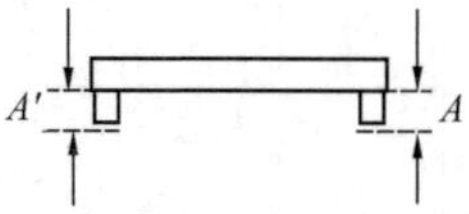	A 2 A' 2	0 −0.3	测量 A、A' 尺寸	基准外的废弃	1次/2个月
12	缝隙规具	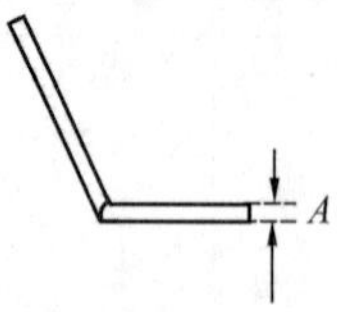	A 2.0	0 −0.3	测量 A 尺寸	基准外的废弃	1次/2个月

5.1.3 小便器检验规具规格及点检项目表

小便器检验规具规格及点检项目表见表5-3。

表5-3 小便器检验规具规格及点检项目表

编号：

产品类别			小便器			第1页		制表
检验台号						共2页		
序号	规具名称	规格图示	判定基准（mm）		点检项目	处置	点检周期	
			尺寸	公差				
1	进水口口径	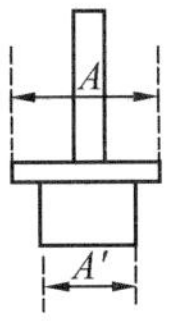	A 33	0 −0.3	测量A、A′尺寸	基准外的废弃	1次/2个月	
			A′ 30	+0.3 0				
2	靠墙安装面至进水口芯	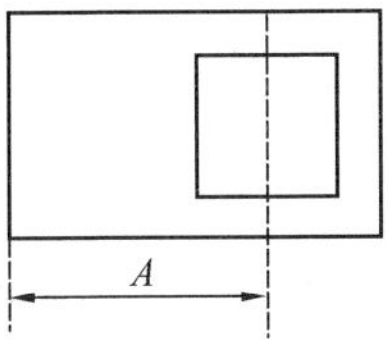	A 75	±0.3	测量A尺寸	基准外的废弃	1次/2个月	
3	进水口锥度	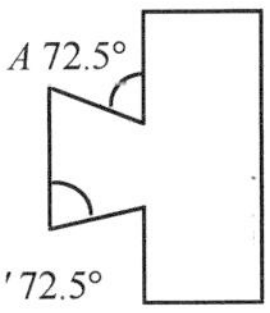	A A′ 72.5°	±0.5°	测量A、A′角度	基准外的废弃	1次/2个月	
4	排水口内径	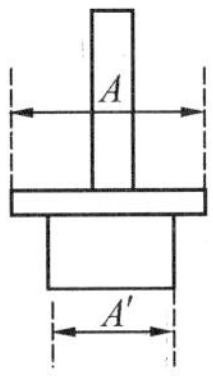	A 40	0 −0.3	测量A、A′尺寸	基准外的废弃	1次/2个月	
			A′ 36	+0.3 0				
5	排水管道径球	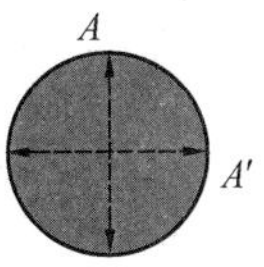	A、A′ 19	+2 0	测量A、A′尺寸	基准外的废弃	1次/2个月	
6	法兰深度	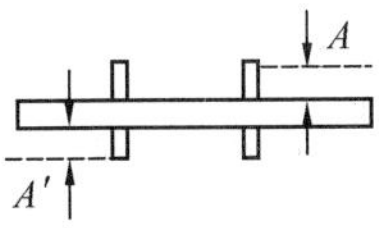	A 17	0 −0.3	测量A、A′尺寸	基准外的废弃	1次/2个月	
			A′ 13	+0.3 0				

编号：

产品类别		小便器			第 2 页		制表
检验台号					共 2 页		

序号	规具名称	规格图示	判定基准（mm）		点检项目	处置	点检周期
			尺寸	公差			
7	安装孔孔径		A 19	$\begin{matrix}0\\-0.3\end{matrix}$	测量 A、A'、B 尺寸	基准外的废弃	1 次/2 个月
			A' 16	$\begin{matrix}+0.3\\0\end{matrix}$			
	安装孔间隔		B 120				
8	法兰安装面		平面度	0.5mm以内	测量使用面平整度	基准外的废弃	1 次/2 个月
9	上表面的倾斜检测		A 90°	—	测量规具角度与使用面平整度	基准外的废弃	1 次/2 个月
			B 平整度	0.5mm以内			
10	上表面的凹凸		A 3	$\begin{matrix}0\\-0.3\end{matrix}$	测量 A、A' 尺	基准外的废弃	1 次/2 个月
			A' 3				
11	前圈与背侧面变形		A 5	$\begin{matrix}0\\-0.3\end{matrix}$	测量 A、A' 尺寸	基准外的废弃	1 次/2 个月
			A' 5				
12	缝隙规具		A 2.0	$\begin{matrix}0\\-0.3\end{matrix}$	测量 A 尺寸	基准外的废弃	1 次/2 个月
13	水封深度		平整度	0.5mm以内	使用面平整度、刻度是否清晰	基准外的废弃	1 次/2 个月

5.1.4　水箱检验规具规格及点检项目表

水箱检验规具规格及点检项目表见表5-4。

表 5-4　水箱检验规具规格及点检项目表

编号：

产品类别		水箱			第1页		制表
检验台号					共3页		
序号	规具名称	规格图示	判定基准（mm）		点检项目	处置	点检周期
			尺寸	公差			
1	水箱排水口口径		A　87	0 -0.3	测量A、A'尺寸	基准外的废弃	1次/2个月
			A'　83	$+0.3$ 0			
2	安装孔孔径		A　20	0 -0.3	测量A、A'尺寸	基准外的废弃	1次/2个月
			A'　16	$+0.3$ 0			
3	排水口与安装孔间隔		A　160	±0.5	测量A、B、C、DD尺寸	基准外的废弃	1次/2个月
			B　87	0 -0.3			
			C　83	$+0.3$ 0			
			DD　14	±0.3			
4	进水口口径		A　30	0 -0.3	测量A、A'尺寸	基准外的废弃	1次/2个月
			A'　26	$+0.3$ 0			
5	水箱底部变形		平面度	0.3mm以内	测量使用面平整度	基准外的废弃	1次/2个月

编号：

产品类别		水箱			第2页		制表
检验台号					共3页		

序号	规具名称	规格图示	判定基准（mm）		点检项目	处置	点检周期
			尺寸	公差			
6	扳手孔孔径	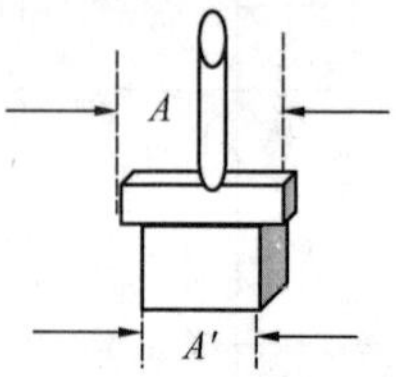	A 16×16	0 −0.3	测量A、A'尺寸	基准外的废弃	1次/2个月
			A' 14×14	+0.3 0			
7	水箱前面纵向变形	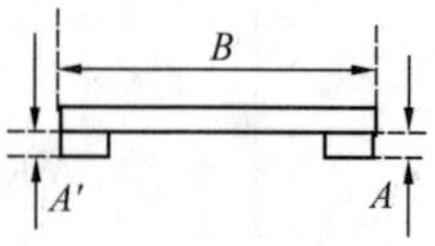	AA' 8	0 −0.3	测量A、A'、B尺寸	基准外的废弃	1次/2个月
			B 310	±0.5			
8	水箱后面倾斜检测	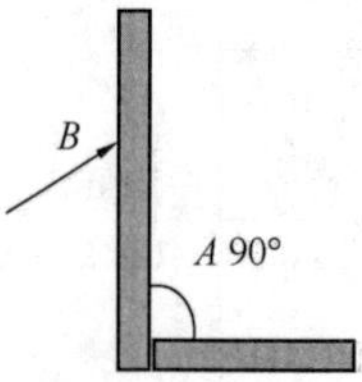	A 90°	—	测量规具角度与使用面平整度	基准外的废弃	1次/2个月
			B平整度	0.5mm以内			
9	排水口安装面的凹凸	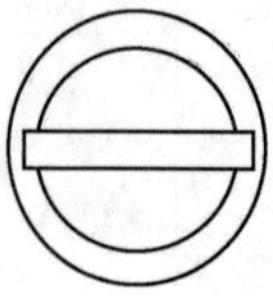	平面度	0.3mm以内	测量使用面平整度	基准外的废弃	1次/2个月
10	缝隙规具	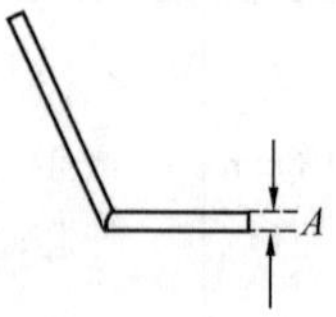	A 2.0	0 −0.3	测量A尺寸	基准外的废弃	1次/2个月

编号：

产品类别		水箱			第 3 页		制表
检验台号					共 3 页		
序号	规具名称	规格图示	判定基准（mm）		点检项目	处置	点检周期
			尺寸	公差			
11	缝隙规具		A 1.5	$\begin{matrix}0\\-0.3\end{matrix}$	测量 A 尺寸	基准外的废弃	1 次/2 个月

5.2 检验工序 QC 工程表的实例

检验工序的 QC 工程表是采用品质过程控制管理的形式，对检验工序的检验及设备、工具、规具、材料等各个环节进行质量管理，从而保证工作质量。

以下为某企业的"坐便器检验 QC 工程表""洗面器检验 QC 工程表""小便器检验 QC 工程表"，供参考。

5.2.1 坐便器检验 QC 工程表

坐便器检验 QC 工程表见表 5-5。

5.2.2 洗面器检验 QC 工程表

洗面器检验 QC 工程表见表 5-6。

5.2.3 小便器检验 QC 工程表

小便器检验 QC 工程表见表 5-7。

5.3 检验作业指导书的实例

对比较复杂的检验工序的作业，可以采用作业指导书对作业顺序、操作说明、操作注意事项、管理事项等进行规范和要求。《作业指导书》是指导作业的重要技术文件，也是对新的作业人员的上岗培训的技术文件。

以下为某企业的《连体坐便器检验作业指导书》《柜式洗面器检验作业指导书》《落地式小便器检验作业指导书》，供参考。

5.3.1 《连体坐便器检验作业指导书》

《连体坐便器检验作业指导书》见表 5-8。

5.3.2 《柜式洗面器检验作业指导书》

《柜式洗面器检验作业指导书》见表 5-9。

5.3.3 《落地式小便器检验作业指导书》

《落地式小便器检验作业指导书》见表 5-10。

编号：

核准： 审查： 编制：

表 5-5 坐便器检验 QC 工程表

QC工程表编号		□原型品 □量产前 ■量产
产品系列	卫生陶瓷系列	制/修订日期 年 月 日
产品型号	坐便器系列（型号）	变更履历 制/修定 制/修订者
产品名称	产品-检验-包装	版 次 制/修订者 A/0 确认

工序	操作名称	设备、工具、规具、材料	管理序号	管理内容	质量特性	管理特性	要求	检验方式	抽样数量/频率	统计技术	记录方式（记录表单）	权责人员	异常时处置方式
JC-01	从待检区接收产品	手动叉车	1		外观质量	B	无损伤	目测	1次/车	全数	—	作业人员	调整
JC-02	外观检查	检查台	1	8根40W灯管	光照度	B	正常亮起（1100±50）lx	照度仪	1次/月	开始时	照度点检表	组长	调整、更换灯管
			2	1100lx目测 距离60cm	外观质量	A	按内控标准执行	目测	1次/件	全数	条码管理系统记录	作业人员	回炉、废弃、研磨
			3	箱盖配套	吻合度	A	变形量允许范围内	目测	1次/件	全数	—	作业人员	研磨、废弃
JC-03	尺寸检查	检查台、规具	1	尺寸检测	尺寸	A	孔径、尺寸允许范围内	专用规具	1次/件	全数	规具点检表	作业人员	修正、废弃
JC-04	变形检查	变形检查台、水平尺、规具	1	台面平面度	平面度	A	≤0.5mm	水平尺	1次/件	开始时	设备点检表	作业人员	调整、更换
			2	变形检测	变形量	A	变形量允许范围内	水平尺、规具	1次/件	全数	—	作业人员	研磨、废弃
JC-05	漏水检查	真空机	1	漏水检测	真空度压力、时间	A	抽真空压力（-35kPa）保持时间25s	漏水检查机	1次/件	全数	设备点检表	作业人员	修正、废弃
JC-06	成品研磨	变形检查机、研磨机、水平尺、规具	1	变形部位	变形量	A	按照型号规定范围	水平尺、规具	1次/件	研磨前	研磨统计表	作业人员	重调、废弃
			2	检测变形	变形量	A	变形允许范围内	水平尺、规具	1次/件	研磨后	—	作业人员	重磨、废弃
JC-07	加工修正	手持研磨机	1	修补剂调制	固化	A	配比 A：B=1：1 修正平面平滑无凹凸	目视	1次/件	修正品	条码管理系统记录	作业人员	回炉、废弃

续表

编号：　　　　核准：　　　　审查：　　　　编制：

□原型品　□量产前　■量产

工序	操作名称	设备、工具、规具、材料	管理序号	管理内容	质量特性	管理特性	要求	检验方式	抽样方式 数量/频率	统计技术	记录方式 记录表单	权责人员	异常时处置方式
JC-08	水箱配件安装	螺丝刀、扳手（电、气动）	1	配套水件	无损坏	A	按各型号规定	目测	1次/件	全数	—	作业人员	更换
			2	安装扭力	力度	A	配件安装牢固，无卡阻上水阀螺纹扭力≥10N·m	手感	1次/件	开始时	—	组长	校正
			3	摆放方式	安装方向	A	按各型号规定，不碰壁	目测	1次/件	全数	—	作业人员	调整
		功能检查台	1	进水管静压力	压力	B	0.14MPa	压力表	1次/件	开始时	设备点检表	组长	调整
			2	冲洗100个PP球	球排放功能	A	排出PP球数≥90	排出个数	1次/件	全数	—	作业人员	废弃
JC-09	功能检查	毛笔、量杯	3	洗净功能	墨水浓度配比	B	原液：水 1:20	量杯	1次/日	开始时	—	组长	调整
					画墨线	A	水圈下方25mm处画一条细墨线	目视	1次/件	全数	—	作业人员	调整
					墨线试验	A	墨线残留：单段≤13mm，整体≤50mm	目测、卷尺	1次/件	全数	—	作业人员	修正、废弃
		水封尺（规具）	4	水平放置	回复水封功能	A	水封高度≥50mm	水封尺（规具）	1次/件	全数	—	作业人员	废弃

续表

编号：　　　　核准：　　　　审查：　　　　编制：

QC工程表编号　　□原型品　□量产前　■量产

工序	操作名称	设备、工具、规具、材料	管理序号	管理内容	质量特性	管理特性	要求	检验方式	抽样数量/频率	统计技术	记录表单	权责人员	异常时处置方式
JC-10	盖印章	印章、印泥	1	检验、研磨、功能	日期、工号	A	各型号规定位置	目视	1次/件	全数	—	作业人员	重盖
JC-11	分类放置	流水线、托板	1	各种配件放入	方向、位置	B	产品间无碰撞	目视	1次/件	全数	—	作业人员	调整
JC-12	清洁及粘贴标识	吸尘器、毛巾	1	擦拭、吸水	产品干净	B	表面无污垢	目视	1次/件	全数	—	作业人员	返工
			2	粘贴标识	标识	A	按釉色及型号规定部位粘贴	目视	1次/件	全数	—	作业人员	废弃、重贴
JC-13	包装	封口胶带、打包机	1	准备包装箱	型号	A	按型号规定	目视	1次/件	全数	—	作业人员	更换
			3	产品放入	300/400墙距	A	确认产品上墙距标识	目视	1次/件	全数	—	作业人员	返工
			4	各种配件放入	数量	A	按型号规定	目视	1次/件	全数	—	作业人员	更换
			5	说明书放入	型号	A	按型号规定	目视	1次/件	全数	—	作业人员	更换
			6	合格证放入	数量	A	按型号规定	目视	1次/件	全数	—	作业人员	更换
			7	箱封口	确认率、固定	A	用胶带全部封口，折弯长度：100~150mm	目视	1次/件	全数	—	作业人员	重粘
			8	封装打包带	打包条数	A	竖直方向打包3条	目视	1次/件	全数	—	作业人员	重打
JC-14	盖印章	印章、印泥	1	包装、合格章	日期、工号	A	各型号规定位置	目视	1次/件	全数	—	作业人员	重盖
JC-15	检查		1	装箱清单表	数据	A	与装箱清单表数据一致	目视	5次/日 10件/次	全数	—	组长	更换
JC-16	码放、转入下一工序	叉车、托板	1	包装箱	方式、数量	A	按码放规定	目视	1次/板	板数	—	作业人员	重放
			2	挂三色签	型号、数量、工号、日期	B	按每板数量	目视	1次/板	板数	—	作业人员	改挂

说明：1. "管理特性"中的A为重要管理内容，B为一般管理内容。
2. JC-16中的2"挂三色签"，红色签为禁止入库，黄色签为未检验品，绿色签为可入库品。

表5-6　洗面器检验 QC 工程表

编号：

核准：　　　　审查：　　　　编制：

产品系列	卫生陶器系列
产品型号	洗面器系列（型号）
产品名称	产品检验、包装

QC工程表编号：

□原型品　□量产前　■量产

变更履历　制/修订日期　年　月　日　制定　制/修订内容　制/修订者　版次

工序	操作名称	设备、工具、规具、材料	管理序号	管理内容	质量特性	管理特性	要求	管理方式——检验方式	抽样数量/频率	统计技术	记录方式（记录表单）	权责人员	异常时处置方式 A/O 确认
JC-01	从待检区接收产品	手动叉车	1		无损伤	B	—	目测	1次/日	全数		作业者	
JC-02	外观检查	检查台	1	8根40W灯管	光照度	B	正常亮起（1100±50）lx	照度仪	1次/月	开始时	照度点检表	组长	调整、更换灯管
			2	1100lx目测 距离60cm	外观	A	按内控标准执行	目测	1次/件	全数	条码管理系统记录	作业者	回绕、修正、废弃
JC-03	尺寸检查	检查台	1	尺寸检测	尺寸	A	孔径、尺寸允许范围内	专用规具	1次/件	全数	规具点检表	作业者	修正、废弃
			2	台面平面度	平面度	A	≤0.5mm	水平尺	1次/日	开始时	设备点检表	作业者	调整、更换
JC-04	变形检查	变形检查台	1	变形部位	变形量	A	变形量允许范围	水平尺、规具	1次/件	全数		作业者	研磨、废弃
			2	检测变形	变形量	A	按各型号规定范围	水平尺、规具	1次/件	全数		作业者	重调、废弃
JC-05	成品研磨	研磨机	1	检测变形	变形量	A	变形量允许范围内	水平尺、规具	1次/件	研磨前	研磨统计表	作业者	重磨、废弃
		变形检查台	2		变形量	A			1次/件	研磨后		作业者	重磨、废弃
JC-06	加工修正	手持研磨机	1	修补剂调制	固化	A	配比 A：B＝1：1 修正面平滑无凹凸	目视	1次/件	修正品	条码管理系统记录	作业者	回绕、废弃
JC-07	耐热检查	耐热检查台、木槌、墨水	1	测冷热水温度	温差	B	冷热水温差（80±2）℃	温度计	1次/小时		耐热温度检测表	作业人员	调整
			2	耐热热检测	时间	A	先放冷水，后放热水，冷水、热水各停留120s	计时钟表	1件/次	全数		作业人员	重做
			3	产品确认	炸裂	A	无炸裂	打音、墨水涂试	1次/件	全数		作业人员	废弃
JC-08	盖印章	印章、印泥	1	检验、研磨、耐热	日期、工号	A	各型号规定位置	目视	1次/件	全数		作业者	重盖

续表

编号：　　　　　　　　核准：　　　　　　　　审查：　　　　　　　　编制：

号：

QC工程表编号　　　　　　□原型品　□量产前　■量产

工序	操作名称	设备、工具、模具、材料	管理序号	管理内容	质量特性	管理特性	要求	管理方式 检验方式	管理方式 抽样 数量/频率	管理方式 统计技术	管理方式 记录方式 记表单	权责人员	异常时处置方式
JC-09	安装溢水环或盖		1	质量与安装	外观与牢固性	B	外观无损伤、安装要牢固，安装面缝隙在范围内	目视	1次/件	全数	—	作业者	
JC-10	清洁及粘贴标识	毛巾	1	擦拭	产品干净		表面无污坑	目视	1次/件	全数	—	作业者	
			2	粘贴标识	标识	A	按釉色及型号规定粘贴	目视	1次/件	全数	—	作业者	废弃、重贴
JC-11	分类放置	托板	1	分类及放置	方向、位置	A	产品间无碰撞	目视	1次/件	全数	—	作业者	更换
JC-12	包装	封口胶带、打包机	1	准备包装箱	型号	A	按各型号规定	目视	1次/件	全数	—	作业者	返工
			2	产品放入	确认型号	A	确认产品上端距标识	目视	1次/件	全数	—	作业者	更换
			3	螺丝及其他配件放入	数量	A	按型号规定	目视	1次/件	全数	—	作业者	更换
			4	说明书放入	型号	A	按型号规定	目视	1次/件	全数	—	作业者	更换
			5	合格证放入	数量	A	按型号规定	目视	1次/件	全数	—	作业者	重粘
			6	箱封口	确认牢固度	A	用胶带全部封实，折弯长度：100~150mm	目视	1次/件	全数	—	作业者	重盖
JC-13	盖印章	印章、印泥	1	包装合格章	日期、工号	A	各型号规定位置	目视	1次/件	全数	—	作业者	更换
JC-14	检查		1	装箱清单表	数据	A	与装箱清单表数据一致	目视	5次/日	10件/次	—	组长	更换
JC-15	码放转入下一工序	叉车、托板	1	包装箱	方式、数量	B	按码放规定	目视	1次/板	板数	—	作业者	重放
			2	挂三色签	型号、数量、工号、日期	B	按每板数量	目视	1次/板	板数	—	作业者	作废重挂

说明：1. "管理特性"中的A为重要管理内容，B为一般管理内容。

2. JC-15中的2"挂三色签"，红色签为禁止入库，黄色签为未检验品，绿色签为可入库品。

表5-7 小便器检验 QC工程表

编号：　　　　核准：　　　　审查：　　　　编制：

项目	内容
产品系列	卫生陶瓷系列
产品型号	小便器系列（型号）
产品名称	产品检验、包装

变更履历：制/修订号　制/修订日期 年 月 日　制/修订内容　制/修订者

□原型品　□量产前　■量产

工序	操作名称	设备、工具、规具、材料	管理序号	管理内容	质量特性	管理特性	要求	检验方式	抽样 数量/频率	统计技术	记录方式（记录表单）	权责人员	异常时处置方式
JC-01	从待检区接收产品	手动叉车	1	外观质量	外观质量	B	无损伤	目测	1次/车	全数	记录表单	作业人员	调整
JC-02	外观检查	检查台	1	8根40W灯管	光照度	B	正常亮起（1100±50）lx	照度仪	1次/月	开始时	照度点检表	组长	调整、更换灯管
			2	1100lx目测距离60cm	外观质量	A	按内控标准执行	目测	1次/件	全数	条码管理系统记录	作业者	回炉、废弃、修正、研磨
JC-03	尺寸检查	检查台	1	尺寸检测	尺寸	A	孔径尺寸允许范围内	专用规具	1次/件	全数	规具点检表	作业人员	修正、废弃
JC-04	变形检查	直角检查台	1	台的平面度与垂直度	平面度、角度	A	水平度≤0.5mm 垂直90°	水平尺、直角尺	1次/日	开始时	设备点检表	作业人员	调整、更换
			2	变形检测	变形	A	变形允许范围内	检验台、规具	1次/日	全数	—	作业人员	研磨、废弃
JC-05	成窑研磨	研磨机	1	确认研磨部位	变形量	A	按各型号规定范围	水平尺、规具	1次/件	研磨前	研磨统计表	作业人员	重调、废弃
		变形检查台	2	检测变形	变形量	A	各型号变形允许范围	水平尺、规具	1次/件	研磨后	—	作业人员	重磨、废弃
JC-06	加工修正	气动研磨笔	1	修正剂调制	固化	A	配比 A：B=1：1 修正品面平滑无凹凸	目视	1次/件	修正后	条码管理系统记录	作业人员	回炉、废弃
JC-07	配件安装	扳手	1	配件配套	无损伤、刮花	A	按各型号规定	目测	1次/件	全数	—	作业人员	更换
			2	安装牢固	无晃动、不漏水	A	按各型号规定	目测	1次/件	全数	—	作业人员	调整

A/0 确认

续表

编号：　　　　　核准：　　　　　审查：　　　　　编制：

号：

□原型品　□量产前　■量产

二序 / QC工程表编号	操作名称	管理序号	设备、工具、规具、材料	管理内容	质量特性	管理特性	要求	管理方式 检验方式	抽样数量/频率	统计技术	记录方式/记录表单	版次	权责人员	异常时处置方式 A/O
JC-08	功能检查	1	功能检查台	冲洗阀	压力	B	0.17MPa	压力表	1次/日	开始时	—		组长	调整
		2	毛笔、量杯	洗净功能	墨水浓度配比	B	原液：水 1：20	量杯	1次/日	开始时	—		组长	调整
					画墨线	A	洗净面出水孔下 1/3 处画一条水平墨线	目测	1次/件	全数	—		作业人员	修正、废弃
					墨线试验	A	墨线残留：单段≤13mm 整体≤25mm	目测、卷尺	1次/件	全数	—		作业人员	重盖
JC-09	盖印章	1	印章、印泥	检验、研磨、功能、记录	日期、工号	A	各型号规定位置	目视	1次/件	全数	—		作业人员	重打
JC-10	分类放置	1	托板	方向、位置	方向、位置	B	产品间无碰撞 表面无污垢	目视	1次/件	全数	—		作业人员	调整
JC-11	清洁及粘贴标识	1	毛巾	擦拭、吸水	产品干净	B	表面釉色及型号 规定号码粘贴	目视	1次/件	全数	—		作业人员	返工
		2		粘贴标识	标识	A	按釉色及型号 规定粘贴	目视	1次/件	全数	—		作业人员	重贴
JC-12	包装	1		准备包装箱	型号	A	按各型号规定	目视	1次/件	全数	—		作业人员	更换
		2		产品放入	釉色	A	确认产品釉色	目视	1次/件	全数	—		作业人员	返工
		3		各种配件放入	数量	A	按型号规定	目视	1次/件	全数	—		作业人员	更换
		4		陶瓷水漏放入	型号	A	按型号规定	目视	1次/件	全数	—		作业人员	返工
		5		说明书放入	型号	A	按型号规定	目视	1次/件	全数	—		作业者	更换
		6		合格证放入	数量	A	按型号规定	目视	1次/件	全数	—		作业者	更换
		7	封口胶带、打包机	箱封口	确认年封固度	A	用胶带全部封实，折弯长度：100～150mm	目视	1次/件	全数	—		作业者	重粘
		8		封装打包带	打包条数	A	按各型号规定位置	目视	1次/件	全数	—		作业者	重打
JC-13	盖印章	1	印章、印泥	包装、合格章	日期、工号	A	各型号规定位置	目视	1次/件	全数	—		作业者	重盖
JC-14	检查	1		装箱清单表	数据	A	与装箱清单表数据一致	目视	5次/日	10件/次	—		组长	更换
JC-15	码放转入拉运	1	叉车、托板	包装箱	方式、数量	A	按色码放规定	目视	1次/板	全数	—		作业人员	重放
		2		挂三色签	型号、数量	B	按每板放数量	目视	1次/板	全数	—		作业人员	改挂

说明：1. "管理特性"中的 A 为重要管理内容，B 为一般管理内容。

2. JC-15 中的 2 "挂三色签"，红色签为禁止入库、黄色签为未检验品、绿色签为可入库品。

编号：

表5-8 连体坐便器检验作业指导书

连体坐便器检验作业指导书（第1页）

				编制	审查	核准	版次	共6页
							使用器具	第1页 水平尺(600mm)

产品型号								
作业顺序	图示	操作说明	检验设备 检验流水线（台） 操作注意事项	作业重点管事项	工艺要求	使用器具

1. 准备工作

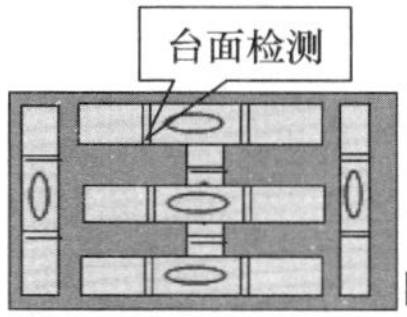

图1 合面检测

操作说明：
1. 确认检查台水平与凹凸
2. 确认检查规具数量与规格

操作注意事项：
- 1.1 用600mm的水平尺测量检查台，允许水平和凹凸度在0.5mm范围内（图1）
- 2.1 规具数量清点和规格标认及是否有损坏确认，损坏的要修理更换

作业重点管事项：检查台水平与凹凸 ／ 按钮孔孔径
工艺要求：在0.5mm范围内 ／ $\phi60(-1, +2)mm$
使用器具：水平尺(600mm) ／ 规具

2. 提取产品

图2

操作说明：
1. 提取产品（图2）

操作注意事项：
- 1.1 拿取产品时先要确认码放的牢固性、托板的好坏
- 1.2 拿取产品注意安全，防止因用力过猛导致扭腰
- 1.3 将产品轻放在检查台上

3. 确认商标

图3 确认商标

操作说明：
1. 检查产品商标（图3）

操作注意事项：
- 1.1 将产品放到检查台上后，首先要确认位置是否正确
- 1.2 检查商标是否有变形、污标及鲜明度，有问题时参照"限度样板"

作业重点管事项：裂（炸裂）查找
工艺要求：打音、涂抹墨水
使用器具：木槌、墨水

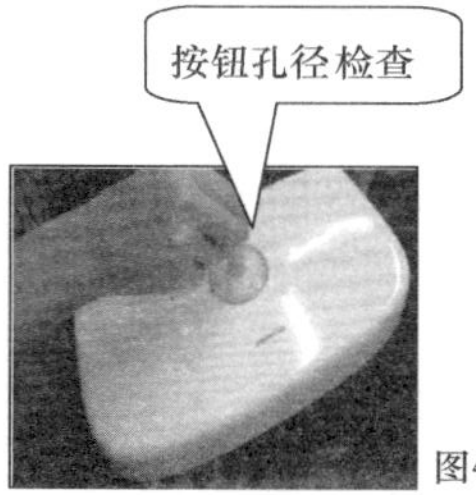

4. 水箱盖外观检查

图4 按钮孔径检查

操作说明：
1. 水箱盖旋转四周检查
2. 用木槌打音外观检查
3. 注意范围内的环裂，在标准范围内的可进行修补
4. 水箱盖按钮孔径确认（图4）

操作注意事项：
- 1.1 注意边缘是否有因施釉问题露胚体颜色的现象
- 2.1 用木槌敲击水箱盖听声音有无异常，外观按《内控标准》要求进行缺陷的判定。对部分缺陷可比对限度样板
- 3.1 修补时注意，要修补得美观、平滑
- 4.1 按钮孔边缘平整无毛刺
- 4.2 用按钮孔径规具测量，孔径尺寸 $\phi60(-1, +2)$

设备：检查台

注意事项：

1. 依据下发的《检验作业指导书》和内控标准，对产品外观、尺寸、功能和变形样板进行检验。对部分缺陷可比对限度样板判定。如颜色、釉薄、波肌、煮肌、梨肌、无光、商标不良、坯不良等限度样板。
2. 每日按要求对检查设备、规具进行点检并填写相关的记录表。对点检不合格要及时调试及更换与报废。规具进行调试与更换后要再次点检确认。
3. 变形检查合点检点检及调试或调磨后调磨台面。
4. 用孔径限界规具检测，小于下限的可研磨处理，超出上限为不合格。孔径有泥毛刺要用磨石或手持打磨机处理。

变更栏

变更内容	修订日期	修订人

续表　　版次　　共 6 页

连体坐便器检验作业指导书（第 2 页）　　第 2 页

编号：

产品型号 作业顺序	图示	操作说明	检验设备 检验流水线（台）操作注意事项	编制	审查 作业重点管理事项	核准 工艺要求	版次 使用器具
5. 箱体与盖吻合度检查	确认盖四周　前面对齐 图5	1. 检查水箱与箱体是否吻合（图5） 2. 盖与水箱的缝隙≤2mm，无明显晃动 3. 不吻合的在产品上做记号，转到研磨工序	1.1 水箱与盖的吻合度：前面对齐，后边边缘（+4，-2）mm，且不能直观到无釉面，外表面弧度线条需均匀 2.1 对于吻合情况下晃动的用水箱发泡垫进行修整 3.1 对于吻合不合的进行研磨修正，修正后平滑无错齿		盖板安装孔间距 水箱与盖的吻合度 盖板安装孔径 便器与坐圈面吻合度	(140±3) mm (+4, -2) mm φ (15±2) mm 支撑点缝隙不大于5mm	规具 钢直尺 规具 塞规
6. 便器安装孔与坐圈面和坐圈面吻合度检查	盖板安装孔检查 图6	1.1 用规具检查盖安装孔（图6） 2.1 用规具检查安装孔间距及便器坐圈胸中两个脚垫与坐圈面吻合度确认 3.1 将水平尺放在两个便器坐圈中心检查变形	1.1 便器安装孔不能有毛刺、裂纹、便盖安装孔径为φ（15±2）mm 2.1 便盖安装孔间距为（140±3）mm，4个脚垫支撑点与坐圈面直接接触缝隙不大于5mm 3.1 用塞规检测，下凹＜3mm，上凸＜2mm		便盖安装孔中心变形 布水孔确认	下凹<3mm 上凸<2mm 孔无堵塞、数量	水平尺、塞规 小圆镜
7. 洗净面外观检查	检查布水孔 图7	1.1 在洗净面易炸裂处涂上墨水擦拭检查 2.1 用小圆镜检查布水孔、喷射孔、水道入口（图7） 3. 洗净面的打音检查	1.1 确认洗净面是否存在炸裂 2.1 布水孔是否少打、堵塞喷射孔、水道入口是否存在裂纹 3.1 对时有发生炸裂（风惊）的部位重点打音检查		管道过球	φ43mm	管道球
8. 管道过球检查	管道过球检查 图8	1.1 管道过球检查（图8） 1.2 一般用φ43mm 管道球，如有特殊情况视情况而定 1.3 将球放入水道入口处通过管道从排污口排出					

注意事项：
1. 通过打音检查裂、炸裂等。
2. 对易发生炸裂（风惊）的面或部位可涂抹墨水进行查找。
3. 注意水箱、便器各安装孔是否有毛刺和裂。
4. 注意圈下与布水孔、水道入口与水道是否有异物附着。

变更栏	变更内容	制修订日期	修订人
	制定	年 月 日	

编号：

连体坐便器检验作业指导书（第3页）

		编制		审查	批准	版次	续表
							第3页　共6页

产品型号 作业顺序	图示	操作说明	检验设备 检验流水线（台） 操作注意事项	作业重点管控事项	工艺要求	使用器具
9.整体外观检查	图9 侧面检查	1. 左侧面外观检查 2. 右侧面外观检查 3. 正前面外观检查	1.1 是否存在风惊或坯不良的现象（图9） 2.1 根据下发的《内控标准》进行缺陷大点判定 3.1 检查时要用手抚摸确认表面，做到眼到、手到，不漏检任何部位	水箱排水孔径	φ(69±3) mm	规具
				进水口径	φ(28±1.5) mm	规具
				水箱排水孔表面凹凸	表面凹凸≤1.5mm	塞规
10.背部外观检查	图10 背部检查	1. 翻转至产品检查水箱外观 2. 排污管道外侧、管内壁、产品内侧检查（图10） 3. 裂纹修补	1.1 水箱背部用红墨水涂试是否存在风惊 2.1 排污管道外侧、管道内壁及产品内侧是否有裂纹 3.1 小于10cm的裂纹且深入坯体小于1/3的裂纹用A/B树脂1:1比例调和均匀进行修补，修补后美观，平滑	法兰安装深度	安装深度≤13mm	规具（实配）
11.底部外观检查	图11 底部检查	1. 法兰安装深度检查（图11） 2. 底部裂纹检查 3. 底部裂纹修补	1.1 安装深度≥13mm变形 1.2 目视排污口是否存在打磨，用磨石进行打磨 2.1 用手电筒检查排污口，注意管内壁开裂 3.1 确认底部刻印标识是否清晰 3.2 检查底部是否有裂纹缺陷等，范围内均匀要研磨修补，注意水箱口的粘疤异物，防止划伤手			
12.水箱内部外观及孔径检查	图12 排水孔检查	1. 检查水箱内外观与刻印标记 2. 用木槌对水箱进行打音检查 3. 水箱排水孔变形检查（图12） 4. 水箱进水口孔径变形检查	1.1 检查箱内是否存在裂纹缺陷等，范围内周围的要研磨修补，注意水箱口的粘疤、异物，防止划伤手 1.2 确认箱内刻印标识是否在规定位置上并清晰 2.1 力度均匀适中，不可大或太小，敲击后可用墨水涂试查看是否风惊 3.1 用磨规具检测排水孔平面度及孔径尺寸，φ(69±3) mm，超出范围的研磨或报废。表面凹凸≤1.5mm 4.1 用规具检测进水口孔径平面度及孔径尺寸，φ(28±1.5) mm，超出范围的研磨或报废。表面凹凸≤1.5mm			

注意事项：
1. 对隐蔽面或不易看到的部位可借助手电筒光亮查找缺陷。
2. 根据各面缺陷与裂补的程度，平滑脂修补加工，修补后美观，按要求进行树脂修补加工。
3. 确认坯体上刻印标识的位置与清晰度（成形日期、型号、水位线等标识）。部分型号的产品由检验人员根据型号规定的位置上画上水位线等标识，要求在水箱内规定的位置上。

变更栏	制定	变更内容	制修订日期 年 月 日	修订人

编号：

作业顺序	图示	操作说明	操作注意事项	作业重点管控事项	工艺要求	使用器具
		连体坐便器检验作业指导书（第4页）	检验设备	检验流水线（台）	版次	续表 共6页 第4页
13. 变形检查	 底部缝隙检查 图13 坐圈面变形检查 图14	1. 用缝隙规具检查底部安装面变形 2. 用水平尺依次检查坐圈面左右、前后的倾斜	1.1 安装面变形摇晃时变形缝隙≤1.6mm，安装面不摇晃时变形缝隙≤2.5mm（图13） 1.2 超过标准需要研磨的部位画上标记，并在产品表面写上"磨"，转到研磨工序 2.1 坐圈倾斜范围：左右 6mm，前后 9mm（图14）	安装面变形摇晃 安装面变形不摇晃 坐圈面变形	1.6mm 2.5mm 左右 6mm，前后 9mm	塞规 塞规 水平尺
14. 水箱前后倾斜检查	 前倾、后倒＜8mm 图15	1. 用直角规具测量水箱前倾或后倒 2. 可根据实际情况进行实配确认	1.1 确认合格的平面度 1.2 直角规具垂直与产品靠紧，用塞规测量后倒尺度。前倾后倒＜8mm（图15）	水箱前后倾斜	前倾、后倒≤8mm	直角规具
15. 加盖印章和扫描条码	 盖印章 图16	1. 在规定位置加盖工号章和日期章等 2. 进行条码扫描	1.1 印章加盖水箱规定位置下，防止因存水导致印章消失，不可太章（图16） 1.2 印章字迹清晰，不能模糊不清 2.1 用条码枪进行条码扫描，对条码不清晰的产品另行放置，重新贴入条码再扫描			
漏水检测	 漏水检测 图17	1. 合格产品放置于漏水检查机上（图17） 2. 密封进水孔、排污口等孔、调整产品使坐圈面、水箱口对准设备上的密封盖 3. 启动漏水检测 4. 漏水检测结束，产品处置	2.1 按设备上的水箱坐圈坐圈方向放置 2.1 用沾水塞子封进水孔、扳手孔等径，封粘牢固，防止产生漏气 3.1 检测条件为在真空度达到−35kPa以上后，真空机停止运转并保持25s，出现异常常设备发出连续警报声。漏水检测合格气缸自动升起鸣合格声响 3.2 在检测时，手不可放在产品上，防止手被挤压 4.1 漏水合格品转入下一工序，漏水不合格的产品放到指定位置由成形工序进行确认与分析	真空保持压力 压力保持时间 设备：坐便器漏水检查机	−35kPa 25s	压力表 计时器 坐便器漏水检查机

注意事项：
1. 外观检查合格品等按要求在规定位置上加盖工号章和日期章等，印章字迹不清晰要及时更换，对研补与修补磨光要在设备表面规定位置上做好进行点检。
2. 每日作业前对漏水检查设备按要求进行点检、设备异常时要停止作业报修。

变更栏	变更内容	制定	制订日期	修订人
			年　月　日	

编号：

连体坐便器检验作业指导书（第5页）

续表　版次　共6页　第5页

水箱配件为举例型号

作业顺序	图示	操作说明	操作注意事项	作业重点管控事项（审查）	工艺要求（核准）	使用器具（版次）
17. 准备安装水箱配件	水件确认 图18	1. 按产品型号领取相应水箱配件（图18）	1.1 产品型号和墙距确认及水件单双挡及刻度位置确认	排水阀安装	安装牢固	螺丝刀（电、气动）、扳手
18. 排水阀安装	排水阀安装 图19	1. 用螺丝刀将排水阀安装在水箱排水孔上并安装牢固。确认位置是否合适与溢流管留有间隙（图19）	1.1 确认水件内部配件是否缺少 1.2 注意水件型号不可混装 1.2 注意螺丝要放正，防止滑丝 1.3 安装时确认排水口安装面是否变形和有坏渣（需研磨），应与水箱壁留有间隙	进水阀安装	安装牢固、无卡阻	工装螺母、扳手
19. 进水阀安装	图20	1. 用手将进水阀螺母或扳手将进水阀安装在水箱上水口上并安装牢固，注意安装方向与水箱壁要留有间隙（图20） 2. 装补水管并确认长度	1.1 注意配件不可装混，注意配件的配套 1.2 装时确认进水口上下安装面是否变形和有坏渣（需研磨）。进水阀底座垫片是否遗漏 2.1 注意补水管不可有折造成不出水	测试水压力	≥0.14MPa	水压表
20. 接进水管上水	接进水管 图21	1. 打开进水阀门进水，查看上水情况（图21） 2. 打开进水阀门进水，查看上水情况（图21）	1.1 查看供水压表是否达到规定水压，测试压力≥0.14MPa下进行 2.1 注意进水阀是否有不进水或不止水现象。观察水位高度安装位置是否准确	设备：便器冲洗功能设备	墨水浓度原液：水1:20	墨水、毛刷
21. 确认水位高度	水箱补水管 图22	1. 进水阀上水后，打开水箱补水管，确认水箱工作高度是否符合标准（图22）	1.1 水箱补水管进水至水位高度2/3时关闭，由进水阀上水。观察止水情况 1.2 在操作过程中不可一直开启进水阀补水 1.3 上水停止后确认水位高度是否与所标志的水线位置高度一致			

注意事项：
1. 配件安装要牢固，不可与水箱壁刚磨。
2. 确认调试。注意止水过程中进水阀是否有不止水现象，上水停止时确认是否与水箱内水位线刻印高度一致，异常情况进行调整或更换。
3. 注意上水过程中水位与上水阀及水位刻度要求时要进行确认，根据情况进行调整或更换。

变更栏	变更内容	制定	制修订日期 年 月 日	修订人

编制　审查　核准

卫生陶瓷质量检验与包装

续表 版次 共6页 第6页

编号：

产品型号：连体坐便器检验作业指导书（第6页）

作业顺序	图示	操作说明	检验注意事项	作业重点管控事项	工艺要求	使用器具
22. 墨线冲洗	图23 圈下刷墨线	1. 在圈下25mm处用毛刷画一圈墨线后，启动水箱冲洗装置，确认墨线冲洗状况（图23） 2. 每日检查首件时确认冲洗在规定的范围内	1.1 按要求画墨线，并在冲洗过程中注意观察布水是否有堵孔或冲洗角度问题造成渍水等冲洗不良现象 1.2 墨水残留单段不能超过13mm，整体不能超过50mm 2.1 用专用量杯或称量器对便器排出的水量进行检测	球排放	工艺要求	100个PP球
23. 水封、封闭放功能检测	图24 球排放测试	1. 水封满水后检测水封深度，目视确认水表面积、表面长×宽为100mm×80mm 2. 将100个PP球倒入便器中，启动水箱冲水装置，确认球排放影响量（图24）	1.1 水封加满静止后用水封尺检测水封深度、水封表面积。水封深度50mm以上 2.1 倒入100个PP球进行冲洗测试。冲洗结束后目视确认PP球排出数量必须在90个以上 2.2 注意产品是否有卡球现象	水封深度 水封表面积×宽 墨线冲洗	50mm以上 100mm×80mm 圈下25mm处画一圈墨线。冲洗后残留单段≤13mm，总长≤50mm	水封尺（规具）直尺、规具 钢直尺
24. 水封回复确认	图25 水封回复测试	冲洗完成后测量水封回复深度	1.1 在测试回复深度时必须等水封静止后再进行。水封回复深度要求50mm以上			
25. 按钮安装确认、粘贴标识	图26 按钮安装	1. 按钮安装好后进行试按，确认按钮动作是否正常、阀联动安装是否影响美观（图26） 2. 按要求粘贴标识，粘贴要平整牢固	1.1 所装按钮必须与本体所装水件配套，外观无损伤 1.2 按键按下去时要防止按键不可装歪 1.3 注意确认水阀与排水阀之间的缝隙是否过大或过小 2.1 产品放到流水线或托板上时注意产品间距做好防护、避免刮蹭损伤。要轻拿轻放注意安全		便器冲洗过程中要确认进水阀浮筒、排水阀连杆动作（大小档）有无卡塞。查看整箱水箱无滴漏或渗漏现象 2. 水封检测一定要在进水道入口处看水满再静止后进行。水封尺要放到水面最低点检测的深度	
26. 结果记录与产品转入下道工序	图27 产品转运	1. 填写检查记录表或记录结果，将检查合格产品转入下道工序（图27） 2. 不合格产品处置	2.1 按要求扫码，记录结果，将检查合格产品转入下道工序 2.2 对在外观与功能检测中不合格的产品品要做好记录，将产品放到规定指定的区域由相关人员进行分析确认		3. 目视确认水封表面积、查看表面积是否扭曲和不对称现象。有异常时可以用直尺或规具进行检测。	修订人

注意事项

变更栏 变更内容 制修订日期 制修人

年 月 日

136

编号：

表5-9　柜式洗面器检验作业指导书

产品型号		柜式洗面器检验作业指导书（第1页）		编制		核准		版次	共3页
作业顺序	图示	操作说明	检验设备　操作注意事项　检验流水线（台）	作业重点管控事项		工艺要求			第1页
									使用器具
1. 准备工作	台面检测 图1	1. 确认检查台面的水平与凹凸	1.1 用600mm的水平尺测量检查台（图1），允许水平和凹凸度在0.5mm范围内	检查台面水平与凹凸		在0.5mm范围内			水平尺（600mm）
		2. 确认检验规具数量与规格	1.2 规具数量清点和规格标识及是否有损坏确认。损坏的要修理更换						
2. 提取产品	提取产品 图2	1. 提取产品（图2）	1.1 拿取产品时先要确认码放的牢固性，托板的好坏	靠墙安装面变形		≤3mm			塞规
			1.2 拿取产品时注意安全，防止因用力过猛导致扭腰。将产品轻拿轻放在专用检查台上						
3. 确认商标	检查商标 图3	1. 检查产品商标（图3）	1.1 将产品提取到检查台上后，首先要确认是否有商标	盆安装面与台面变形		≤2mm			塞规
			1.2 检查商标是否有变形，污标及鲜明度，有问题时参照"限度样本"						
4. 实配变形检查	靠墙缝检测 图4	1. 靠墙安装面变形检查（实配浴室柜架台）（图4）	1.1 洗面器背部与标准浴室柜对齐、挡板弧度不能外露、靠墙安装面缝隙应≤3mm	设备：检查台、标准浴室柜架台					
			1.2 靠墙安装面缝隙超出范围的进行研磨，研磨后注意研磨面要倒角圆滑						
		2. 洗面器安装面与台面缝隙变形检查	1.3 靠墙安装面与台面变形允许中部内凹，不允许外凸						
			2.1 洗面器安装面与台面的缝隙应≤2mm，超出范围的进行研磨						
			2.2 超过标准需要研磨的部位画上标记，并在产品表面写上"磨"，转到研磨工序						

注意事项：
1. 依据下发的《检验作业指导书》和《内控标准》的要求，对产品外观、尺寸、功能和变形等项目进行检验。对产品缺陷可对比和比照样板判定：如颜色、釉薄、波肌、煮肌、梨肌、无光、商标杂色、坏不良等限度样板。
2. 每日按作业要求对检查设备、照度、对点检查不合格进行调试与报废、规具进行点检并与修理或更换及时调试或变更后要再次点检确认。
3. 变形检查台点检变形要及时变换或调试更换合面。

变更栏	变更内容			制定			制修订日期		修订人
							年　月　日		

编号：

柜式洗面器检验作业指导书（第2页）　　编制　　核准　　续表　共3页　版次　第2页

产品型号							
作业顺序	图示	操作说明	检验设备 操作注意事项 检验流水线（台）	审查 作业重点管控事项	核准 工艺要求	使用器具
5. 表面整体变形及外观检查	图5（缝隙检查）	1. 表面整体变形检查（图5） 2. 表面外观检查	1.1 将洗面器反扣在检查台上检测整体曲变形，或用自制的专用检测规检测产品表面缝隙≤6mm 1.2 检测洗面器前沿、后沿4个角缝隙，变形缝隙≤6mm 2.1 根据下发的《内控标准》进行缺陷判定。对部分缺陷可比对专用限度样板进行判定 2.2 检查时要用手抚摸确认表面，做到手到眼到，不漏检部位	整体表面变形	≤6mm	规具、塞规
				龙头孔径（单孔）	φ36(-1，+2)mm	规具
				溢水孔径	φ(24±2)mm	溢水孔规
				排水口深度	(49±2)mm	规具（实配下水器）
6. 龙头安装孔检查	图6（龙头孔检查）	1. 龙头安装孔检测（图6） 2. 龙头安装孔外观检查	1.1 确认龙头中心线安装孔是否偏离，一般要求偏离中心线不大于2mm 1.2 龙头孔尺寸检查，孔径为φ36(-1，+2)mm 2.1 龙头安装孔部位不允许有坯渣、毛刺附着，用磨石或手持打磨机处理	排水口口径	φ45(-1，+2)mm	规具、塞规
7. 溢水孔检查	图7（溢水孔检查）	1. 溢水孔尺寸与偏离中心线检查（图7） 2. 溢水孔外观检查	1.1 溢水孔尺寸检查，孔径为φ(24±2)mm，溢水孔左右偏离中心线≤2.5mm，上下偏离≤2mm 2.1 溢水孔部位是否有坯渣、毛刺附着，如有要进行研磨处理	溢水孔上锥面同隙	左右≤2.5mm 上下≤2mm 1.6mm	钢直尺
8. 排水口径检查	图8（排水口锥面缝隙检查）	1. 排水口径检查（实配下水器）	1.1 排水口深度检查，目视确认排水口深度，对有疑问的要进行测量，深度为(49±2)mm，根据情况进行研磨 1.2 排水口径检查，排水口径为φ45(-1，+2)mm 1.3 排水口上锥面和排水器同隙≤1.6mm（图8）	龙头孔偏中心线	<2mm	钢直尺

注意事项：1. 用孔径限界规具检测，小于下限的可研磨处理，超出上限为不合格，孔径有泥渣、毛刺要处理或手持打磨机上的毛刺打磨。2. 检查注意产品上的毛刺附着及粘疤、划伤

变更栏	变更内容	制修订日期	修订人
	制定	年　月　日	

续表

编号：

产品型号：	柜式洗面器检验作业指导书（第3页）					编制	审查	核准	版次 A/0	共3页 第3页

作业顺序	图示	操作说明	操作注意事项	检验流水线（台）		作业重点管控事项	工艺要求	使用器具
8. 排水口检查	图9 排水口下表面凹凸检查 / 外观检查 图10	1. 排水口经检查（实配下水器）	1.4 排水口下表面和排水器螺母平面间隙≤1mm，不平整需研磨（图9）			排水口下表面凹凸	≤1mm	规具、塞规
		2. 排水口外观检查	2.1 排水口部位不允许有坏渣、毛刺附着，如有要进行研磨处理			裂（炸裂）查找	打音、涂抹墨水	木槌、墨水
9. 打音与洗净面外观检查		1. 用木槌敲击品盆洗净面外观检查（图10）	1.1 用木槌敲做打音力度要适中，检查洗净面及边沿听声音是否正常，检查风惊					
		2. 洗净面外观检查（图10）	2.1 注意洗净面的凹凸与釉薄等，可比对限度样板					
			2.2 根据下发的《内控标准》进行缺陷大点判定					
10. 背部外观检查	背部检查 图11	1) 检查背部外观（图11）	1.1 检查背部单双交接和弯角处及边缘是否在规定位置上并清晰					
		2. 背部裂纹的修补	1.2 确认背部刻印标识是否在规定位置上并清晰					
			2.1 小于10cm的裂纹目深入胚体小于1/3的裂纹用A/B树脂1：1比例调和均匀进行修补；堵塞看是否有裂					
11. 加盖印章、粘贴标识	盖印章 图12	1. 在规定位置盖加盖检验人员工号章和日期章	1.1 印章加盖在背部规定位置，印章字迹需清晰，不能模糊不清（图12）					
		2. 按要求粘贴标识，粘贴要平整牢固	2.1 合格产品上粘贴各种标识					
12. 结果记录、产品转入下道工序	条码扫描 图13	1. 填写与条码扫描记录进行条码扫描记录结果，将检查合格品转入下道工序（图13）	1.1 合格产品放到流水线或载托板上时要注意产品间做好防护，避免刷刚磨损，要轻拿轻放放注意安全，对条码扫描不清晰产品另外放置，重新贴条码后再扫描					
		2. 不合格产品处置	2.1 对外观与功能检测中不合格的产品要做好记录，将产品放到指定的区域由相关人员进行分析确认					

注意事项：
1. 通过打音检查裂、炸裂等。对易发生炸裂（风惊）的面或部位可涂抹墨水进行查找。
2. 根据各面缺陷与裂的程度，脂修补加工、修补后才美观、平滑。
3. 确认胚体上的刻印标识的位置与清晰度（成形、日期、型号等标识）。
4. 外观检查合格品按要求在合格品位置上加盖工号章和日期章。印章字迹不清要及时更换。对研磨修补品要在表面规定位置上做好标记。
5. 按产品要求在合格品溢流孔上安装溢水环或盖，安装时要做好对外观进行确认。

变更栏	变更内容	制修订日期	修订人
	制定	年　月　日	

卫生陶瓷质量检验与包装

表 5-10 落地式小便器检验作业指导书

编号：

落地式小便器检验作业指导书（第 1 页）

作业顺序	图示	操作说明	检验流程（台）操作注意事项	审查 作业重点管控事项	核准 工艺要求	使用器具
一、准备工作	图1 合面检测	1. 确认检查台面水平与凹凸 2. 检测直角检查台的垂直度 3. 确认检查规具数量与规格	1.1 用600mm的水平尺测量检查台台面，台面水平和凹凸在0.5mm范围内（图1） 2.1 用直角尺检测检查台是否90°（图2） 3.1 规具数量清点和确认规格标识及是否有损坏，损坏的要修理更换	检查台台面水平与凹凸 直角检查台垂直度 进水孔中心至靠端面	在0.5mm范围内 90° φ(32±2)mm ≥65mm	水平尺(600mm) 直角尺 规具 规具
二、提取产品	图2 直角检查台 90°	1. 提取产品	1.1 拿取产品时先要确认规具摆放的牢固性，托板放的好坏 1.2 拿取产品时注意安全，防止因用力过猛导致扭腰 1.3 将产品轻放在检查台上	裂(炸)裂：查找 设备：检查台	打音、涂抹墨水	木槌、墨水
三、确认商标	图3 商标确认	1. 检查产品商标（图3）	1.1 检查商标是否有变形，污标及鲜明度，有问题时参照"限定样板"			
四、外观与孔径检查	图4 外观检查	1. 顶部外观检查与进水口孔径与端距确认 2. 用木槌做打音检查 3. 正前方外观及两侧面外观检查（图4）	1.1 检查产品进水孔孔径及是否有明显变形，孔径为φ(32±2)mm，进水孔中心至靠端面≥65mm 2.1 用木槌敲击洗净面及边沿听声音是否异常，并检查洗净面及边缘是否有风险，涂抹少量墨水确认 2.2 检查时要用手抚摸表面，做到眼见到，手到检验部位，不漏检确认 2.3 外观按《内控标准》要求进行缺陷判定，对部分缺陷可比对限度样板判定。			

注意事项：
1. 依据下发的《检验作业指导书》和《内控标准》的要求，对产品外观、尺寸、功能和变形项目进行检验。对部分缺陷可比对限度样板判定，如颜色、釉薄、坯不良、波肌、梨肌、无光、商标标记等限度样板。
2. 对检查设备、照度、规具按要求进行点检及时调整或更换。
3. 并填写相关的记录表，对检查不合格的要及时与报废、调试与更换不合格要点检及时调试或更换。点检合格。
4. 变形检查台点检查看裂、炸裂等。
通过打音查看合面。

变更内容		制修订日期		修订人
制定		年 月 日		

编制　审查　核准　版次　共 3 页　第 1 页

140

续表

编号：

落地式小便器检验作业指导书（第2页）　　编制　　审查　　核准　　版次 A/0　共3页　第2页

产品型号 作业顺序	图示	操作说明	检验设备（检验流水线(台)）操作注意事项	作业重点控制事项	工艺要求	使用器具
5. 洗净面外观检查	图5 布水孔检查	1. 用小圆镜检查布水孔及水道入口外观 3. 水道入口及变形球检查	1.1 布水孔是否少打（数量）或堵塞、水道入口是否存在裂纹、泥渣等（图5）。3.1 用过滤器（水道）实配水道口确认水道是否能通过直径为19mm的固体球	安装面变形摇晃 安装面变形不摇晃 侧面及上表面变形 设备：直角检查台	≤1.6mm ≤2.5mm ≤6mm 管道过球 Φ19mm	塞规 塞规 直角检查台、塞规 管道球
6. 背部、底部外观检查	图6 背部检查	1. 检查口径及变形 2. 背部及底部裂纹检查（图6）3. 背挂钩部位形状与水平及刻印检查 4. 背部及底部裂纹修补	1.1 目视检查排污口，是否有杂物附着。用磨石或手持打磨机进行打磨。2.1 可用手电筒检查排污口，注意管道内壁开裂。3.1 两个背挂钩要在一条水平线上，不能有环落与倾斜，确认背部刻印标识是否在规定位置上并清晰。4.1 小于10cm的裂纹目视体入裂体小于1/3的裂纹用A/B树脂1:1比例调和均匀进行修补，修补后美观，平滑			
7. 变形检查	图7 变形检查	1. 将小便器放到直角检查台上，检查背部靠墙面变形 2. 检查底部变形	1.1 上表面变形及裂缝≤6mm，两侧面凹凸变形≤6mm。便器与地面的缝隙≤2.5mm，摇摆时变形≤1.6mm。2.2 超过标准需要研磨的部位需画上标记、转到研磨工序	注意事项		
8. 加盖印章、粘贴标识和扫描条码	图8 盖印章 图9 条码扫描	1. 在规定位置加盖检验人员工号章和日期章等（图8）2. 进行条码扫描（图9）3. 按要求粘贴标识、粘贴要平整牢固	1.1 印章加盖在小便器背部规定位置，印章字迹要清晰，不能模糊不清。2.1 用条码检枪进行条码扫描，条码不清晰的产品另外放置，重新扫入条码再扫描。3.1 按要求在规定位置上粘贴各种标识	变更栏		

注意事项：
1. 炸裂、裂的重点控处确认部位，上面、侧面、底部、单双面交接面要抹墨水进行确认（凤惊）的面或部位可涂抹墨水进行确认。对易发生炸裂到的孔的部位可借助手电筒光亮完全查找。注意各安装孔是否有毛刺和裂。
2. 根据各面缺陷与裂的程度、修补后美观，进行修补加工。
3. 确认环体上的刻印标识的位置与规定位置与清晰度与清晰（成形日期、型号等标识）。
4. 外观检查和日期按要求在规定位置上加盖，印章字迹不清要及时更换，对研磨与修补要在表面规定位置上做好标记。

变更内容	制定	制修订日期	修订人
		年　月　日	

141

编号：

续表　　版次　　共 3 页　第 3 页

产品型号	落地式小便器检验作业指导书（第 3 页）			编制	审查	核准	版次	使用器具

作业顺序	图示	操作说明	操作注意事项	检验设备 检验流水线（台）	作业重点管控项	工艺要求	使用器具
9. 冲洗功能检测	图10 安装进水连接件	1. 小便器进水口上安装进水连接件（实配或自制）、安装要牢固（图10） 2. 每日检查首件时确认冲洗用水量是否在产品规定的范围内 3. 小便器涂画墨线（图11） 4. 墨线冲洗检测 5. 水封及水封回复深度检测（带整体存水弯产品）	1.1 按规定要求在进水口上使用扳手安装进水连接件（实配）或采用自制的专用连接管进行冲洗功能检测 1.2 装配时注意安装角度不可倾斜影响冲洗效果。功能冲洗时进水口处要密封不漏水。供水测试水压力一般在≥0.17MPa 下进行 2.1 用专用量杯或称量器对便器排出的水量进行检测 3.1 小便器洗净面 1/3 处画一条水平墨线，冲洗后累积残留墨线的总长度不大于 25mm，且每一段残留墨线长不大于 13mm 4.1 启动用水按钮进行墨线的冲洗检测及确认 4.2 冲洗过程中注意观察水等洗净不良现象 5.1 冲洗前将水封水加满静止，冲洗后确认水封水深度要求 50mm 以上	水封 测试供水压力 墨线冲洗 设备：便器冲洗功能设备	50mm 以上 ≥0.17MPa 在洗净面 1/3 处画一条水平墨线，冲洗后残留单段≤13mm，总长≤25mm。 墨水浓度原液：水 1:20	水封尺（规具） 水压表 钢直尺 墨水、毛刷、进水连接件（自制）
10. 结果记录、产品转入下道工序	图11 涂画墨线	1. 填写检验记录表或进行条码扫描记录，将检查合格品转入下道工序 2. 不合格产品处置	1.1 产品放到流水线或流水线托板上时注意产品间距做好记录结果，要轻拿轻放避免刮蹭损伤，同时注意安全 2.1 对外观与功能检测中不合格的产品，要做好记录，将产品放到指定的区域由相关人员进行分析确认			

注意事项：
1. 确认冲洗供水压力，达到压力要求时进行调试。
2. 在进水口位置上安装进水连接件（实配或自制）要牢固，防止冲洗中发生漏水与倾斜。
3. 水封检测一定要水封冲洗满水后放到水道入口上表面最低点检测水封的深度。水封尺要放到水道入口上表面放到水封的深度。

变更栏	变更内容	制定	制修订日期	修订人
			年　月　日	

6 产品的型式检验

产品的型式检验是产品的质量管理和保证产品质量实现长期稳定的重要手段。

6.1 国家标准对型式检验的规定

（1）国家标准 GB/T 6952—2015《卫生陶瓷》中对型式检验的规定

1）检验项目。GB/T 6952—2015《卫生陶瓷》"9.3 型式检验"中"9.3.1 检验项目"规定：型式检验包括第 5 章、第 6 章、第 7 章要求的全部项目。

2）检验条件。GB/T 6952—2015《卫生陶瓷》"9.3.2 检验条件"规定，有下列情况之一时，应进行型式检验：

① 新产品试制定型鉴定；

② 正式生产后，结构、材料、工艺有较大变化，可能影响产品质量时；

③ 产品停产半年以上，恢复生产时；

④ 出厂检验结果与上次型式检验结果有较大差异时；

⑤ 正常情况下，每年至少进行一次。

3）组批规则。GB/T 6952—2015《卫生陶瓷》"9.3.3 组批规则"规定：以同品种同类型同型号的产品组批，每 500～3000 件为一批，不足 500 件仍以一批计。

4）判定规则。GB/T 6952—2015《卫生陶瓷》"9.3.4 判定规则"规定，型式检验的检验项目、不合格类别、样本量和判定组数按表 6-1 的规定进行。有合同要求时，可由合同双方协商确定。

表 6-1　型式检验判定规则

不合格类别	项目	条款	样本量	判定组数	
				Ac	Re
A	外观质量	5.1	3	0	1
	最大允许变形	5.2	3	0	1
	尺寸	5.3	3	0	1
	便器用水量	6.2.1	1	0	1
	坐便器冲洗功能	6.2.2	1	0	1
	小便器冲洗功能	6.2.3	1	0	1
	蹲便器冲洗功能	6.2.4	1	0	1
	防虹吸功能	5.8.1.4	1	0	1
	安全水位	5.8.1.5	1	0	1

续表

不合格类别	项目	条款	样本量	判定组数	
				Ac	Re
B	吸水率	5.4	1	0	1
	抗裂性	5.5	1	0	1
	溢流功能	7.2	1	0	1
	耐荷重性	5.7	1	0	1
	尺寸	6.1和7.1	3	0	1
	配套性*	5.8.1.1	3	0	1
	坐便器冲洗噪声	6.3	3	0	1
	连接密封性要求	6.4	3	0	1
	限重	5.6	3	0	1
	疏通机试验	6.5	1	0	1

* 除5.8.1.4和5.8.1.5之外的配套性要求。

5）综合判定。GB/T 6952—2015《卫生陶瓷》"9.3.5 综合判定"规定：对所要求项目进行检验，经检验所有项目均合格，则判定该批产品为合格，凡有一项或一项以上不合格，则判定该批产品不合格。

6）抽样方法。GB/T 6952—2015《卫生陶瓷》"9.4 抽样方法"规定：出厂检验按9.2.2.2规定的样本量从所组批中随机抽取样品。型式检验按9.3.3规定的样本量应由提交的合格批中随机抽取样品，可采用随机抽样数表抽样。试验所需试片可从相同生产工艺的破损产品上敲取。

（2）企业的型式检验工作

型式检验工作一般由企业自行承担，由企业的质量管理部门负责，根据工作内容分别安排产品开发部门和检验部门完成。也有的企业由质量管理部门负责并承担具体的型式检验工作，同时配备人员和检验设施；限于企业的条件，个别检测项目如冲洗噪声等可委托具有资质的检测机构进行。

各企业根据生产的实际情况进行产品型式检验工作，一般情况下每年至少一至二次。

型式检验对新产品提出了具体的、详细的要求，这就要求新产品开发的作业人员熟知型式检验项目的具体要求，在新产品开发的各个阶段落实这些要求，减少失误。

对GB/T 6952—2015《卫生陶瓷》"9.3.2 检验条件"中"正式生产后，结构、材料、工艺有较大变化，可能影响产品质量时"的理解：生产中，为了不断地提高合格率，降低成本，满足市场的需求，经常会对结构、材料、工艺等方面进行变化、调整、革新，这时首先要确定可能对产品质量的相关影响范围和影响的大小，从而确定型式检验的工作内容。

企业还面临着市场不断对产品提出的新要求，如产品的外观、尺寸的要求，产品的可靠性能、维修性能、配套性能的要求，为了最大限度地满足市场的需求，企业要持续地改进、调整产品，其中包含了大量的型式检验的工作。

6.2　通用技术要求的型式检验项目

GB/T 6952—2015《卫生陶瓷》中"5 通用技术要求"要求的型式检验项目和检验方法见表6-2。

表 6-2　型式检验项目

序号	检验项目	产品类别	技术要求			试验方法	在第4章的章节序号
1	外观质量	各类产品	5.1	5.1.1　釉面		8.1.1	4.1（3）1)
				5.1.2　外观缺陷最大允许范围		8.1.1	4.1（3）1)
				5.1.3　色差		8.1.2	4.1（3）2)
2	最大允许变形	各类产品	5.2			8.2.1 8.2.2 8.2.3	4.2（2） 4.2（3）
3	尺寸	各类产品	5.3	5.3.1　尺寸允许偏差		8.3	4.10.1（2）
				5.3.2　厚度		8.3.7	
4	吸水率	各类产品	5.4			8.4	
5	抗裂性	各类产品	5.5			8.5	
6	轻量化产品单件质量	各类产品	5.6			8.6	
7	耐荷重性	各类产品	5.7			8.7.1 8.7.2 8.7.3 8.7.4	
8	配套技术要求	便器	5.8	5.8.1　便器配套要求	5.8.1.1　冲水装置		
					5.8.1.2　重力式冲水装置		
					5.8.1.3　压力冲水装置		
					5.8.1.4　防虹吸功能	8.13	
					5.8.1.5　安全水位	8.14	4.8（2）
					5.8.1.6　便器坐圈和盖		
				5.8.2　给水配件和排水配件			
				5.8.3　洁具机架			
				5.8.4　存水弯			

GB/T 6952—2015《卫生陶瓷》的附录与型式检验项目有关，见表4-1（型式检验内容与表4-1中的出厂检验项目内容相同）。

以下对表6-2中的各个检验项目分别详细说明，其中的引用部分均来自GB/T 6952—2015《卫生陶瓷》。

（1）外观质量

1）技术要求

① 釉面。见第 4 章 4.1（2）1）。

② 外观缺陷允许最大范围。见第 4 章 4.1（2）2）。

③ 色差。见第 4 章 4.1（2）3）。

2）检验方法，见第 4 章 4.1（3）和 1）第 4 章 4.1（3）2）。

（2）最大允许变形

1）技术要求，见第 4 章 4.2（1）。

2）测量器具，见第 4 章 4.2（2）1）。

3）测量方法，见第 4 章 4.2（2）2）。

4）变形部位及测量方法，见第 4 章 4.2（2）3）。

（3）尺寸

1）技术要求

① 尺寸允许偏差，见第 4 章 4.10.1（1）1）。

② 厚度，见第 4 章 4.10.1（1）2）。

2）检验方法，见第 4 章 4.10.1（2）2）④。

（4）吸水率

1）技术要求。"5.4 吸水率"规定：瓷质卫生陶瓷产品的吸水率 $E \leqslant 0.5\%$；炻陶质卫生陶瓷产品的吸水率 $0.5\% < E \leqslant 15.0\%$。

2）试验方法

① 制样。8.4.1 规定：由同一件产品的三个不同部位上敲取一面带釉或无釉的面积约为 $3200mm^2$、厚度不大于 16mm 的一组试样，每块试片的表面都应包含与窑具接触过的点，试样也可在同批次、相同品种的破损产品上敲取。

② 试验步骤。8.4.2 规定：将试样置于（110 ± 5）℃的烘箱内烘干至恒重（m_0），即两次连续称量之差小于 0.1%，称量精确至 0.01g。将已恒重试样竖放在盛有蒸馏水的煮沸容器内，且使试样与加热容器底部及试样之间互不接触，试验过程中应保持水面高出试样 50mm。加热至沸，并保持 2h 后停止加热，在原蒸馏水中浸泡 20h，取出试样，用拧干的湿毛巾擦干试样表面的附着水后，立刻称量每块试样的质量（m_1）。

③ 计算。8.4.3 规定，试样的吸水率按式（6-1）计算：

$$E = \frac{m_1 - m_0}{m_0} \times 100\% \tag{6-1}$$

式中　E——试样吸水率（%）；

　　　m_1——吸水饱和后的试样质量（g）；

　　　m_0——干燥试样的质量（g）。

（5）抗裂性

1）技术要求。5.5 规定：经抗裂试验应无釉裂、无坯裂。

2）试验方法。8.5 规定：在一件产品的不同部位敲取面积不小于 $3200mm^2$、厚度不超过 16mm 且一面有釉的 3 块无裂试样（编者说明：试样不能存在开裂、隐裂、炸裂等缺陷，坯体断裂面整齐，釉面完好）浸入无水氯化钙和水质量相等的溶液中，且使试样与容器底部互不接触，在（110±5）℃的温度下煮沸 90min 后，迅速取出试样并放入 2～3℃的冰水中急冷 5min，然后将试样放入加 2 倍体积水的墨水溶液中浸泡 2h 后查裂并记录。

（6）轻量化产品单件质量

1）技术要求。5.6 规定，轻量化产品单件质量如下（不含配件）：

① 连体坐便器质量不宜超过 40kg；

② 分体坐便器（不含水箱）质量不宜超过 25kg；

③ 蹲便器质量不宜超过 20kg；

④ 洗面器质量不宜超过 20kg；

⑤ 壁挂式小便器质量不宜超过 15kg；

⑥ 特殊工程类产品可按合同要求。

2）检测方法。8.6 规定：随机抽取 3 件同型号不带配件的陶瓷产品，用精度为 1kg 的称量器具称量，报告 3 件平均值。

（7）耐荷重性

1）技术要求。5.7 规定：经耐荷重性测试后，应无变形、无任何可见结构破损。各类产品承受的荷重如下：

① 坐便器和净身器应能承受 3.0kN 的荷重；

② 壁挂式洗面器、洗涤槽（编者说明：所承受的总荷重为 0.44kN）、洗手盆应能承受 1.1kN 的荷重；

③ 壁挂式小便器应能承受 0.22kN 的荷重；

④ 淋浴盘应能承受 1.47kN 的荷重。

2）试验方法

① 试验一般要求。8.7.1 规定：对壁挂式卫生陶瓷产品进行荷重试验时应按产品安装说明将产品安装在试验台上进行试验，如果生产厂随产品提供支撑装置，应用配套的支撑装置进行试验，支撑装置在试验中应可观察到。

试验板及各类产品的受力部位示意图见附录 D（图 6-1～图 6-5）。

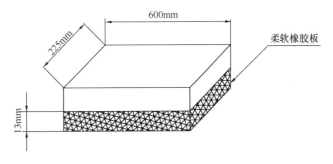

图 6-1　试验板

② 坐便器、洗面器、小便器耐荷重性试验。8.7.2 规定：试验板为表面面积为 600mm×225mm 的钢板，且在一面贴有厚度为 13mm 的橡胶垫。将试验板平放在被测产品上且使橡胶面紧贴被测面。缓慢向试验板垂直施加荷重，使被测产品所承受的总荷重达到 5.7 的规定，保持 10min，观察并记录有无变形或可见结构的破损（图 6-2～图 6-4）。

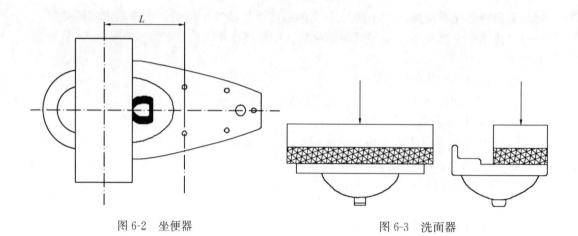

图 6-2　坐便器　　　　　　　　　　　图 6-3　洗面器

③ 洗涤槽耐荷重性试验。8.7.3 规定：试验板为直径 76mm 的钢板，且在一面贴有厚度为 13mm 的橡胶垫。将试验板平放在被测产品冲洗底面中心部位，且使橡胶面紧贴被测面，垂直施加荷重，使被测产品所承受的总荷重为 0.44kN，保持 10min，观察并记录有无变形或可见结构的破损 [图 6-5 (a)(b)]。

④ 淋浴盘耐荷重性试验。8.7.4 规定：试验板为直径 76mm 的钢板，且在一面贴有厚度为 13mm 的橡胶垫。将试验板分别平放在被测产品冲洗底面中心部位和上边沿面，且使橡胶面紧贴被测面，垂直施加荷重，使产品所承受的总荷重为 1.47kN，保持 10min，观察并记录有无变形或可见结构的破损 [图 6-5 (a)(c)]。

（8）配套技术要求

"5.8 配套技术要求"中的"5.8.1 便器配套要求"做了规定。

1）便器冲水装置。5.8.1.1 规定：便器类产品应配备满足用水量要求的冲水装置，并应保证其整体的密封性。

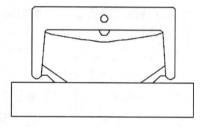
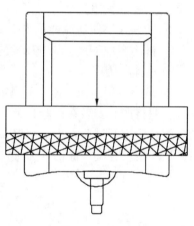

图 6-4　小便器

2）便器重力式冲水装置。5.8.1.2 规定：便器类产品所配套的便器重力式冲水装置应符合 GB/T 26730 的规定。

3）便器压力冲水装置。5.8.1.3 规定：便器类产品所配套的便器压力冲水装置应符合 GB/T 26730 的规定。

4）便器防虹吸功能

① 技术要求

a. 5.8.1.4 规定：所配套的冲水装置应具有防虹吸功能。

b. GB/T 26730—2011《卫生洁具　便器用重力式冲水装置及洁具机架》在"5.2.7 防虹吸功能"条款中做了如下规定：

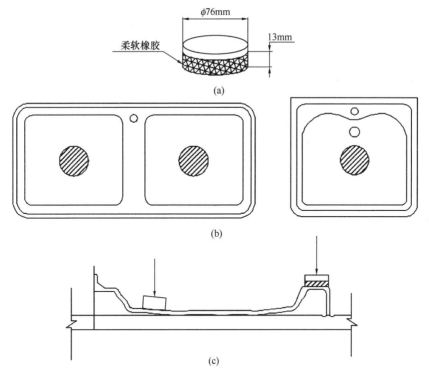

图 6-5　洗涤槽和淋浴盘
(a) 洗涤槽试验板；(b) 洗涤槽；(c) 淋浴盘

"5.2.7.1"规定：进水阀上应标记出永久性 CL 线标识。

"5.2.7.2"规定：经防虹吸功能试验，标记的 CL 线位置不得高于实测的 CL 线位置。

② 试验方法。8.13 规定：便器重力式冲水装置防虹吸试验按 GB/T 26730 的规定进行。便器压力冲水装置防虹吸试验按 GB/T 26750 的规定进行。

5）便器安全水位

① 技术要求。见第 4 章 4.8（1）。

② 测定方法。见第 4 章 4.8（2）。

6）便器坐圈和盖。5.8.1.6 规定：坐便器类产品应配备便器坐圈和盖，且应符合 JC/T 764 的规定，配备电子坐圈和盖还应符合 JG/T 285、GB/T 23131 的规定。

7）给水配件和排水配件。5.8.2 规定：

"5.8.2.1　所配备的卫生洁具用软管应符合 GB/T 23448 的规定。"

"5.8.2.2　所配备的排水配件应符合 JC/T 932 的规定。"

8）洁具机架。5.8.3 规定：配套隐藏式水箱的坐便器和壁挂式产品所配备的洁具机架应符合 GB/T 26730 的规定。

9）存水弯。5.8.4 存水弯规定：不带整体存水弯的卫生陶瓷产品应配备水封深度不得小于 50mm 的存水弯，管道通径应符合 6.1.5 的规定。

注：建筑物排水管道已安装水封深不小于 50mm 的存水弯时，不配存水弯。

（9）补充说明

1）关于"5.3.2 厚度"。为了保证产品坯体厚度符合要求，在成形工序就要对坯体厚度进行管控确认，在注浆的坯体脱模后，当坯体达到要求的硬度开孔时，一般是对孔眼处的厚度进行检测，厚度达不到管控要求时，需调整注浆时间。此项目的管控为成形工序日常管理项目。

2）防虹吸试验。冲水装置进厂时由专门人员抽样检验其质量，对冲水装置的各项要求进行确认，合格后方可使用。在组装水箱配件时，要确认进水阀上有无标记出永久性 CL 线（临界水位线）标识。

3）吸水率与抗裂性。产品的吸水率与抗裂性是十分重要的管理项目。吸水率与坯料配方的化学成分、矿物组成、泥浆细度、烧成时间、烧成温度等因素有关。抗裂性与坯料配方的化学成分、矿物组成、坯体厚度、烧成曲线、吸水率等因素有关。生产中，这些因素经常会出现波动，因此许多企业经常每周都要进行吸水率与抗裂性的检验，将结果随时汇报和反馈给相关部位，出现异常时及时调整。

部分企业使用墨水浸透度试验方法对吸水率进行检验，这个方法比较简便。试验方法如下，供参考：

从产品上砸下一块一面有釉另一面没有釉、面积约 $10cm^2$ 的瓷片，放入浓度为 1% 的红墨水中浸泡 1h；取出瓷片，用清水冲干净，在瓷片的横断面上可以看到没有釉的一侧被红墨水浸透到坯体内的痕迹，测量这个痕迹的深度数值，深度数值小于或等于深度基准值时，坯体吸水率为合格，大于深度基准值时，吸水率过大，为不合格。

各企业坯体的深度基准值不一定相同，有的企业要求不超过 1mm，对应的吸水率是 0.3%～0.4%。各企业的深度基准值是经过多次墨水浸透度试验方法与 GB/T 6952—2015《卫生陶瓷》的吸水率试验方法对照试验，在 GB/T 6952—2015《卫生陶瓷》吸水率试验方法测得的吸水率为 0.5% 时，得出的墨水浸透的深度值。需要说明的是，当坯体使用的配方的原料品种和配方的化学成分有较大变化时，要重新进行对照试验，确认深度基准值。

6.3 便器技术要求、洗面器、净身器和洗涤槽的型式检验项目

GB/T 6952—2015《卫生陶瓷》中"6 便器技术要求"和"7 洗面器、净身器和洗涤槽技术要求"的项目和检验方法见表 6-3。

表 6-3 型式检验项目

序号	检验项目	产品类别	技术要求			试验方法	在第 4 章的章节序号
1	坐便器排污口安装距	坐便器	6.1.1	6.1.1.1 下排式坐便器		8.3.4.4	4.10.1 (2) 2) ② d
				6.1.1.2 后排落地式坐便器		8.3.4.4	
2	坐便器和蹲便器排污口	坐便器	6.1.2	6.1.2.1 坐便器排污口尺寸		8.3.4.5	4.10.1 (2) 2) ② e
		蹲便器		6.1.2.2 蹲便器排污口外径		8.3.4.5	
3	壁挂式便器螺栓孔	壁挂式坐便器	6.1	6.1.3			8.3.4	4.10.1 (2) 2) ②
4	水封深度	便器		6.1.4	6.1.4.1（带整体存水弯便器）		8.3.5.1	4.3 (2)
	坐便器水封表面尺寸	坐便器			6.1.4.2		8.3.5.2	4.3 (3) 1)

序号	检验项目	产品类别	技术要求			试验方法	在第4章的章节序号
5	存水弯最小通径（带整体存水弯便器）	便器	6.1	6.1.5	6.1.5.1　坐便器	8.3.6	4.10.1（2）2）③
					6.1.5.2　蹲便器	8.3.6	
					6.1.5.3　小便器	8.3.6	
6	坐便器坐圈尺寸	坐便器		6.1.6	6.1.6.1	8.3.3	4.10.1（2）2）①
	坐便器盖安装孔				6.1.6.2（6.1.6.2.1～6.1.6.2.4）	8.3.4	4.10.1（2）2）② a～c
	坐便器盖安装孔距边				6.1.6.3	8.3.4	4.10.1（2）2）② d
	坐便器坐圈宽				6.1.6.4	8.3.3	4.10.1（2）2）① a
	坐圈离地高度				6.1.6.5	8.3.3	4.10.1（2）2）① b
7	进水口距墙	便器		6.1.7	6.1.7.1（6.1.7.1.1、6.1.7.1.2）	8.3.4	4.10.1（2）2）② d
	进水口内径				6.1.7.2（6.1.7.2.1～6.1.7.2.4）	8.3.4	4.10.1（2）2）② a
8	水箱进水口和排水口	便器用水箱			6.1.8	8.3.4	
9	便器用水量	便器	6.2		6.2.1（6.2.1.1～6.2.1.6）	8.8.3	4.4（2）
10	坐便器冲洗功能试验项目	坐便器		6.2.2	6.2.2.1	—	
	洗净功能				6.2.2.2	8.8.4.1	4.5（2）3）
	排放功能				6.2.2.3	—	—
					6.2.2.3.1　球排放	8.8.5	4.5（2）4）
					6.2.2.3.2　颗粒排放	8.8.6	
					6.2.2.3.3　混合介质排放	8.8.7	
	排水管道输送特性				6.2.2.4	8.8.8	
	水封回复功能				6.2.2.5	8.8.9	4.5（2）5）
	污水置换功能				6.2.2.6	8.8.10	4.5（2）6）
	卫生纸试验				6.2.2.7	8.8.11	
11	洗净功能	小便器		6.2.3	6.2.3.1	8.8.4.2	4.6（2）1）
	污水置换功能				6.2.3.2	8.8.10	4.5（2）6）
	水封回复				6.2.3.3	8.8.9	4.5（2）5）
	无水小便器功能				6.2.3.4	附录C	
12	洗净功能	蹲便器		6.2.4	6.2.4.1	8.8.4.3	4.7（2）1）
	排放功能				6.2.4.2	8.8.12	4.7（2）2）
	防溅污性				6.2.4.3	8.8.13	
	污水置换功能				6.2.4.4	8.8.10	4.5（2）6）

序号	检验项目	产品类别	技术要求		试验方法	在第4章的章节序号
13	坐便器冲水噪声	坐便器	6.3		8.10	
14	连接密封性	便器	6.4		8.11	
15	疏通机试验	坐便器	6.5 (不带整体存水弯坐便器)		8.12	
16	排水口尺寸要求	洗面器、净身器和洗涤槽	7.1	7.1.1	8.3.4	4.10.1 (2) 2) ② a～b
	供水配件安装孔和安装面尺寸			7.1.2	8.3.4	
	水嘴安装平面			7.1.3	8.3.4	
17	溢流功能		7.2 设有溢流孔的洗面器、洗涤槽、洗手盆和净身器		8.9	

以下对表6-3中的各个检验项目分别详细说明,其中的引用部分均来自 GB/T 6952—2015《卫生陶瓷》。

6.3.1　便器技术要求与检验方法

6.3.1.1　便器尺寸

(1) 尺寸技术要求

1) 坐便器排污口安装距。见第4章4.10.1 (1) 3) ①。

2) 坐便器和蹲便器排污口尺寸。见第4章4.10.1 (1) 3) ②。

3) 壁挂式便器螺栓孔。见第4章4.10.1 (1) 3) ③。

4) 水封

① 水封深度。见第4章4.3 (1)。

② 坐便器水封表面积尺寸。见第4章4.3 (3) 1)。

5) 存水弯最小通径。见第4章4.10.1 (1) 3) ④。

6) 坐便器坐圈。6.1.6规定:

① 坐便器坐圈尺寸。见第4章4.10.1 (1) 3) ⑤ a。

② 坐便器盖安装孔。见第4章4.10.1 (1) 3) ⑤ c。

③ 坐便器盖安装孔距边与坐便器坐圈宽。见第4章4.10.1 (1) 3) ⑤ b。

④ 便器坐圈离地高度。见第4章4.10.1 (1) 3) ⑤ d。

7) 便器进水口

① 进水口距墙。见第4章4.10.1 (1) 3) ⑥ a。

② 进水口内径。见第4章4.10.1 (1) 3) ⑥ b。

8) 水箱进水口和排水口。见第4章4.10.1 (1) 3) ⑦。

(2) 测量方法

按"8.3尺寸"检测方法中规定进行。

1) 测量器具

① 检测工作台。见第4章4.10.1 (2) 1) ①。

② 测量工具。见第 4 章 4.10.1（2）1）②。

2）测量方法

① 外形尺寸

a. 长度、宽度检测。见第 4 章 4.10.1（2）2）① a。

b. 高度检测。见第 4 章 4.10.1（2）2）① b。

② 孔眼尺寸

a. 眼直径和孔眼圆度检测。见第 4 章 4.10.1（2）2）② a。

b. 孔眼中心距及中心线偏移检测。见第 4 章 4.10.1（2）2）② b。

c. 安装孔平面度检测。见第 4 章 4.10.1（2）2）② c。

d. 孔眼距边及排污口安装距检测。见第 4 章 4.10.1（2）2）② d。

e. 排污口外径检测。见第 4 章 4.10.1（2）2）② e。

③ 水封检测

a. 水封深度检测。见第 4 章 4.3（2）。

b. 水封表面积尺寸检测。见第 4 章 4.3（3）1）。

④ 存水弯最小通径。见第 4 章 4.10.1（2）2）③。

⑤ 其他尺寸检测。见第 4 章 4.10.1（2）2）⑤。

6.3.1.2　便器功能

（1）便器用水量

1）技术要求。见第 4 章 4.4（1）。

2）试验方法

① 便器用水量试验供水压力。见第 4 章 4.4（2）3）。

② 检测方法。见第 4 章 4.4（2）4）。

③ 结果计算。见第 4 章 4.4（2）5）。

（2）坐便器冲洗功能试验

1）试验项目的规定见第 4 章 4.5（1）。

① 洗净功能试验。见第 4 章 4.5（1）1）。

② 排放功能按"6.2.2.3 排放功能"的规定进行。

a. 球排放。见第 4 章 4.5（1）2）。

b. 颗粒排放功能。6.2.2.3.2 规定：按 8.8.6 的规定进行颗粒排放试验，连续 3 次试验，坐便器存水弯中存留的可见聚乙烯颗粒 3 次平均数不多于 125 个，可见尼龙球 3 次平均数不多于 5 个。

c. 混合介质排放功能。6.2.2.3.3 规定：节水型坐便器应按 8.8.7 的规定进行混合介质排放功能试验，第一次冲出坐便器的混合介质（海绵条和纸球）应不少于 22 个，幼儿型坐便器第一次冲出数应不少于 11 个，如有残留介质，第二次应全部冲出。

③ 排水管道输送特性。6.2.2.4 规定：按 8.8.8 的规定进行管道输送特性试验，球的平均传输距离应不小于 12m。

④ 水封回复功能试验。见第 4 章 4.5（1）3）。

⑤ 置换功能试验。见第 4 章 4.5（1）4）。

⑥ 卫生纸试验。6.2.2.7 规定：双冲式坐便器应按 8.8.11 的规定进行半冲水的纸

球试验，测定 3 次，每次坐便器便池中应无可见纸。

2) 试验方法。功能试验装置与供水系统标准化调试程序应符合 8.8.1、8.8.2 的规定，见第 4 章 4.4 (2) 1)、2)。

① 墨线试验。见第 4 章 4.5 (2) 3)。

② 排放试验。见第 4 章 4.5 (2) 4)。

③ 坐便器颗粒试验。8.8.6.1 规定，试验介质如下：

a. 颗粒：(65 ± 1)g（约 2500 个）直径为 (4.2 ± 0.4)mm、厚度为 (2.7 ± 0.3)mm、密度为 (951 ± 10)kg/m³ 的圆柱形聚乙烯（HDPE）颗粒；

b. 小球：100 个直径为 (6.35 ± 0.25)mm 的尼龙球。100 个尼龙球的质量应在 15~16g 之间，密度为 (1170 ± 10)kg/m³。

"8.8.6.2 试验方法"规定：将试验介质放入坐便器存水弯中，启动冲水装置，记录首次冲洗后存水弯中的可见颗粒数和尼龙球数。进行 3 次试验，在每次试验之前，应将上次的颗粒冲净。报告 3 次测定的平均数。

④ 坐便器混合介质试验。8.8.7.1 规定，试验混合介质组成如下：

a. 海绵条：尺寸为 (20 ± 1)mm×(20 ± 1)mm×(28 ± 3)mm 的聚氨酯海绵条 20 个，新的干燥密度为 (17.5 ± 1.7)kg/m³；

b. 打字纸：定量为 30.0g/m²，制成 (190 ± 6)mm×(150 ± 5)mm 的试验用纸。

8.8.7.2 规定，试验方法如下：

a. 将 20 个新海绵条试验前至少在水中浸泡 10min。

b. 将 20 个海绵条放在被测坐便器存水弯的水中，在水中用手挤压使其排出空气并浸吸水。幼儿型坐便器应采用 10 个海绵条进行试验。

c. 向坐便器存水弯内加水，确保水封为完全水封深度。

d. 将单张纸弄皱，团成直径约 25mm 的纸球，每次试验前准备 4 组纸球，每组 8 个。

e. 每次试验前，将 8 个纸球分别放在盛水容器中，直到水完全浸透。

f. 将水浸透的 8 个纸球一个接一个放入便器中并使其随机地分布在海绵条中。幼儿型坐便器试验用纸球一组为 4 个。

g. 正常启动冲水装置冲水。

h. 完成冲水周期后，记录海绵条和纸球冲出坐便器的数量。再次冲水，记录留在便器内的海绵条和纸球数量。

重复进行 4 次试验，舍去最差的一组数据，取其余 3 组第一次冲出数量的平均值，并报告第二次冲水是否有残留介质。

⑤ 排水管道输送特性试验。"8.8.8.1 试验介质"规定：用 100 个直径为 (19 ± 0.4)mm、质量为 (3.0 ± 0.1)g 的实心固体球进行试验。

"8.8.8.2 试验方法"规定：将坐便器安装在符合 8.8.1 规定的试验装置上，将 100 个固体球放入坐便器存水弯中，启动冲水装置冲水，观察并记录固体球排出的位置。测定 3 次。

"8.8.8.3 试验记录"规定：球在沿管道方向传送的位置分为 8 组进行记录，代表不同的传输距离。将 18m 排水横管分为六组，由 0~18m 每 3m 为一组，残留在坐便中的球为一组，冲出排水横管的球为一组。

试验结果的记录和计算：

加权传输距离＝每组的总球数×该组平均传输距离

所有球总传输距离＝加权传输距离之和

球的平均传输距离＝所有球总传输距离÷总球数

为便于理解，在表 6-4 中列出一例排水管道输送特性试验结果记录。

表 6-4　排水管道输送特性试验结果记录

传输距离分组	球数			3 次冲水每组总球数	平均传输距离（m）	加权传输距离（m）
	第一次冲水	第二次冲水	第三次冲水			
坐便器内	5	2	7	14	0	0
0～3m	14	22	15	51	1.5	76.5
3～6m	8	9	6	23	4.5	103.5
6～9m	5	2	4	11	7.5	82.5
9～12m	2	0	3	5	10.5	52.5
12～15m	5	8	2	15	13.5	202.5
15～18m	9	12	7	28	16.5	462
排出管道	52	45	56	153	18	2754
总数	100	100	100	300		3733.5

球的平均传输距离—3733.5÷300—12.4（m）

⑥ 水封回复试验。见第 4 章 4.5（2）5）。

⑦ 污水置换试验（坐便器、小便器、蹲便器）。见第 4 章 4.5（2）6）。

⑧ 双冲式坐便器的半冲卫生纸试验。"8.8.11.1 试验介质"规定，试验介质为 6 张定量为（16.0±1.0）g/m² 、尺寸为（114±2）mm×（114±2）mm 的成联单层卫生纸，卫生纸应符合 GB/T 20810《卫生纸（含卫生原纸）》的要求，且应符合下列条件：

a. 浸水时间不大于 3s。应满足以下试验：将该 6 联卫生纸紧紧缠绕在一个直径为 50mm 的 PVC 管上。将缠绕的纸从管子上滑离。将纸筒向内部折叠得到一个直径大约为 50mm 的纸球。将这个纸球垂直慢慢放入水中。记录纸球完全湿透所需的时间。

b. 湿拉张强度应通过以下试验：用一个直径为 50mm 的 PVC 管来作为支撑试验用纸的支架。将一张卫生用纸放于支架上，将支架倒转使纸浸于水中 5s 后，立即将支架从水中取出，放回到原始的垂直位置。将一个直径为 8mm、质量为（2±0.1）g 的钢球放在湿纸的中间。支撑钢球的纸不能有任何撕裂。

"8.8.11.2 试验方法"规定：将 6 联未用过的卫生纸制成直径为 50～70mm 的松散纸球，每组 4 个纸球。将 4 个纸球投入坐便器存水弯水中，或将 3 个纸球投入幼儿型坐便器存水弯水中，让其完全湿透。在湿透后的 5s 内启动半冲水开关冲水，冲水周期完成后，查看并记录坐便器内是否有纸残留；如有残留纸，则试验结束，报告试验结果。如没有残留纸，再重复进行第二次试验；如有残留纸则试验结束，报告试验结果。如没有残留纸，再重复进行第三次试验；报告试验结果。

（3）小便器冲洗功能试验

1）技术要求

① 墨线洗净功能。见第 4 章 4.6（1）1）。

② 污水置换功能。6.2.3.2 规定：带整体存水弯的小便器按 8.8.10 进行污水置换试验，小便器的稀释率应不低于 100。

③ 水封回复。6.2.3.3 规定：带整体存水弯小便器应按 8.8.9 的规定进行试验，水封回复不得小于 50mm。虹吸式小便器每次应有虹吸产生。

④ 无水小便器功能。6.2.3.4 规定：无水小便器功能要求及试验方法参见附录 G。

2）试验方法

① 墨线试验。见第 4 章 4.6（2）1）。

② 污水置换试验。见第 4 章 4.5（2）6）。

③ 水封回复试验。见第 4 章 4.5（2）5）。

④ 无水小便器功能试验。试验方法参见 GB/T 6952—2015《卫生陶瓷》的附录 G。

（4）蹲便器冲洗功能试验

1）技术要求

① 洗净功能。见第 4 章 4.7（1）1）。

② 排放功能。见第 4 章 4.7（1）2）。

③ 防溅污性。6.2.4.3 规定：按 8.8.13 的规定进行防溅污性试验，不得有水溅到模板上，直径小于 8mm 的溅射水滴或水雾不计。

④ 污水置换功能。6.2.4.4 规定：按 8.8.10 进行污水置换试验，单冲式蹲便器稀释率应不低于 100；双冲式蹲便器，只进行半冲水的污水置换试验，稀释率应不低于 25。

2）试验方法

① 洗净功能。见第 4 章 4.7（2）1）。

② 排放功能。见第 4 章 4.7（2）2）。

③ 防溅污性。8.8.13 规定：用 3 块厚度为 25mm 的垫块将一块至少 600mm×500mm 的透明模板支垫在蹲便器圈面上，使其和便器圈上表面之间有 25mm 的间隙。启动冲水装置冲水，观察并记录模板上直径大于 8mm 的水滴数。测试 5 次，取最大值。

④ 污水置换试验。见第 4 章 4.5（2）6）。

6.3.1.3　坐便器冲水噪声

（1）技术要求

"6.3 坐便器冲水噪声"规定：按 8.10 的规定测定坐便器冲洗噪声，冲洗噪声的累计百分数声级 L_{50} 应不超过 55dB(A)，累计百分数声级 L_{10} 应不超过 65dB(A)。

（2）试验方法

1）仪器设备及环境要求。8.10.1 规定，仪器设备及环境要求包括：

a. 仪器：精度不低于 0.1 dB(A) 的声级计。

b. 噪声室：应符合 GB/T 3768 的要求且环境噪声不高于 30dB(A)。

2）试验步骤。8.10.2 规定：按 GB/T 3768 的规定测定坐便器完整冲水周期中的冲水噪声。记录累计百分数声级 L_{50} 和 L_{10}。测定 3 次，报告 3 次算术平均值。

6.3.1.4 连接密封性要求

（1）技术要求

"6.4 连接密封性"规定：便器按生产厂的安装说明装配冲水装置和进水管后，应按 8.11 的规定进行试验，连接管路无渗漏。

（2）试验方法

"8.11 便器连接密封性试验"规定：按照生产商说明连接，承受 0.1MPa 水压 15min。连接管路不得有泄漏。

6.3.1.5 疏通机试验

（1）技术要求

"6.5 疏通机试验"规定：不带整体存水弯的坐便器采用外接存水弯时，在进行功能试验前，应按 8.12 的规定进行试验，除存水弯排水口有水溢出外，其他地方不应有渗漏。

（2）试验方法

"8.12 疏通机试验"规定：将所配存水弯按厂商说明书安装成使用状态，将手动疏通机装入坐便器并使其穿过存水弯通过排污口，若生产商有说明，可使用蛇形疏通管。

使坐便器中充满水，疏通器每旋转 5 次为一个试验循环。每个试验循环之前，调至坐便器中水充满水封。每次循环试验后将疏通机取出、再插入、旋转，进行 100 次循环试验。观察并记录除存水弯排水口有水溢出外，其他地方是否有渗漏或损坏。

6.3.2 洗面器、净身器和洗涤槽技术要求与检验方法

6.3.2.1 洗面器、净身器和洗涤槽尺寸

（1）尺寸技术要求

1）排水口尺寸。见第 4 章 4.10.1 （1） 4） ①。

2）供水配件安装孔和安装面尺寸。见第 4 章 4.10.1 （1） 4） ②。

3）安装平面。见第 4 章 4.10.1 （1） 4） ③。

（2）测量方法

洗面器、净身器和洗涤槽尺寸检测方法见第 4 章 4.10.1 （2） 2） ② a～b。

6.3.2.2 溢流功能

（1）技术要求

GB/T 6952—2015《卫生陶瓷》"7.2 溢流功能"规定：设有溢流孔的洗面器、洗涤槽、洗手盆和净身器按 8.9 进行溢流试验，应保持 5min 不溢流。

（2）洗面器、净身器、洗涤槽溢流试验方法

GB/T 6952—2015《卫生陶瓷》"8.9 洗面器、净身器、洗涤槽溢流试验"规定：将洗面器或洗涤槽或净身器按使用状态安放，调节水嘴或供水装置的供水流量调至 0.15L/s，关闭或堵塞排水口，从水开始流入溢流孔计时，保持 5min，记录 5min 内有水开始溢出洁具的时间，若 5min 无溢流，则停止试验并记录。

6.4 增加的型式检验项目

有的企业除了完成 GB/T 6952—2015《卫生陶瓷》的型式检验项目外，在做型式

检验时还增加了如下的检验项目，供参考。

（1）在对带有整体存水弯的蹲便器进行冲洗功能检验时，一般也对水封回复功能进行检测确认。

（2）安装强度检测。为了避免一些产品在配套安装或配件组装过程中，由于紧固力度过大造成产品与配件损坏，有的企业在产品开发阶段要对一些配套安装孔的强度进行检测，如分体坐便器水箱安装强度，分体坐便器水箱安装座安装强度，洗面器、净身器的排水口安装强度等。

1）某企业分体坐便器水箱安装强度检测方法如下，供参考。

① 测试材料准备。准备 1 块检测用的测试钢板，钢板的厚度在 12mm 以上，根据水箱底面的长和宽确定测试钢板的长和宽，中间开一个大孔（排水阀安装孔），孔的大小与水箱的排水口相同，大孔的两侧各开一个小孔，小孔的位置、大小与水箱及坐便器的连接孔相同；准备 3 个钢块，钢块尺寸：10mm×8mm×28mm。钢板与钢块如图 6-6 所示。

测试钢板上的安装孔要与水箱上的安装孔吻合，水箱上钢块位置要与水箱座固定点位置吻合，不同分体便器水箱座固定点位置不尽相同。测量水箱与座上安装孔的厚度，记录在测定表中。

② 水箱与钢板固定。用扭力扳手将便器排水阀安装在水箱排水口上，排水阀安装扭力 9.8N·m，使用便器与水箱配套的安装螺栓，将螺栓从箱内反向安装在待测水箱的两个安装孔上，水箱倒放在试验台上，铁板与水箱之间安装橡胶垫圈，将水箱上的螺栓穿过铁板的安装孔与铁板固定。水箱与钢板安装的固定如图 6-7 所示。

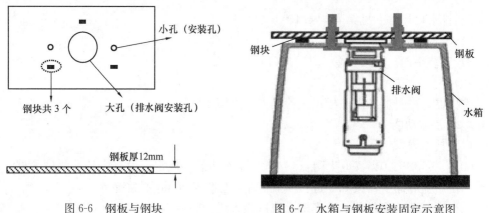

图 6-6　钢板与钢块　　　　　图 6-7　水箱与钢板安装固定示意图

③ 水箱安装强度检测。用扭力扳手分 4 次将螺母与铁板紧固，如图 6-8 所示。每次的扭力值见表 6-5。紧固时，保持两边螺栓受力均匀。每次紧固后，观察紧固处周围的坯体有无断裂，有断裂时不再继续紧固；无断裂时，间隔 1min 后进行下一次紧固，直至完成 4 次紧固。

水箱安装强度扭力的合格值为 7.8N·m，达到紧固扭力的合格值后，产品紧固部位无断裂为合格。如果在第 1 次至第 4 次紧固后，产品紧固部位发生断裂，为不合格，记录断裂的位置，将断裂部位瓷片进行吸水率测定。测试的 4 个阶段的扭力值见表 6-5。

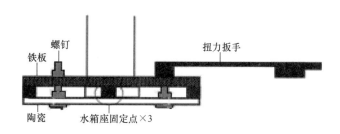

图 6-8　水箱安装强度检测示意图

表 6-5　分体坐便器水箱及分体坐便器安装座安装强度扭力值检测表（某企业）

分类	试验扭力值（N·m）				
	合格值	第 1 次紧固	第 2 次紧固	第 3 次紧固	第 4 次紧固
水箱	7.8	2.0	3.9	5.9	7.8
坐便器	11.76	5.9	7.8	9.8	11.76

2）某企业分体坐便器水箱安装强度检测方法如下，供参考。

分体坐便器水箱安装座紧固强度检测方法的测试材料准备、钢板与水箱安装强度检测相同。水箱安装座的安装强度检测与分体坐便器水箱安装紧固强度检测方法基本相同，只是将其中的水箱换成了分体坐便器。分体坐便器水箱安装座的安装强度扭力的合格值为 11.76N·m，试验扭力值见表 6-5。

分体坐便器水箱安装座与钢板的固定：将待测分体便器所配的排水阀用扭力扳手安装在铁板的排水阀安装孔（大孔）上，将螺栓安装在待测便器安装孔上，铁板与便器之间安装橡胶垫圈。将便器上的螺栓穿过安有排水阀的铁板的安装孔与铁板固定。分体坐便器水箱安装座与钢板的固定如图 6-9 所示。

3）洗面器、净身器排水口安装强度的检测方法：将下水器按照要求安装在排水口上，产品反扣在检验平台上，用以 600mm 为力臂（图 6-10、图 6-11 中的 A）的扳手卡紧排水口下面的紧固螺母，将拉力器钩住手柄上的孔（图 6-10、图 6-11 中的 B），逐步拉动紧固螺母并读取拉力计上的拉力强度，随时观察产品紧固处周围有无断裂，有断裂时为不合格，不再继续紧固产品，记录断裂的位置，将断裂部位瓷片进行吸水率测定；无断裂时，继续紧固，直至达到洗面器和净身器紧固扭力的合格值 24.5N·m，此时产品无断裂与螺纹无损坏为合格。

洗面器、净身器排水口紧固强度检测示意图如图 6-10、图 6-11 所示。

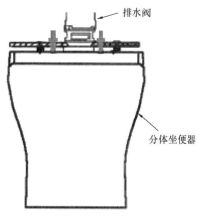

图 6-9　分体坐便器水箱安装座与钢板安装固定示意图

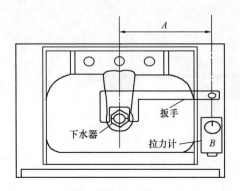 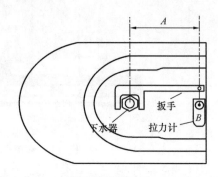

图 6-10　洗面器排水口紧固强度检测示意图　图 6-11　净身器排水口紧固强度检测示意图

A—扳手的力臂为 600mm　　　　　　　　　A—扳手的力臂为 600mm

（3）坐便器防溅污性试验

有的企业在型式检验中增加了坐便器的溅污性试验，试验方法使用 GB/T 6952—2005《卫生陶瓷》中 8.6.3.6 的内容。

试验方法：用 3 块厚度为 10mm 的木垫块放在坐便器的圈面上，将一块至少 600mm×500mm 的透明模板支垫在垫块上，使其与坐便器圈上表面之间有 10mm 的间隙。启动冲水装置冲水，观察模板上直径大于直径 5mm 的水滴数，取最大值。

技术要求：模板上不允许有大于 5mm 的水滴，直径小于 5mm 的溅射水滴或水雾不计。

7 缺陷分析

检验工序对检验过程中发现的缺陷，要分析产生的原因和判断产生缺陷的工序，寻找对策，并将这些信息及时反馈给制造工序和质量管理部门。

7.1 出厂检验中多发缺陷的分析

出厂检验中，多发缺陷的产生原因与解决对策见表 7-1（其中选用了某企业缺陷名称及代表符号）。

表 7-1 多发缺陷的产生原因与解决对策

序号	缺陷名称（代表符号）	缺陷特征	缺陷产生原因	解决对策
1	成形裂（K）（图 7-1）	在成形及干燥过程中产生的坯体裂纹；明显的裂纹或有明显的激发点，且断面不平整	1）巩固裂 ① 排泥到脱模期间，坯体收缩，妨碍收缩的部位产生裂 a. 吃浆厚薄不均匀 b. 模型拐角部 R 的大小 ② 模型过于干燥，新模型吸水能力大，坯体长时间在模型内，收缩加大，产生贯通裂 2）巩固不良裂 坯体巩固不好，收缩大，坯体强度差，产生裂 ① 坯体较厚部位的内部吃浆不实，产生空洞，因而开裂 ② 单双面吃浆结合部位的三盆路，单面吃浆的"R"部所见的褶皱在外部的表现 ③ 由于滑石粉等辅助物残渣的附着，造成巩固不良	1）巩固裂 ① a. 测定坯体厚度，坯体厚度均等的修正 b. 扩大裂纹部位 R 角，模型内侧 R 角保持在 8～10mm 为好； 为缓冲收缩，增加二层 R 角和吃浆厚度 ② 将模型湿水，涂滑石粉，降低模型的吃浆速度 2）巩固不良裂 ① 增加基准坯体厚度；确保吃浆厚度适宜，确保高位槽高度；在易坍塌部位，用湿布擦拭模型和涂薄泥浆；均匀涂抹滑石粉 ② 在不出现空洞的前提下，尽量缩小 R 角；调整模型，使排浆顺畅、干净 ③ 注意清除滑石粉等辅助物的残渣

序号	缺陷名称（代表符号）	缺陷特征	缺陷产生原因	解决对策
1	成形裂（K）（图7-1）	在成形及干燥过程中产生的坯体裂纹；明显的裂纹或有明显的激发点，且断面不平整	3）单双交界裂 单双交界处的厚度和巩固时间不一致，因两处含水率差异而发生收缩差产生裂 4）合模缝裂 注浆时从合模缝中溢出泥浆造成裂 ① 模型翘曲，合型面上有缝隙 ② 注浆时，模型往上浮 5）脱模裂 脱模时坯体粘连在模型上而出现的裂 ① 模型的角为锐角、R小 ② 由于模型插入部位深而使脱模时的阻力大；筒状等模型的深度处在脱模时被吸住，坯体粘连 6）排泥不良裂 剩余泥浆未完全排出尚有残留，由于含水率的差而引起的裂 7）埋泥裂 ① 坯体和泥条的水分有差异 ② 埋泥处附着滑石粉等 ③ 接着泥浆不足，泥条里有气泡引起的裂	3）单双交界裂 制定单面吃浆部位的规定吃浆及巩固时间（注意防止因双面吃浆部位巩固过度而产生裂）；模型的双面吃浆部位比相应的单面吃浆部位多湿水；尽量加大单、双交界部位的"R"角；调整干燥条件，贴防干燥布防燥 4）合模缝裂 提高模型品质，合模缝控制在范围之内 ① 模型厚度要均匀；确认夹紧具的位置和强度 ② 减小注浆时高位浆槽的压力 5）脱模裂 ① 适当增大R角，控制模型含水率，变更模型的形状与脱模角度 ② 在脱模处部位涂抹滑石粉 6）排泥不良裂 确认该处形状及排泥角度；加高排泥孔的高度；变更排泥角度和单面吃浆部位型内宽度，使易于泥浆排出；确认内部R角尺寸，半径要大于13mm 7）埋泥裂 ① 测定含水率，使用水分差小的泥条 ② 确认粘接部形状，清理埋泥处，增大粘接面积，提高粘接效果 ③ 确认作业方法，适度按压粘接处两边，使中央部位稍微鼓起，中央部位下凹易出裂，勿用力按

序号	缺陷名称 （代表符号）	缺陷特征	缺陷产生原因	解决对策
1	成形裂（K） （图7-1）	在成形及干燥过程中产生的坯体裂纹；明显的裂纹或有明显的激发点，且断面不平整	8）孔眼裂 扎孔规具不良 ① 开孔工具不合适或刃部不锋利 ② 开孔时间不对，坯体硬则出毛刺裂，过软又造成变形干燥裂 ③ 开孔方法不正确 9）粘接裂：接合部强度不足产生裂 ① 粘接面搭配不好（按压时似乎粘住了，干燥时又离开），粘接面形状不合，位置错离 ② 粘接面积小；双面吃浆坯体粘接到单面吃浆坯体，单面粘接面扩大时，分界面强度弱的单面会裂 ③ 粘接面脏，附着异物，如滑石粉 ④ 粘接面的软硬度不同	8）孔眼裂 ① 确认开孔工具，不良工具立即修理或更换 ② 测定坯体硬度，一般单面吃浆的中空位部位（布水孔等）在不变形程度下尽早开孔，双吃部位不易出裂可以后开孔 ③ 注意孔径收缩，角度越小越易裂，避免急干燥。开孔后勿留毛边，用手沾水抹光滑 ① 加工不要过度，防止坯体回软；粘接时人员要配合好防止粘接错位，要按压粘接面，不要残留泥浆 ② 粘接面大小受到限制时，变更粘接面形状 倾斜粘接面使粘接面积扩大；粘接面做成锯齿形，防止粘接不牢 ③ 用干净的水和海绵擦拭粘接面 ④ 注意粘接泥浆性状管理，粘接面要用湿布防护，粘接面的软硬度（含水率）控制在范围内；在坯体不变形前提下，粘接后使用重物按压，同时将溢出的粘接浆擦掉
2	棕眼（P） （图7-2）	直径 0.3～1.0mm 以下类似针孔状的无釉部分；孔洞部位较深，不能看到坯体	① 泥浆循环不足，由于回浆时间不够而引起；或由于主管里残留泥浆而引起 ② 排泥管道的高度不合适，导致排泥空气压力过大，使空气进入主管道内 ③ 高位槽下的阀门（下浆阀门）高度问题，下浆阀门位置高于排泥弯管的高度，会造成阀门下立弯头部位滞留空气，形成气泡	① 目视确认泥浆中有无气泡；重新考虑循环方法、时间 ② 确认排泥弯的高度；排泥浆回浆弯管高度×泥浆密度的值不得小于排泥浆的压力 ③ 确认下浆阀门的高度，高位槽下浆阀门要设在排泥管道弯高度下。泥浆管如果进入空气，即使通过回浆也不能简单

续表

序号	缺陷名称（代表符号）	缺陷特征	缺陷产生原因	解决对策
2	棕眼（P）（图7-2）	直径 0.3～1.0mm 以下类似针孔状的无釉部分；孔洞部位较深，不能看到坯体		除掉，所以绝对不要让管道内进入空气
			④ 注浆速度过快	④ 测定注浆时间；放慢注浆速度，可根据产品大小的不同控制注浆时间
			⑤ 干燥土混入，附着于模型上的土屑、注浆口的污垢卷入	⑤ 确认模型处理、扫除作业方法；调整注浆前清扫模型、软管的方法
			⑥ 模型干燥影响，模型干燥不足时，不吸收泥浆中的气泡	⑥ 测定模型质量，调整模型干燥条件，使模型充分干燥
3	坯不良（N）（也称糙活）（图7-3）	由于坯体表面凹凸不平或刮削不良引起的外观缺陷，主要表现为坑、包、刮削痕迹等	1）泥浆的冲突面（注浆时，泥浆的碰头面）造成	1）确认注浆方法（注浆口位置、注浆角度、注浆速度）；改变注浆时的倾斜角度，移动注浆孔位置；泥浆冲突面从坯体中央向旁边调整
			2）注浆时，模型合模缝隙大，有泥浆溢出，造成	2）确认模型合模的缝隙
			① 合模夹具夹得不紧，合模不良	① 调整夹具的位置、压力及夹具强度；注意合模时模型的位置要对正
			② 模型外表面出现局部破损	② 加强模型表面点检，出现局部破损及时修理
			3）坯体加工不良（凹凸、坑包、刀痕、砂纸印）	
			① 坯体刮修精度不够、溢浆面的刮修不良	① 提高刮削精度，注意溢浆面的刮修
			② 和孔有关的变形	② 检查孔修正工具
			4）异物混入，表面突起	
			① 主管、软管头的清理不良，注浆口混入陈泥	① 泥浆进行充分循环，加强组（合）型前的点检；清理注浆口
			② 微压软管、丝网上有陈泥混入，高位槽清理不良	② 及时清扫点检，做好高位槽和管道循环

序号	缺陷名称（代表符号）	缺陷特征	缺陷产生原因	解决对策
4	坯脏（G）（也称成脏）（图7-4）	由于坯体内或表面有异物，烧成后釉面爆开，形成无釉状态缺陷，爆开部分有明显异物附着；当异物为挥发性物质时，会仅有少许残留。明显釉面缺损，釉面发灰，但不是完全无釉状态	1) 刮削粉末附着在坯体表面；坯体清理不彻底，湿坯体时粘上刮削粉末； 2) 坯体存有气泡和裂，在烧成时气泡变为水汽冒出，冲裂坯体，显示为裂； 3) 坯体着水后，表面膨胀凸起，烧成时破裂形成坯脏； 4) 异物混入，坯体粘上混有海绵、石膏块、滑石粉、纸屑等异物，异物和坯体间出现狭窄间隙吸收水分，烧成时形成坯脏； 5) 坯体刮修不良，造成坯体缺损	1) 坯体清理要彻底，注意海绵的清洗，防止粘连粉末； 2) 减少坯体中的气泡；出坯后防止遗漏坯体上的气泡、裂； 3) 坯体擦水时，注意海绵的挤捏方法；不要用湿手直接触摸坯体； 4) 坯体表面的水要擦干净；旧海绵及时更换，清理工作现场，防止混入异物； 5) 确认刮修作业，刮修后的痕迹用海绵擦水处理
5	变形（M）（图7-5）	烧成后产品形状变形，不符合标准要求	1) 吃浆不良、巩固不良； 2) 干燥、烧成中坯体的左右收缩不均匀； 3) 由于注浆口的位置和方向使泥浆粒子的排列左右不同： ① 在泥浆注入模型时，粒子的排列发生变化； ② 托板不良； ③ 坯体做预变形后相关成形、烧成条件与预计相比发生了变化	1) 测定坯体厚度，管理吃浆时间；进行坯体硬度管理，确认出坯、坯体翻坯时的硬度； 2) 使坯体干燥、烧成中的坯体左右收缩条件均等； 3) 确认注浆口位置；将注浆口向中央移，修正预变形： ① 变更注浆角度；确认注浆方法的差别，进行调整； ② 定期检查托板；修正托板预变形；调整托板摆放位置； ③ 追踪分析其条件变化，或纠正条件的变化，或对预变形做调整
6	尺寸不良（D）	尺寸与标准不符，如管道卡球、孔径、孔距大和小，孔变形、开孔不规范等	① 坯体薄厚不一致，干燥、烧成时收缩不均匀； ② 扎孔位置偏移，开孔过大或过小； ③ 坯体擦拭、刮修使尺寸超出基准，造成尺寸不良	① 控制注浆时间，管理吃浆厚度在规定范围值内； ② 确认型印位置、扎孔规具大小；刀刃不光滑和扎孔规具不良时及时更换；进行坯体扎孔硬度管理，减少孔变形； ③ 改进坯体擦拭、刮修方法

续表

序号	缺陷名称 (代表符号)	缺陷特征	缺陷产生原因	解决对策
7	漏水、漏气 (L)	"漏水、漏气"检查项目不合格(可分为漏水 L_1、漏气 L_2)	① 双面交接部位角度不合理,造成应力集中(漏水); ② 泥浆可塑性差(漏水); ③ 成形操作不合理(漏水); ④ 模型太湿(漏水); ⑤ 堵孔处有裂(漏气); ⑥ 漏掉堵孔(漏气); ⑦ 吃浆厚度不够。环境温度低;泥浆性能异常,单位时间吃浆厚度变小(漏水)	① 改变单双面交接部位角度; ② 调整泥浆可塑性; ③ 控制模型干燥程度;控制成形环境温湿度;掌握好吃浆时间;控制成形微压巩固时间、开模时间和翻坯时间; ④ 提高模型干燥过程中的温度,降低模型干燥过程中的环境湿度;增加模型干燥时间; ⑤ 改善堵孔方法; ⑥ 加强堵孔作业规范化和坯体点检; ⑦ 适当提高成形车间温度;调整泥浆性能或增加吃浆时间
8	冲洗不良 (F)	不符合冲洗标准的要求	1) 洗净不良: ① 开孔方向不对; ② 孔被泥块堵塞或孔眼处有毛刺引起出水不良; ③ 开孔位置偏离,开孔角度不良; 2) 溅水: ① 出水口有毛刺、异物; ② 孔角度过于直,向上拔出开孔工具时,造成孔洞口增宽; ③ 喷射孔开孔不良	1) 洗净不良: ① 按规定方向打孔; ② 注意开孔后确认泥块是否遗留在内部堵塞孔眼,并用水抹光孔的周围; ③ 按型印进行开孔,依据作业标准角度进行开孔作业; 2) 溅水: ① 对孔洞进行检查;坯体内侧较软时,不要进行开孔作业; ② 依据作业标准角度进行开孔作业;注意拔出开孔具时的方向,拔出开孔后抚平孔洞口; ③ 开孔时,注意不要发生变形;下侧通水路不要发生断差
9	耐热不良 (E)	耐热试验时产品开裂(洗面器、净身器)	1) 坯釉热膨胀系数不匹配: ① 坯体膨胀系数过大;泥浆配方中石英含量增加; ② 烧成后产品吸水率高; ③ 坯釉中间层形成不好; ④ 釉面弹性小;	① 降低坯热膨胀系数;减少石英类原料用量; ② 增加坯配方中熔剂原料用量;或提高烧成温度;或降低泥浆细度; ③ 调整坯釉配方的化学成分; ④ 配方中增加弹性系数大的原料用量;

序号	缺陷名称（代表符号）	缺陷特征	缺陷产生原因	解决对策
9	耐热不良（E）	耐热试验时产品开裂（洗面器、净身器）	2）模型结构不合理，单双面交接部位的角度、位置大小； 3）坯体厚度太薄； 4）产品内部有毛细状裂或有气泡、棕眼； 5）烧成曲线的降温阶段不合理，产品出窑温度过高	2）改善模型形状； 3）增加吃浆时间；降低模型含水率；提高模型干燥和注浆的作业环境温度；提高泥浆单位时间的吃浆厚度；修坯时不要修得太薄； 4）成形解决烧成后裂纹，减少泥浆中的气泡； 5）调整降温阶段的温度曲线，降低产品出窑温度
10	坯落脏（V）（也称坯渣）（图7-6）	由于坯体表面有坯渣，烧成时造成的表面凸起的缺陷。缺陷明显凸出釉面，一般不挂脏、不划手	① 有异物附着于坯体表面，未擦拭； ② 施釉后，孔内泥渣未吹净，掉落在釉面； ③ 在搬运过程中，异物掉落到坯体表面	① 仔细对坯体进行擦拭； ② 施釉前，对孔内进行吹尘处理；施釉后，增加防护； ③ 对搬运车进行定期清扫，尤其注意对容易掉落异物部位的清扫
11	釉秃（H）（也称缺釉、滚釉）（图7-7）	由施釉工序造成的釉面损伤。明显釉面缺损，釉面发灰，但不是完全无釉的状态	① 釉坯存放、搬运、装窑中，因操作不当釉面刮蹭造成缺釉； ② 釉的性状不合理，如釉浆超细，釉浆黏度大，釉熔体表面张力过高，釉与坯的浸润性不良，导致缩釉性缺陷；釉浆浓度大； ③ 施釉操作不当，产生脱釉或缺釉；喷釉前坯体吹、擦不干净，坯体表面有污物，形成一个中间层，减弱了釉层对坯体的附着力； ④ 釉配方不适当，导致在常温下或者在釉熔之前釉层局部脱落； ⑤ 室内水汽大，坯面潮湿，加热后釉层开裂卷起，导致小面积缩釉性缺釉； ⑥ 喷釉气压不稳，压缩空气压力高于 0.6MPa 时，釉浆附着力差，易出现釉秃；压缩空气压力低于 0.4MPa 时，釉浆雾化程度差，会出现釉层厚薄不均，釉薄处易出现釉秃； ⑦ 釉过厚，易出现釉秃； ⑧ 坯体的施釉表面有 R 角时，R 角半径过小处易出现釉秃	① 加强釉坯釉面的检查，及时修补损坏的釉面； ② 加强釉的性状的监测，确保在管控范围内； ③ 改进施釉方法，对产品进行吹尘、擦拭，注意检查产品沟角部位是否干净；加强操作培训； ④ 调整釉料配方，适当地减少釉配方中的黏土含量，必要时可以加入煅烧后的高岭土或瓷粉；釉料配方中增加少量的钾、钠、钙、锌等； ⑤ 降低釉的高温黏度，增大釉的流动性；控制青坯库、施釉车间及白坯库的环境湿度； ⑥ 调好喷釉泵的压力；喷釉时喷枪要均匀走动，使釉面厚度均匀； ⑦ 控制施釉的厚度； ⑧ 加大 R 角半径

序号	缺陷名称（代表符号）	缺陷特征	缺陷产生原因	解决对策
12	施釉不良（S）	因施釉操作不当引起的施釉面不良；明显的釉薄、流釉、商标不良及擦拭不良等	1）喷釉走枪过程中丢枪或停滞； 2）用海绵擦流釉时的时机不当； 3）釉浆干燥速度不合适； 4）第一遍喷釉时，造成虚喷，将空气封闭在釉层中，烧成后釉面形成毛孔； 5）擦釉时擦得过多； 6）修补釉面不良： ① 修补釉时，原釉面上有异物； ② 修补釉与原来釉层收缩不一致，使釉层出现裂纹； ③ 修补釉太干与原来釉层粘结不好； 7）商标规具及使用操作不良（丝网印标）： ① 商标规具损坏； ② 商标规具与产品型号不对应； ③ 作业者操作不当造成污染； ④ 商标规具丝网破损露印油； ⑤ 白坯釉层强度低，印油脱落； ⑥ 印油黏性低，附着能力差； ⑦ 商标与釉层收缩不一致造成商标脱落	1）规范施釉作业要求，加强培训； 2）控制好擦流釉的时机； 3）调整好釉浆干燥速度； 4）控制好喷枪和产品的距离；调整空气压力；调整吐釉量； 5）擦釉时，掌握合适的力度： ① 补釉前清理釉面上的异物； ② 修补釉中增加干釉粉，降低其收缩； ③ 调整修补釉水分；用CMC提高修补釉黏结强度； ① 商标规具修理或更换； ② 在商标规具上标识出产品型号； ③ 进行操作培训； ④ 商标规具修理或更换； ⑤ 增加釉浆中CMC添加量，调整釉浆性状； ⑥ 增加商标釉中印油的添加量或更换印油种类； ⑦ 调整商标釉的收缩性能
13	装车不良（T）	烧成工序在装窑过程中操作不当造成产品的变形、缺釉、碰伤、划伤等	① 装窑时坯体刮蹭；部分连体坐便器底部放置泥垫断裂破损造成产品变形； ② 支撑砖码放不当； ③ 产品底边釉药未擦干净； ④ 装窑过程中操作不良； ⑤ 棚板、垫板变形造成产品变形	① 严格执行作业指导书码放间距，加强入窑点检；发现泥垫断裂破损及时更换； ② 确认支撑砖高度及放置位置，支撑砖做标识； ③ 施釉时控制产品底边釉药；装窑前用百洁布将产品底边釉药擦干净； ④ 窑板氧化铝及时清理，涂刷厚度均匀控制在0.2mm左右；拿取产品时，手要干净，不碰伤釉面；水箱口及盖边沿釉药按要求处理； ⑤ 加强棚板、垫板点检，及时翻转与更换

7 缺陷分析

续表

序号	缺陷名称（代表符号）	缺陷特征	缺陷产生原因	解决对策
14	卸磕（CP）	烧成工序在卸窑过程中操作不当造成产品的碰伤、划伤等	1）卸车人员操作不当： ① 卸车人员将产品放置待检区时，托板摆放过密，造成产品擦伤； ② 产品之间隔板、木板条未处理干净，有沙子等异物刮伤产品； ③ 卸在托板上的产品码放间隙太小，运输过程中造成产品釉面磕伤； 2）水箱盖粘箱，撬开时造成箱口部釉面粘疤； 3）卸窑操作未能轻拿轻放，磕伤产品	1）加强操作培训： ① 按定位线放置产品，托板间留足够间隙； ② 注意清理隔板、木板条上的异物； ③ 放置产品时，注意确认产品间距，控制运输的移动速度； 2）注意防止发生水箱盖粘箱，万一发生时，翘盖时注意手法、力度； 3）加强操作培训
15	烧裂、风惊（R）（图7-8、图7-9）	产品在窑内升温或急冷过程中造成的产品开裂，可分为烧裂 R_1、风惊（炸裂）R_2	1）产品入窑含水率过高，预热带升温过快，易出现烧裂（烧裂）； 2）粘结不良造成开裂（烧裂）； 3）产品在缓慢冷却过程中降温速率过快，产品各部位收缩不一致，导致产品出现风惊； 4）坯体厚度不一致，承受热应力能力存在差异，易在单双面交接处风惊	1）成形干燥室提温或加长干燥时间，定期测定入窑水率； 2）坯体粘结硬度要均匀一致，粘结要牢固； 3）确认缺陷发生原因、发生概率，根据实际窑炉的降温速率及温度情况进行调整； 4）成形控制合适的坯体厚度，针对缺陷多发部位进行形状与结构改进
16	烧成不良（Y）	在烧成的过程中造成的釉面不良，煮肌、梨肌、无光等釉面缺陷	1）窑头结露，水滴落在产品表面； 2）装窑密度过大，产品间距太小，使得产品之间气流通气不畅，造成烟熏现象； 3）烧成制度存在问题： ① 窑炉氧化气氛不足，在釉面熔融前未能完全氧化还在排气，导致釉面煮肌（毛孔）； ② 烧成温度低，产品生烧，坯体发黄、釉面无光泽； ③ 急冷速率过慢，导致釉面析晶，釉面无光泽； ④ 进车速度过快，烧成时间短，高温保温时间短，产品釉面出现毛孔，或者未烧熟；	1）降低入窑含水率，调整排烟口的抽点位置，避免窑顶结露； 2）合理配置装窑密度，产品保持合理间距； ① 调节烧嘴风燃比，加大助燃风量； ② 调整窑炉烧成温度； ③ 调整急冷风管的开度及急冷风机的变频，加快降温速率； ④ 调整烧成曲线或降低进车速度；

169

续表

序号	缺陷名称（代表符号）	缺陷特征	缺陷产生原因	解决对策
16	烧成不良（Y）	在烧成的过程中造成的釉面不良，煮肌、梨肌、无光等釉面缺陷	⑤ 产品烧制过程中瞬间表面温度过高，出现梨肌； 4）坯体和施釉厚度过厚，造成釉面毛孔；坯体双面吃浆并且两面施釉时，烧成过程中排气不畅，引起釉面毛孔	⑤ 控制好烧嘴； 4）控制坯厚和釉厚在基准值内；施釉前对发生部位涂抹相应浓度的氯化镁溶液
17	窑落脏（B）（图7-10）	烧成过程中，氧化铝、炉材渣等异物落在釉面上造成的外观缺陷。异物明显凸出釉面，用手摸划手，且挂脏	① 窑内炉材掉落； ② 助燃风、急冷风等进入窑内的气体中含有杂质、灰尘； ③ 装窑人员手与身上污垢残留在产品表面上； ④ 窑车台面氧化铝清理和吹尘不到位； ⑤ 白坯库对坯体的防护不足，存在落脏现象	① 窑内纤维棉、炉材定期检查、清扫、更换； ② 各风机进风管处加过滤网，定期清洗过滤网； ③ 勤擦手、勤清洁服装，清理窑车台面； ④ 加强窑车台面氧化铝清理和吹尘； ⑤ 白坯表面加盖纸板或套塑料袋防尘；加强入窑前白坯点检
18	磕碰（KP）（图7-11）	釉坯在烧成之前受外力影响造成的坯体损伤。坯体缺损明显或出现大的裂纹，断面不平整	① 坯料配方中可塑性黏土较少，坯体强度低； ② 成形工序造成坯体强度低；双面及坯体吃浆厚度较薄；干燥效果不好，坯体含水率高； ③ 人工搬运、放置时的力度过大； ④ 装窑时缓冲材放置不到位	① 调整配方，提高坯体强度； ② 调整模型，提高双面吃浆及坯体的厚度，延长吃浆时间；提高干燥温度及延长干燥时间，确认坯体干燥后水分； ③ 人工搬运、放置时轻拿轻放； ④ 缓冲材放置时，按照产品底部大小摆放
19	检验包装破损（J）	检验包装工序在检验、研磨、包装、运输中出现的磕碰与划伤	① 检验、包装过程中磕碰、划伤； ② 裸瓷和包装好的产品在搬运过程中磕碰、划伤； ③ 研磨工具与粉尘造成产品磕碰、划伤	① 改善检查台和工具材质；减少产品搬动，产品码放整齐，避免磕碰，加强产品防护； ② 建立合理的作业流程，减少产品搬运； ③ 研磨过程做好产品防护，使用的工器具不得放在产品上，粉尘要及时清理
20	杂欠点（Z）（图7-12）	产品表面的铁点、铜点等异色斑点；不挂脏、不划手	1）铁、铜、钴等杂质在烧成中显出颜色： ① 原料中混有杂质，原料运输途中受到污染； ② 泥浆中混入铜制品（如阀芯）磨损的渣滓	① 选择杂质少的原料，防止原料在运输途中受到污染； ② 减少使用铜阀芯阀门

续表

序号	缺陷名称（代表符号）	缺陷特征	缺陷产生原因	解决对策
20	杂欠点（Z）（图7-12）	产品表面的铁点、铜点等异色斑点；不挂脏、不划手	2）泥浆加工中除铁的问题： ① 除铁过程中泥浆流速过快，泥浆黏度太高，除铁效果不好； ② 除铁设备老化，除铁能力下降； 3）泥浆加工中设备的问题： ① 球磨机的衬石脱落； ② 泥浆过筛的筛网目数太低或筛网破损；筛本体、筛网生锈或磨损； ③ 振动筛精制过程中忘开除铁器开关； 4）施釉工序混入污物： ① 喷釉过程中落入污物、坯粉； ② 进釉管道不干净，混有污物； ③ 压缩空气过滤不好； 5）烧成工序的问题，同"窑落脏（B）"； 6）生产过程中的其他各工序混入铁锈、异物	① 降低除铁过程中泥浆流速，适当降低泥浆黏度； ② 定期检查除铁设备的磁力，更换老化除铁设备 ① 定期检查球磨机衬石的状态，发现脱落及时更换； ② 随时检查过筛设备和筛网，发现问题及时修理或更换； ③ 加强操作规程培训，确认作业情况； ① 定期清洗喷枪；清除喷釉橱中的堆积粉尘； ② 定期清洗进釉管道； ③ 定期检查压缩空气过滤器过滤效果； 5）同"窑落脏（B）"； 6）各工序查找发生源，采取措施
21	自洁釉欠点（Sc）	自洁釉烧成后釉面出现白色斑点	① 施釉的喷枪雾化不好； ② 喷枪离产品表面太近，或走枪速度太慢； ③ 白坯釉面过湿或白坯表面釉虚，施自洁釉后，釉面相互渗透，形成釉面白斑； ④ 自洁釉浓度过低及干燥速度过慢	① 调整雾化风压及风量；调整吐釉量和釉浆压力； ② 调整喷枪离产品的距离；调整走枪速度； ③ 普通釉面干透后再施自洁釉；普通釉面防止釉虚现象； ④ 适当提高自洁釉的浓度和干燥速度

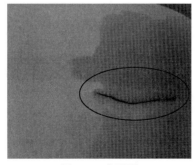

图 7-1　成形裂

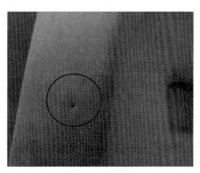

图 7-2　棕眼

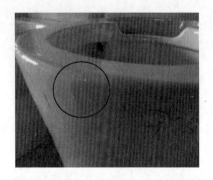

图 7-3　坯不良（糙活）

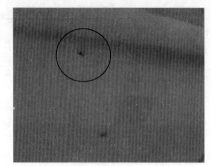

图 7-4　坯脏（成脏）

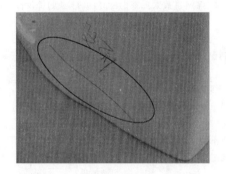

图 7-5　变形

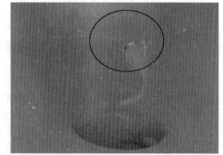

图 7 6　坯落脏（坯渣）

图 7-7　釉秃（滚釉）

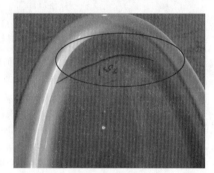

图 7-8　烧裂

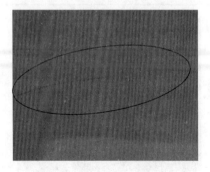

图 7-9　风惊

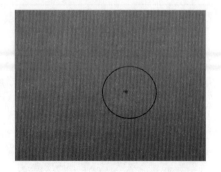

图 7-10　窑落脏

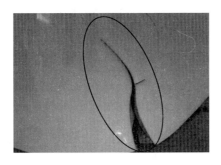

图 7-11　磕碰

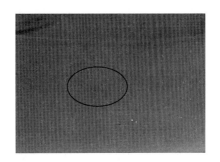

图 7-12　杂欠点

7.2　型式检验中多发缺陷的分析

GB/T 6952—2015《卫生陶瓷》规定，型式检验的项目包括全部出厂检验项目，见表 7-2（根据 GB/T 6952—2015《卫生陶瓷》的内容整理）。

表 7-2　型式检验项目与出厂检验项目的对比

序号	型式检验项目	GB/T 6952—2015 中的条款	是否为出厂检验项目
1	外观质量	5.1	是
2	最大允许变形	5.2	是
3	尺寸	5.3、6.1 和 7.1	为增加的出厂检验项目
4	便器用水量	6.2.1	是
5	坐便器冲洗功能	6.2.2	是（但不包括"6.2.2.4 排水管道输送特性"）
6	小便器冲洗功能	6.2.3	是
7	蹲便器冲洗功能	6.2.4	是
8	防虹吸功能	5.8.1.4	不是
9	安全水位	5.8.1.5	是
10	吸水率	5.4	不是
11	抗裂性	5.5	不是
12	溢流功能	7.2	不是
13	耐荷重性	5.7	不是
14	配套性	5.8.1.1	不是
15	坐便器冲洗噪声	6.3	不是
16	连接密封性要求	6.4	不是
17	限重	5.6	不是
18	疏通机试验	6.5	不是

　　型式检验中出现的质量问题有许多是新产品开发阶段及投产初期应当解决的，型式检验中包含的出厂检验项目多发缺陷的产生原因与解决对策已在本书7.1中叙述，其他检验项目的多发缺陷的产生原因与解决对策见表7-3（称之为型式检验中多发缺陷的产生原因与解决对策）。

表7-3　型式检验中多发缺陷的产生原因与解决对策

序号	缺陷名称	缺陷产生原因	解决对策
1	坐便器冲洗功能中的排水管道输送特性	排水管道输送特性试验中，冲出距离不够	在新产品开发阶段注意解决此问题
2	防虹吸功能	缺陷：进水阀有虹吸产生。 原因：进水阀防虹吸装置设计不合理	对进水阀进行质量检验，注意检验防止水回流的防虹吸装置的功能是否合格
3	吸水率	缺陷：吸水率偏高，坯体呈现偏黄色。 原因： ① 原料波动，造成坯体耐火度提高； ② 产品底部与窑车面接触部位的坯体过厚； ③ 烧成制度波动，导致烧成温度下降	① 泥浆配方设计要合理；控制原料的波动，遇到波动时，适当调整配方； ② 产品底部与窑车面接触部位的坯体要适当减薄； ③ 严格控制烧成制度，尽量减少波动
4	抗裂性	缺陷：产品出现釉裂，甚至是坯裂。 原因： ① 泥浆配方设计不合理，坯釉膨胀系数不匹配； ② 原料质量控制失误，导致坯体化学组分产生偏差； ③ 烧成制度出现偏差，造成坯体积碳呈暗灰色，影响坯釉的结合	① 控制坯釉膨胀系数的匹配，这是解决釉裂或坯裂的关键； ② 要加强原料工序的控制，从原料的进厂至装磨过程的监控，要严格按工艺制度进行； ③ 要避免湿坯入窑及本坯垫过湿，同时，通过调整烧成制度，将窑炉内集聚的潮气及时排出去
5	溢流功能	缺陷：带溢流孔产品在试验时未达到规定时间，有溢流产生。 原因： ① 溢流孔的设计尺寸小； ② 成形阶段，溢流孔位置扎得向上或溢流水道变形	① 出厂检验时，对溢流孔的位置、大小与溢水道变形进行确认，如果是产品设计问题，反馈给产品设计部门； ② 如果是成形阶段操作问题，反馈给成形工序，由责任部门解决

序号	缺陷名称	缺陷产生原因	解决对策
6	耐荷重性	缺陷：经耐荷重试验后，产品有变形或发生坯体的破损。 原因： ① 产品吸水率偏高，造成坯体强度低； ② 烧成温度偏低，即使吸水率达标，坯体的强度也不够； ③ 产品结构不合理； ④ 产品承重部位坯体偏薄	① 严格控制产品吸水率； ② 适当提高烧成温度； ③ 在新产品开发阶段注意产品结构设计； ④ 成形时，适当提高承重部位坯体厚度
7	配套性	缺陷：重力、压力冲水装置水量超标。 原因： ① 使用的冲水装置与产品型号不匹配； ② 冲水装置不合格，造成水量超标与装置漏水； ③ 进水阀或压力阀存在不止水和渗漏水缺陷； ④ 安装时没有确认进水阀水量刻度位置	① 冲水装置与产品型号要匹配； ② 冲水装置安装使用前要进行质量检测，注意水量是否超标、装置是否漏水； ③ 进水阀及压力阀要检验是否存在不止水和渗漏水缺陷； ④ 安装时注意确认进水阀水量刻度位置
8	坐便器冲洗噪声	坐便器结构设计不合理；冲洗时，各部分水量分配不合理	在新产品开发阶段注意产品结构设计和冲洗时各部分水量分配
9	连接密封性要求	连接管在设计水压的状态下达不到密封性的要求	更换连接件，选择符合要求的连接管
10	限重	连体坐便器、分体坐便器（不含水箱）、蹲便器、洗面器、壁挂式小便器的重量超过规定要求	在新产品开发阶段控制产品重量。已经生产的产品采取减轻重量的措施，如调整外形、减薄坯体厚度
11	疏通机试验	缺陷：试验时，坐便器内部水道有渗漏、破损。 原因： ① 坐便器内部水道形状、水道粗细不合理； ② 瓷质强度过低或内部水道壁的厚度不够	① 调整内部水道形状、水道粗细； ② 提高瓷质强度，增加内部水道壁的厚度

8 研磨加工

产品的研磨加工是对在检验中超出允许变形量的部分产品进行研磨加工和产品孔径及影响安装的一些缺陷的加工。

8.1 常用研磨设备

产品的研磨设备主要有两类：一类是研磨机械，包括卧式研磨机、台式洗面器研磨机、立式研磨机，用于研磨产品的底部、靠墙面等安装面；另一类是手持研磨工具，用于研磨产品的安装面、影响安装的孔径、影响美观的小面积缺陷。手持研磨工具的研磨作业要在研磨小间中操作。各企业根据产品的研磨数量与需求选择研磨机械和手持研磨工具。下面介绍几种研磨机械与手持研磨工具。

8.1.1 卧式研磨机

卧式研磨机如图 8-1 所示，用于落地式小便器的底面、洗面器的安装面、洗面器立柱等产品的安装面的研磨加工。

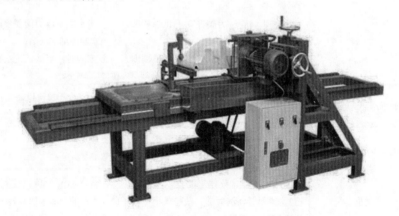

图 8-1 卧式研磨机

（1）技术参数

磨轮直径：ϕ250mm；

磨轮转速：1420r/min，线速度 18.6m/s；

磨轮电机：Y100L1-4，2.2kW；

磨轮升降/进给方式：手动升降，手动进给；

磨轮升降行程：120mm；

磨轮进给行程：70mm；

磨轮进给刻度值：每刻度值 0.05mm；

工作台规格：（长×宽）2668mm×470mm；

工作台移动速度：滑动速度可调，80～220mm/s；

工作台行程：水平位移，1800mm；

工作台变速器：无级变速，JWB-X-0.37-40D；

工作台平移电机：Y90L-4，0.37kW；

装机总容量：2.57kW；

设备外形尺寸：（长×宽×高）3300mm×1160mm×1186mm；

设备质量：512kg。

（2）设备构造与功能

设备由工作台、磨轮机构、工件夹具、冷却水系统和电气控制系统等组成，如图8-2所示。

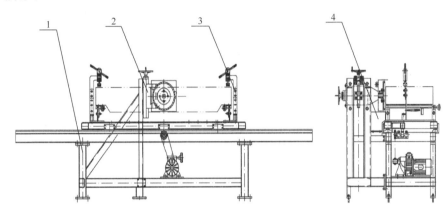

图8-2 卧式研磨机构造图

1—工作台；2—磨轮机构；3—工件夹具；4—冷却水系统

1）工作台：包括主机架、溜板、导轨梁、传动齿轮齿条、无级变速电机、无级变速器等。其功能是使被研磨产品（工件）以一定的速度、在一定的范围内实现往复运动（往复运动由2个行程开关控制）。

2）磨轮机构：包括支架、电机、固定导轨、双向导轨、电机导轨、传动丝杠、磨轮、冷却装置、护罩等。其功能是通过转动丝杠实现磨轮的升降及进给，进行研磨工作。

3）工件夹具：包括底架、托架、转动支架、压块及定位装置等。其功能是对被研磨产品进行定位及夹紧。

4）冷却水系统：由固定在机架上的循环水泵和管路组成。其作用是将冷却水输送到预定位置对磨轮和被研磨产品进行冷却，并将使用过的冷却水收集后再使用。

5）电气控制系统：用于对设备研磨轮转动及被研磨产品（工件）运动的状态进行控制，控制系统设计有漏电保护器等电气装置，以满足设备安全使用要求。

（3）设备安装与调试

设备基础：设备安装前要先制作基础，设备在基础上放置到位后安装地脚螺栓，对设备调正并找水平，然后进行二次浇筑，待浇筑的混凝土具有一定强度后再进行精细调整，最后将地脚螺栓紧固；接好研磨头的电机及工作台无级变速电机的电源，进入调试阶段。

设备调试：清除磨轮及移动工作台周围的杂物，检查设备各部位的螺栓是否紧固、导轨部位是否涂有润滑油、进给导轨是否灵活、无级变速器的润滑油是否充足。

启动磨轮的电机开关，观察磨轮的旋向是否正确（顺时针旋向为正确）；启动工作台的无级变速电机，观察工作台移动是否平稳，有无卡紧现象；调整行程开关的位置，使工作台在规定的范围内运行。空运转试车后，放入被研磨产品并夹紧，进行试验研磨，调整工作台的运行速度使之与磨轮的转动速度相互匹配，使研磨达到最佳效果。

（4）研磨作业

1）工作台台面水平检测：用水平尺测量放置台台面的水平度，要求前后左右均水平。

2）放入被研磨产品：将"工件进出"开关向左旋转，产品放置台伸出至设备外侧，将被研磨产品放于平台上。

3）产品夹紧：将台面下方的气动开关向下按动，夹具将产品夹紧。

4）产品进入研磨机：将"工件进出"开关向右旋转，使台面进入设备内部。

5）磨轮调整

① 按动"磨轮快速降"或"磨轮快速升"按钮，调整磨轮与产品的研磨面的高度；

② 按动"磨轮进给"或"磨轮后退"按钮，调整磨轮与产品的研磨面的距离（缝隙），要求距离（缝隙）在 $5\sim10mm$ 之间。

6）产品研磨

① 打开水泵开关，使水流到磨轮上；

② 将"磨轮开/停"开关、"磨轮手/自动"开关向右转动（启动的位置），设备开始研磨作业。

7）停机操作

① 研磨作业完成后，将"磨轮开/停"开关向左转动到"停"的位置，停止研磨作业；

② 逆时针摇动设备侧面的进给/后退手轮，使磨轮与产品的研磨面离开一定的距离；

③ 手动抬起夹具压把，松开夹具，将产品取出；

④ 对研磨效果进行确认。

8）异常处理：当研磨机出现异常时，即刻按下急停按钮，并报告故障状况，待维修人员修复。

（5）安全操作规程

1）未经培训的人员不得操作本设备。

2）保持工作场地、设备及周围环境清洁。

3）操作人员必须穿戴好防护用品，佩戴防护安全帽、防护眼镜、口罩，佩戴防护耳罩（耳塞），穿防护鞋与皮围裙，严禁穿轻便鞋，严禁双手佩戴饰物。

4）设备运行时会产生噪声，必须做好听力保护措施。

5）开动设备前，工作区域内应无与操作无关人员，工作台上无异物。

6）开动设备前，首先检查电源（不能缺相）、气源（气压 $\geqslant0.4MPa$）是否合格，导轨上应有油膜。

7）设备控制箱及防护罩内严禁放置杂物。

8）每班要认真清理设备内残留的磨屑。

9）如需要维修设备，必须先将电源关闭，维修完成后，必须确认设备处于安全状态并运转正常方可交付使用。

10）应根据使用时的工作制度，制定大、中、小检修制度，保证设备处于良好状态。

（6）设备维护与保养

1）按照设备日常点检、保养记录表项目对设备进行点检、保养，并填写相关记录。

2）液压部分

① 检查电机是否有振动现象；

② 检查电磁阀是否漏油；

③ 检查液压油是否充足、是否在标线范围内。

3）轴承、链条

① 检查摆渡轴承、链条、升降轴承、气缸是否注油；

② 检查轴承、链条是否运转灵活。

4）工作台

① 检查工作台台面是否水平；

② 检查工作台台面升降、伸出、回入是否正常。

5）磨轮机构

① 检查磨轮的螺钉有无松动；

② 检查磨轮运转是否正常。

6）检查配电箱各开关、按钮、指示灯是否正常。

7）设备表面无油污、灰尘。

8.1.2 台式洗面器研磨机

台式洗面器研磨机如图 8-3 所示，用于台式（台上、台下）洗面器安装面的研磨加工。研磨时，工作转台与磨轮反向同时旋转，因此研磨速度快、效率高。

（1）技术参数

磨轮直径：$\phi 150\mathrm{mm}$；

磨轮转速：2840r/min，线速度 22.3m/s；

磨轮电机：Y90L-2，2.2kW；

磨轮升降/进给方式：手动升降，手动进给；

磨轮升降行程：60mm；

磨轮进给行程：24mm；

磨轮进给刻度值：每刻度值 0.05mm；

工作转台规格：$\phi 515\mathrm{mm}$；

工作转台转速：最大 4r/min；

图 8-3 台式洗面器研磨机

179

工作转台行程：旋转式，垂直位移 0mm；

工作转台旋转电机：Y90L-2，0.75kW；

工作转台变速器：一级变速 JWB-X-0.75-40D，二级变速 WJ110A-15-FK；

装机总容量：2.95kW；

设备外形尺寸：(长×宽×高)1480mm×1027mm×1893mm；

设备质量：540kg。

（2）设备构造

设备由底座、工作转台、磨轮机构、摇臂机构、电气控制系统、进给手轮、防护外壳、冷却水系统等组成，如图 8-4 所示。

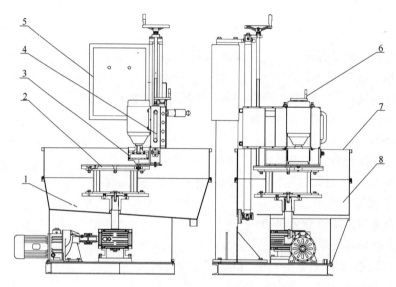

图 8-4　台式洗面器研磨机构造图

1—底座；2—工作转台；3—磨轮机构；4—摇臂机构；5—电气控制系统；
6—进给手轮；7—防护外壳；8—冷却水系统

1）底座：用于支承立柱、工作转台、外壳等部分。

2）工作转台：由转台、电机、减速器、变速器及托架等构成，转速可调，以适应被研磨产品的旋转线速，托架用于托放被研磨产品，不同形状的被研磨产品应制作出相应形状的托架，以免磨削宽度不规则，托架外圈也是磨头导向轮的接触轨道，应保持光滑。

3）磨轮机构：由电机、联轴器、磨轮接盘、磨轮、冷却装置、防护罩、磨轮导向机构等组成。其功能是通过电机带动联轴器和磨轮接盘，实现磨轮的旋转研磨。其中，通过调节磨轮导向机构与磨轮中心距离可调整不同产品的研磨要求和待研磨面宽窄的要求。

4）摇臂机构：摇臂通过丝杠传动在立柱导杆上上下、左右移动，其下方有一个可前后调节的导向轮，用来控制摇臂的摆动幅度；其后部有弹性顶紧装置，使导向轮紧靠在被研磨产品的托架上；磨轮连同电机安装在摇臂左侧，由摇臂右侧的升降丝杠来实现其升降，用以控制研磨进给量。

5）电气控制系统：用于对设备研磨轮转动及被研磨产品（工件）运动的状态进行控制，控制系统设计有漏电保护器等电气装置，以满足设备安全使用要求。

6）进给手轮：安装于摇臂机构，通过进给手轮的旋转调整研磨头进给量。

7）防护外壳：由防护门和壳体构成，防护门用于工件进出，壳体挡住研磨时产生的水滴和磨屑不向设备外飞溅，并将其回收。

8）冷却水系统：由储水箱、循环水泵、管路等组成，其作用是将冷却水输送到预定位置对磨轮和被研磨产品进行冷却；冷却水采用循环方式，磨屑及冷却水经机壳收集后流回储水箱，经过储水箱沉淀的冷却水再由水泵送到磨轮，循环使用。

（3）设备安装

本设备运行平稳、振动微小，因此不设地脚螺栓，应保证设备的安装基座平面度每平方米不得超过±2mm，水平度不得超过1∶200，安装后工作转台的平面应水平，如果超过，必须加垫调整。

（4）设备调试

将各润滑油点注油（减速器已经注油），接好电源并检查漏电保护装置的灵敏度，确认安全可靠后方可启动各部位电机；电机首次启动时应点动，观察磨轮和工作转台的转动方向是否正确，磨轮和工作台转向为顺时针和逆时针（由上向下观察）。

（5）研磨作业

1）在放进、取出产品及其他需要时拉开设备的防护门，但研磨时必须将其关闭，以保证人身安全，同时防止冷却水溅出。

2）将被研磨的台式洗面器放于专用托架上，台上洗面器反扣盆口朝下，外沿与托架对正，用专用卡具将其压紧，台下洗面器正放盆口朝上放于托架内，不得有摇动现象，放置完毕后都应与托架接触面结合牢固、平稳。

3）打开水泵开关，使水流到磨轮上。

4）用进给手轮将磨轮升高，调整研磨宽度，如果研磨范围需要较宽，将摇臂机构下方的导向轮向后退回，反之应向前伸出；启动工作转台，将被研磨面的最凸点作为磨轮的磨削起点；调整工作转台的转速，建议3r/min左右。

5）利用弹性顶紧装置顶住摇臂后部，使导向轮自始至终与托架外周边保持良好接触，进而保证研磨的连续性。

6）磨轮的进给由摇臂右侧的进给手轮来实现，手轮顺时针转动使磨轮上升，反之下降；手轮每转动一圈升降1.5mm，手轮下方的刻度盘标记有进给量：每大格为0.1mm，每小格为0.05mm；建议每次调整进给量应在0.05～0.1mm之间，以免进给量调整过大造成研磨面损伤和出现崩边缺陷。

7）停机操作

① 研磨作业完成后，将"磨轮开/停"开关向左转动到"停"的位置，停止研磨作业；

② 逆时针摇动升降手轮，升起磨轮到一定的高度；

③ 打开研磨机防护门；

④ 手动抬起夹具压把，松开夹具，将产品取出；

⑤ 对研磨效果进行确认。

8）异常处理：

当研磨机出现异常时，即刻按下急停按钮，并报告故障状况，待维修人员修复。

（6）设备安全操作规程

同本章 8.1.1（5）。

（7）设备维护与保养

1）按照设备日常点检、保养记录表项目对设备进行点检、保养，并填写相关记录。

2）冷却水系统：由于在使用中冷却水会不断地蒸发，因此需适时向储水箱补充冷却水；视情况清除储水箱内沉淀的瓷屑，一般每周清洗一次储水箱，并更换新水。

3）磨轮电机座的铜套以及丝杠、立轴均应加注或刷涂润滑油，转台变速器、减速器应定期更换润滑油。

4）轴承、链条

① 检查轴承、链条、升降轴承、气缸是否注油；

② 检查轴承、链条是否运转灵活。

5）角带或链轮

① 检查角带、链轮磨损状况；

② 检查角带松紧程度，是否有丢转现象，必要时调整角带张紧轮；

③ 检查链条松紧程度，可通过移动手轮轴承座和张紧槽轮调整。

6）工作转台

① 检查其台面是否水平；

② 检查工作转台升降、旋转是否正常；

③ 升降减速机加高速黄油。

7）升降装置

① 换向套加高速黄油；

② 检查升降轨道注油泵油位高度；

③ 检查运转正常。

8）磨轮机构

① 检查磨轮的螺钉有无松动；

② 检查磨轮的转动和移动是否正常。

9）检查配电箱各开关、按钮、指示灯是否正常。

10）设备表面无油污、灰尘。

（8）常见故障及排除方法

台式洗面器研磨机常见故障及排除方法见表 8-1。

表 8-1　台式洗面器研磨机常见故障及排除方法

故障名称	故障原因	排除方法
电机不能启动	1. 电源电压不正常； 2. 接触不良； 3. 定子绕组短路； 4. 转子卡住	1. 检查电源电压是否过低； 2. 检查线路； 3. 检查定子绕组是否完好、接线是否良好； 4. 检查轴承是否灵活、定转子是否相碰

续表

故障名称	故障原因	排除方法
发生异常响声	1. 防护罩松动; 2. 转动部位润滑不良	1. 紧固防护罩螺栓; 2. 停机,加注润滑油
电机噪声和振动过大	1. 绕组短路或接地; 2. 电机轴承损坏或缺润滑油; 3. 定子、转子的间隙有杂物	1. 找出事故点,修复或更换; 2. 更换轴承或加注润滑油; 3. 清除其杂物
启动速度慢, 转速过低	1. 电源电压偏低; 2. 绕组匝间短路; 3. 电机负载过重	1. 提高电压至规定值; 2. 修理或更换绕组; 3. 检查轴承及负载情况

8.1.3　150立式研磨机

150立式研磨机如图8-5所示,用于坐便器的底面、台下洗面器的安装面及符合设备研磨尺寸范围产品的安装面的研磨加工。

（1）技术参数

磨轮直径：ϕ150mm;

磨轮转速：3000r/min,线速度23.6m/s;

磨轮电机：Y112M-2,4kW;

磨轮进给方式：水平方向移动,磨轮无升降/进给功能;

磨轮升降行程：0mm;

磨轮进给行程：0mm;

磨轮进给刻度值：无;

工作台规格：660mm×640mm;

工作台转速：无旋转功能;

工作台行程：升降式,垂直位移440mm;

工作台旋转电机：无;

工作台变速器：无;

图8-5　150立式研磨机

工作台升降方式：手动或电动,丝杠传动;

工作台升降电机：Y90L-6,1.1kW,910r/min;

装机总容量：5.1kW;

设备外形尺寸：（长×宽×高）1825mm×1260mm×2077mm;

设备质量：850kg。

（2）设备构造与功能

本设备由防护外壳、冷却水系统、升降手轮、转换手柄、底座、起吊环、磨轮传动机构、磨轮电机、摇臂操作手柄、磨轮机构、工作台、电气控制系统等组成,如图8-6所示。

1）防护外壳：由防护门和壳体构成,防护门用于被研磨产品（工件）的进出;壳体挡住研磨时产生的水滴和磨屑不向设备外飞溅,并将其回收。

183

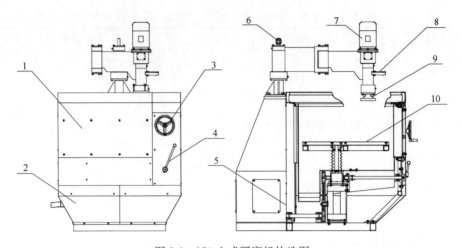

图 8-6　150 立式研磨机构造图

1—防护外壳；2—冷却水系统；3—升降手轮；4—转换手柄；5—底座；6—起吊环；
7—磨轮传动机构；8—摇臂操作手柄；9—磨轮机构；10—工作台

2）冷却水系统：由储水箱、内水箱、循环水泵、泵池、管路等组成冷却水系统。设备使用时，将储水箱加满冷却水，按下水泵启动按钮，水泵将储水箱内的水送至磨轮头部，对磨轮和被研磨产品进行冷却，再沿磨轮切向溢出，连同研磨时产生的瓷屑一起流入内水箱，经内水箱收集由设备左侧的出水管流入储水箱，经储水箱分级沉淀后，水流入泵池，再经水泵送至磨轮，使冷却水循环使用。

根据使用情况，适当调节安装在摇臂上的供水球阀，可得到不同流量的水流，水流以磨轮运动时不外溢为宜。由于在使用中冷却水会蒸发，因此需适时向储水箱补充冷却水；视情况清除储水箱内沉淀的瓷屑，一般每周清洗一次储水箱，并更换新水。

3）升降手轮：升降手轮与设备内部齿轮机构连接，用于工作台的升降操作，工作台升降可以通过手动或电动来实现；将设备前面的转换手柄移至电动部位，可实现工作台电动升降，当工作台移动到上（或下）行程接近终点时，行程开关自动切断电源；将手柄拨至手动部位，可用手摇转手轮来实现工作台手动升降，手轮通过蜗轮蜗杆机构实现工作台升降操作。

4）转换手柄：用于工作台上升/下降模式的转换，实现工作台手动或自动升降切换。注意事项：手柄在手动位置时不可用电动来控制工作台升降。

5）底座：用于工作台、防护外壳等部分的安装。

6）起吊环：用于设备运输时装卸车和现场安装的起吊。

7）磨轮传动机构：由电机、传动轴、轴承、密封件等组成，电机为磨轮高速旋转提供动力，通过传动轴将磨轮电机旋转动能传递至研磨轮，实现磨轮高速旋转；磨轮移动采用两个摇臂中间铰链，另一摇臂沿立轴摆动的结构，使磨轮达到万向效果，从而研磨产品安装面的任意位置。

8）摇臂操作手柄：用于研磨作业中移动磨轮的位置。

9）磨轮机构：由磨轮接盘、磨轮、挡水圈、传动轴等组成，其功能是通过传动轴实现磨轮的旋转研磨。

10）工作台：用于被研磨产品（工件）的装夹紧，其升降是以手动或电动来实现的，将设备前面的转换手柄移至电动部位，可用控制按钮来操作工作台升降，当工作台移动到上（或下）行程接近终点时，行程开关自动切断电源；将手柄拨至手动部位，可用手摇转手轮来实现工作台的升降。

11）电气控制系统：用于对设备研磨轮转动及被研磨产品（工件）运动的状态进行控制，控制系统设计有漏电保护器等电气装置，以满足设备安全使用要求。

（3）设备安装

同本章 8.1.2（3）。

（4）研磨作业

1）在放进、取出产品及其他需要时拉开设备的防护门，但研磨时必须将其关闭，以保证人身安全，同时防止冷却水溅出。

2）待研磨产品的找正与夹紧

① 台下洗面器：将台下洗面器放置在检测台板上，用铅笔在凸起处做高位点标记，然后放置在工作台台板上，底部垫几个 V 形木片，用磨轮找正，同时用手升降工作台，当几个高位点均与磨轮下面距离一致时，按下夹具压把，将产品夹紧。

② 坐便器：将坐便器倒置在调整座上，然后调整框架上的调节杆，使被研磨面距磨轮的距离一致，按下夹具压把，将产品夹紧。

3）打开水泵开关，使水流到磨轮上。

4）磨轮操作：磨轮的启动开关设置在磨头的握把内，用手握紧，磨轮启动，松开时，磨轮停转。首次启动磨轮应先点动，观察旋向是否与标注的旋向（箭头）一致。如反向，应立即调整，否则磨轮会自行脱落。

在磨轮长时间连续运转时，轴承部位会发热，但温度一般不会超过 60℃，不会损伤设备部件。

5）工作台操作可使用手动或电动操作方式操作进给状态。

① 手动操作方式：将设备前面的转换手柄向右拨至手动位置，转动手轮调整工作台升降。手动适用于找正或微调。

② 电动操作方式：将设备前面的转换手柄向左拨至电动位置，按动按钮便可升降工作台。电动适用于工作台的大范围升降。

6）停机操作

① 研磨作业完成后，将"研磨轮开/停"开关向左转动到"停"的位置，停止研磨作业；

② 逆时针摇动升降手轮，使工作台降到一定的高度；

③ 打开研磨机防护门；

④ 手动抬起夹具压把，松开夹具，将产品取出；

⑤ 对研磨效果进行确认。

7）异常处理：当研磨机出现异常时，即刻按下急停按钮，并报告故障状况，待专业人员修复。

（5）安全操作规程

同本章 8.1.1（5）。

（6）设备调整与润滑

1）摇臂轴承调整：一轴顶部的圆螺母用于调整一轴的轴承间隙；二轴底盖的圆螺母可调整二轴的轴承间隙；三轴上盖的圆螺母可调整磨轮轴的轴承间隙。

2）角带、链轮调整：研磨轮升降电机的传动角带（或链轮）用张紧轮来调整，手动升降的链条用移动手轮轴承座和张紧槽轮调整，研磨头移动轨道用顶紧螺杆来调整。

3）润滑：研磨轮减速机轴承加高速黄油，换向轴套加高速黄油，润滑油根据实际使用情况定期加注；升降轨道由设备外部的注油泵进行润滑。

（7）设备维护与保养

参见本章8.1.2（7）。

（8）常见故障及排除方法

150立式研磨机的常见故障及排除方法见表8-2。

表8-2　150立式研磨机的常见故障及排除方法

故障名称	故障原因	排除方法
工作台不能升降	1. 保险器烧断； 2. 没有将转换手柄拨到所需的位置； 3. 电动升降的控制开关失灵； 4. 转换手柄拨不到位； 5. 电机联轴器或角带故障	1. 更换保险器； 2. 按所需方式拨到位； 3. 检查或更换控制开关； 4. 手轮摇转一个角度再拨； 5. 打开左侧下部罩壳后检查
工作台摆动	轨道产生间隙	打开后部罩壳后调整
电动升降时手轮随之转动	离合器滑套严重缺油	重新加油或更换滑套
转换手柄在手动位置时电动升降依然启动	电动升降控制失灵	更换电气转换开关
磨轮不能启动	1. 保险器烧断； 2. 握把开关失灵	1. 更换保险器； 2. 修理或更换握把开关
磨轮不能停止	握把开关失灵	修理或更换开关
磨轮摇臂上下晃动	各轴轴承产生间隙	按本节（6）1）进行调整

8.1.4　400立式研磨机

400立式研磨机如图8-7所示，用于坐便器的底面、小便器的靠墙面、洗面器的靠墙面等产品安装面的研磨加工。本设备由于磨轮直径较大，研磨时，工作转台与磨轮反向同时旋转，因此研磨速度快、效率高。

按常用的磨轮直径规格，可分为400型立式研磨机、560型立式研磨机。

（1）技术参数

磨轮直径：ϕ400mm或ϕ560mm；

磨轮转速：850r/min，线速度17.8m/s（ϕ400mm），24.9m/s（ϕ560mm）；

磨轮电机：变频调速制动电机YVPE132M2-6，5.5kW；

磨轮升降/进给方式：手动升降，手动进给；

磨轮升降行程：垂直180mm，横向540mm；

磨轮进给行程：180mm；

磨轮进给刻度值：每刻度值0.05mm；

工作转台规格：ϕ1200mm；

工作转台转速：20r/min；

工作转台行程：旋转式，垂直位移0mm；

工作转台旋转电机：电磁制动电机，YEJ112M-6，2.2kW，960r/min；

工作转台变速器：ZA型蜗轮蜗杆，HT200/ZQSn10-1，速比48：1；

工作转台升降方式：无升降功能，高度固定；

工作转台升降电机：无；

装机总容量：7.7kW；

设备外形尺寸：（长×宽×高）1910mm×1885mm×2658mm；

设备质量：1600kg。

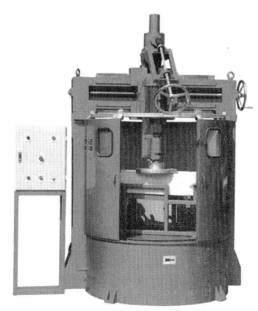

图8-7　400立式研磨机

（2）设备构造与功能

本设备由防尘罩、冷却水系统、工件夹具、升降传动机构、磨轮进给机构、磨轮传动机构、工作转台、底座、电气控制系统等组成，如图8-8所示。

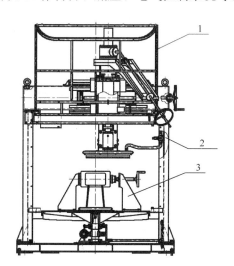
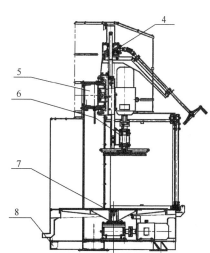

图8-8　400立式研磨机构造图

1—防尘罩；2—冷却水系统；3—工件夹具；4—磨轮升降机构；5—磨轮进给机构；
6—磨轮传动机构；7—工作转台；8—底座

1）防尘罩：由金属骨架和PVC板组成，用于研磨时密封研磨空间。

2）冷却水系统：由供水管路、阀门、冷却水喷头等组成，其功能是研磨时使用冷却水对磨轮和被研磨产品（工件）进行冷却。

3）工件夹具：用于夹紧被研磨产品（工件）。

4）磨轮升降机构：由一对圆锥齿轮和万向联轴节、手轮等组成，其功能是转动手轮使磨轮升降实现磨轮的吃刀与退刀（下压研磨与提升分离）。

5）磨轮进给机构：由横梁、横向溜板、磨头溜板、横向丝杠及上、下滑轨等组成，其功能是使磨轮垂直与横向运动，研磨产品。

6）磨轮传动机构：由变频调速制动电机、传动轴、磨轮接盘、磨轮等组成，通过传动轴将电机高速旋转动能转换为磨轮研磨旋转，完成研磨作业。

7）工作转台：由功率2.2kW的电磁制动电机、蜗杆减速器、转台等零部件组成，电机通过蜗杆减速器以20r/min转速带动工作转台上的工件旋转，进行研磨。

8）底座：由机架、座圈、立柱及防护门等组成。

9）电气控制系统：用于对设备研磨轮转动及被研磨产品（工件）运动的状态进行控制，控制系统设计有漏电保护器等电气装置，以满足设备安全使用要求。

（3）设备安装与调试

1）设备安装

① 设备安装前应按研磨机基础图做好基础。设备到位后，穿上6根地脚螺栓，浇筑混凝土；浇筑的混凝土干固后，用楔铁调整水平；经检查无误后，固定楔铁，并紧固地脚螺栓的螺母。

② 确认检查设备各部位的螺栓是否紧固，滑动部位是否涂有润滑油，滑动是否灵活，检查电器接线是否牢固可靠。

③ 使用DN50软管连接设备背部下端排水口至下水道。

④ 启动磨轮与工作转台，观察运转是否正常；转动升降手轮，凭手感觉磨轮升降时有无卡滞现象；转动横向手轮，检查磨轮横向移动时有无卡滞现象；按点动按钮，观察转台是否启停可靠。

2）设备试运转：检查各部位螺栓是否紧固，各滑动部位是否涂润滑油，滑动是否灵活（各部轴承间隙已调到最佳状态，使用者可不做调整），检查电气接线是否牢固可靠。

① 按启动按钮，启动磨轮与工作转台，判断运转是否正常；

② 转动升降手轮、升降磨轮，凭手感判断是否有卡阻现象；

③ 转动横向手轮，使磨轮部分横向移动，凭手感觉是否有卡阻现象；

④ 按停止按钮，观察磨轮与工作转台是否控制有效。

3）设备各单元间隙的调整

① 磨轮轴轴承间隙的调整：松开轴座上部压盖的螺栓，增减调整垫厚度，即可调整磨轮的轴承间隙。

② 工作转台蜗轮减速器轴承间隙的调整：卸下转台板，松开减速机侧盖上的锁紧螺母，调节六角螺栓，左右旋转转台，在联轴器上凭手感判断轴承游隙，游隙约为0.1mm，不可太紧，完成后紧固锁紧螺母；松开上面轴承压盖的螺栓，增减调整垫厚度，紧固螺栓时应上下扳动转台，判断轴承游隙大小；装好转台板。

③ 横向进给丝杠轴承间隙的调整：卸下横向进给手轮，松开轴承压盖的螺栓，增减调整垫厚度，即可调整丝杠轴承间隙。

④ 升降螺母轴承的调整：松开升降减速器上轴承盖的螺栓，改变调整垫厚度，合适后紧固螺栓即可。

⑤ 横向溜板间隙的调整：松开活动导轨紧固螺栓，用调节杆螺母调整溜板与横梁的侧间隙，使之运动自如后，固紧螺栓；松开溜板下部导轨压条，向上靠紧下导轨，使镶条与下导轨间隙消除，拧紧紧固螺栓。

⑥ 纵向溜板间隙的调整：松开右侧三个紧定螺钉，拧动上部的调节螺钉，向上移动可使间隙增大，其间隙以运动自如不松动为宜。

⑦ 转台停车位置的调整：工作转台在使用一段时间后可能出现停位不准确现象，这时应调整转台下面的限位开关信号调节板在转台的相对位置，如果转台停车时过位，应将信号板向转台旋转方向的反方向适当前移，然后将顶紧螺栓拧紧；如果停车位置不到位，将信号板向转台旋转方向的同方向适当移动，并将信号板紧固，直到停位准确为止。

（4）研磨作业

1）在放进、取出产品及其他需要时拉开设备的防护门，但研磨时必须将其关闭，以保证人身安全，同时防止冷却水溅出。

2）工作转台台面水平检测，测量工作转台台面水平度，要求前后左右均水平。

3）手动升高磨轮，使磨轮略高于被研磨产品的研磨面，将被研磨产品放置在专用托架上，将产品和托架推入工作转台预定位置，转动台面上右侧手轮夹紧产品。

4）打开水泵开关，使冷却水流到磨轮上。

5）顺时针旋转松开急停按钮，然后顺时针旋转打开磨轮按钮，磨轮开始运转；顺时针旋转工作转台按钮，工作转台开始运转，然后缓慢降下磨轮，磨轮与产品接触后，应微动手轮，每次不应超过 0.2mm；转动横向进给手轮，可使磨轮进行水平方向研磨，横向进给手轮每转动一周，磨轮可横向移动 6mm。

6）旋转电控箱右上角的旋钮可控制变频调速制动电机，调节磨轮的转速。

7）停机操作

① 研磨作业完成后，先将研磨头升起离开产品，再先后将"磨轮开/停""工件转台开/停"开关向左转动到停的位置，停止研磨作业；

② 逆时针转动升降手轮，使研磨头升起到一定高度；

③ 打开研磨机防护门；

④ 转动台面上右侧手轮，松开产品的夹紧，将产品取出；

⑤ 对研磨效果进行确认。

8）异常处理：当研磨机出现异常时，即刻按下急停按钮，并报告故障状况，待专业人员修复。

（5）安全操作规程

同本章 8.1.1（5）。

（6）设备维护与保养

1）按照设备日常点检、保养记录表项目对设备进行点检、保养，并填写相关记录。

2）设备升降齿轮箱的滚动轴承部位及圆锥齿轮，填充适量 2 号钙基润滑脂。

3）工件转台

① 蜗轮箱中加入蜗轮蜗杆油（SH/T 0094—1991），每 3 个月换油一次；

② 蜗轮蜗杆油应从工作转台上检查孔加入，每次加油量为 4.5L（约 4kg）。

4）磨轮传动机构

① 在磨轮轴承座的油杯中加入清洁的轴承油（SH/T 0017—1990）；

② 在纵向导轨油杯中加入导轨油（SH/T 0361—1998），在横向导轨面上涂导轨油。

5）其他

① 在其他滚动轴承部位均填充适量钙基润滑脂。

② 定期检查各部位紧固件的可靠性，确保运行灵活轻便。

6）检查电控系统的配电箱各开关、按钮、指示灯是否正常。

7）设备表面无油污、灰尘。

8.1.5 手持研磨工具与除尘装置

手持研磨工具包括气动角磨机、气动打磨机、气动砂轮机、气动刻磨机等，如图 8-9～图 8-12 所示，用于产品上小面积的研磨加工。也有的手持研磨工具为电动。

图 8-9　气动角磨机　　　图 8-10　气动打磨机

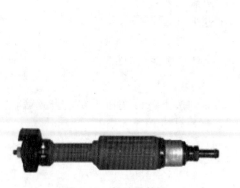 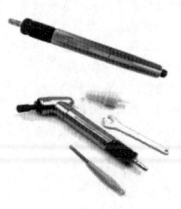

图 8-11　气动砂轮机　　　图 8-12　气动刻磨机

1）气动角磨机用于安装面不平、水箱口不平、割边口的棱角毛刺等缺陷的研磨。研磨操作如图 8-13～图 8-15 所示。

图 8-13　便器底部不平的研磨

图 8-14　水箱口不平的研磨

2）气动打磨机用于孔径出现的尺寸偏小、孔眼处有毛刺等缺陷的研磨。扩大孔径的研磨如图 8-16 所示。

图 8-15　割边口棱角毛刺的研磨

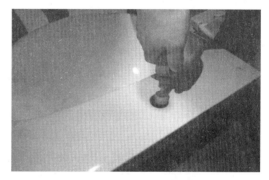

图 8-16　扩大孔径的研磨

3）气动砂轮机用于较大平面的研磨，如产品的边沿平面、安装面等。

4）气动刻磨机用于坐圈下布水孔眼出现的堵塞、半堵塞、毛刺等缺陷的研磨。布水孔眼堵塞的研磨如图 8-17 所示。

5）手持研磨工具的研磨作业要在研磨小间中进行。研磨小间如图 8-18、图 8-19 所示。研磨小间里要安装吸尘装置，研磨时产生的粉尘被即刻吸走，吸走的粉尘进入脉冲除尘器做除尘处理。脉冲除尘器如图 8-20 所示。

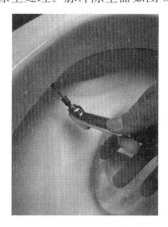

图 8-17　布水孔眼堵塞的研磨

图 8-18　研磨大件产品的研磨小间

研磨操作人员要佩戴劳动保护用品手套、口罩、眼镜、耳罩（耳塞）等。

图 8-19　研磨小件产品的研磨小间

图 8-20　脉冲除尘器

8.2　研磨作业示例

8.2.1　立式研磨机作业

以下为某企业 400 立式研磨机的研磨作业，供参考。

（1）准备工作

1）操作人员按要求佩戴劳动防护用品。

2）准备检测使用的量具与工具。

3）设备的防护门，在放进、取出产品及其他需要时拉开，但研磨时必须将其关闭，以保证人身安全，同时防止冷却水溅出。

4）研磨设备与检测台的确认：确认工作转台（底盘）的水平（横向、竖向），确认检测平台的水平与凹凸（横向、竖向），确认设备上砂轮盘（磨轮）的水平，确认砂轮盘（磨轮）的移动行程是否顺畅。各种型号的研磨品使用的研磨架台有所不同，根据研磨产品的型号，使用相对应的研磨架台，并确认架台的牢固性。确认中如有异常及时调整或报修。

（2）研磨产品的放入与确认

1）研磨产品的确认与放置：将被研磨产品放在检测平台上，确认研磨位置、研磨量，并标记在产品上，再将产品的研磨面向上放置在专用的研磨架台上，推送到研磨机内工作转台上面的指定位置，要避免产品放入时发生碰撞，砂轮盘（磨轮）的高度应调控到高于产品研磨面。

2）研磨面的调整：根据产品的变形程度，在研磨架台的下部放入大小、厚度不同的橡胶垫，将产品研磨面调整成水平，研磨面上有空气孔的产品，要用海绵塞堵上，避免产品内部进水。

3）研磨产品的固定：将放有研磨产品的架台推入固定位置，用固定装置将其固定，注意一定要固定牢固，防止研磨过程中将产品甩出。分体坐便器的放置与固定夹紧如图 8-21、图 8-22 所示，小便器的放置与固定夹紧如图 8-23 所示。

图 8-21　分体坐便器的放置

图 8-22　分体坐便器的固定夹紧

（3）研磨作业

1）研磨开始前作业：关上防护门，确认防护门是否关好，研磨过程中不准打开防护门；按顺序打开冷却水，冷却水要淋到磨轮（研磨砂轮）与产品接触的面上，开砂轮盘控制开关、开工作转台（底盘）的控制开关，一定按前后顺序进行操作；开始进行作业时，设备要空转 1min，更换研磨砂轮后要空转 3min，砂轮盘上的磨轮（金刚石质）可使用到厚度 3mm 为止。

2）研磨作业：进行研磨时，必须双手把握和转动磨轮上下的手轮，如图 8-24 所示。手轮盘上标有研磨砂轮盘上下方向移动的指示标记，使磨轮向左方向移动（即下降），徐徐地将磨轮面降到与产品研磨面相接触。研磨过程中，手轮的下压操作是底盘转台每转 2～3 周，手轮下压方向转动 1/4 圈，如下压过大可能造成产品破损。从防护门上的观察窗确认研磨状况，待预先确定的产品研磨面的研磨量全部研磨后，研磨工作完成。

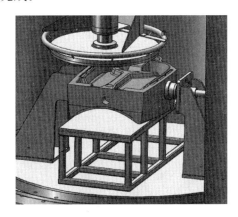

图 8-23　小便器的放置与固定夹紧

图 8-24　双手把握和转动手轮

（4）停机操作

1）关停设备：确认产品研磨完成后，双手转动手轮，使砂轮盘手轮向右旋转 3～5 圈（即上升），按顺序关停砂轮盘、工作转台（底盘），关闭冷却水，将工作转台的底盘停止在最容易取出产品的位置（与放置时的位置相同）；按工作转台底盘的停止按钮，在工作转台的旋转即将完全停止之前，将防护门打开，操作人员用手控制产品，使工作转台上的产品停止在产品放入时的位置上，将产品取出。

2) 产品的边沿倒角：产品完全静止后，将产品固定装置用手轮松动 2～3 圈，拉出台架；将产品移放到检测台上进行研磨效果初步确认，因研磨后的边角十分尖锐，要用手持打磨机、手持角磨机或研磨石进行边沿倒角处理。倒角不易过大，一般无釉处倒角不大于 1.5mm。因产品被水淋湿，操作时注意防止滑落；边沿倒角后，用水洗净研磨部位，防止研磨粉造成划痕；取下堵塞空气孔的海绵塞。产品的边沿倒角操作如图 8-25、图 8-26 所示。

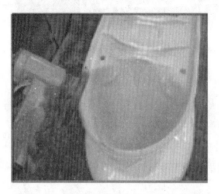 

图 8-25　坐便器底部的边沿倒角操作　　图 8-26　小便器靠墙面的边沿倒角操作

（5）产品的研磨效果确认

将研磨后的产品放在检测平台上，用量具或规具检测研磨效果，确认研磨面相关的尺寸是否在合格范围内。

注意检测确认以下部位：

① 产品底面或靠墙面的安装间隙；

② 安装台面与产品安装面之间的间隙；

③ 坐便器、小便器法兰安装深度尺寸；

④ 冲洗阀式坐便器、小便器进水口的距墙尺寸；

⑤ 立柱式洗面器、壁挂式洗面器的水龙头安装面与前沿的高度差是否在合格范围内。

几种检测方法如图 8-27～图 8-29 所示。

 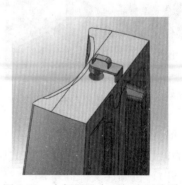

图 8-27　安装面缝隙检测　　图 8-28　小便器进水口与墙距检测

（6）研磨产品的处置：研磨产品检验合格后，分类码放并加盖研磨印章（工号），要将产品上的标记擦拭干净。确认产品型号、数量、颜色，记入检查记录表，对不合格的产品根据要求进行变级（条码）处理。在研磨过程中有的产品内部可能有存水，一般不做回烧处理，如需回烧，注意一定要清除存水并进行干燥后才能回烧。

图 8-29　坐便器排污口安装深度检测

8.2.2　手持研磨工具作业

（1）准备手持研磨工具与装备

工具：检测用量具、规具、手持气动刻磨机等。

装备：研磨小间（带除尘机）、研磨台、检查台。

（2）研磨作业

1）工具、装备确认：确认手持研磨工具是否完好，砂轮是否紧固好，确认量具、规具是否齐全；确认研磨小间（带除尘机）是否合格，研磨台上应无粉尘、残渣等异物，确认检查台的台面是否水平。

开启除尘机，确认除尘风机的声音及吸入风量是否正常。

研磨作业人员戴好防护用品，佩戴好手套、口罩、眼镜、耳罩（耳塞）。

2）被研磨产品确认：先将被研磨产品放置在检查台上，确认研磨部位、研磨量，做好标记；拿取被研磨产品时要轻拿轻放，做好防护。

3）产品研磨：将被研磨品的研磨面向上放置在研磨台上，使用手持研磨工具进行研磨，注意研磨面受力要均匀，研磨水箱口、边沿、孔径时，研磨力度不宜过大，避免用力过大造成研磨面凹凸不平和边沿处破损。研磨完成后，研磨面的边沿要倒角处理，倒角不宜过大，一般无釉处倒角不大于 1.5mm。

4）产品的研磨效果确认：将研磨后的产品放在检测平台上，用量具或规具检测研磨效果，确认研磨面相关的变形、尺寸是否在合格范围内。

注意检测确认以下部位：

①产品安装台面与产品安装面之间的间隙。

②水箱盖与水箱口之间的翘曲与间隙。

③安装孔平面度的间隙。

④孔眼尺寸。

手持研磨作业如图 8-30 所示，研磨后检测台面与产品安装面之间的缝隙（间隙）如图 8-31 所示（此方法也适用于研磨前台面与产品安装面之间缝隙的检测）。

（3）研磨产品的处置

研磨产品的处置同本章 8.2.1（6）。

（4）安全注意事项

1）手持研磨工具更换砂轮（片）时，要先关闭电气开关，再拆卸旧砂轮（片）；要用固定螺栓将新砂轮（片）拧牢固，防止研磨过程中砂轮（片）甩出；更换完成后要空转一下，空转时，砂轮（片）旋转方向不可对着作业人员。

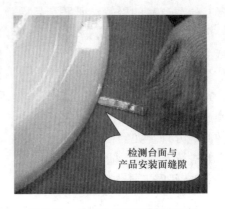

图 8-30 手持研磨工具的作业　　　　图 8-31 检测台面与安装面缝隙

2）除尘机要定期检查，发现有杂声或吸风量异常时，需及时修理。

8.3 产品修补加工

对于一些在检验标准范围内的小裂、棕眼、落脏等可进行修补加工处理，使产品更加美观。修补作业包括产品表面缺陷处理（打磨）和处理后表面的修补。

（1）修补工具

产品表面缺陷处理使用手持刻磨机、吹风机、水砂纸、牙签、刀片、擦拭布、金刚石磨头、砂轮石磨头、小锤、压辊、小冲子等工具。部分工具如图 8-32～图 8-36 所示。

图 8-32 牙签、刀片、擦拭布　　　　图 8-33 金刚石磨头

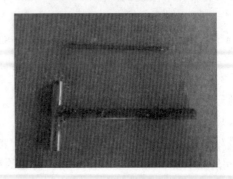

图 8-34 砂轮石磨头　　　　　　　图 8-35 小锤、压辊

（2）修补材料与用途

产品表面缺陷处理后，使用修补材料进行修补，使用的材料与用途如下。

1）釉面修补剂（一般为环氧树脂）：外购釉面修补专用材料或在实验室调和，用于产品釉面处修补棕眼、小坯脏、小裂等。

主剂为产品釉面颜色，硬化剂为无色透明。

调配比例：主剂 3 份：硬化剂 1 份。

调配后有效使用时间约 2h，固化时间 4h以上。

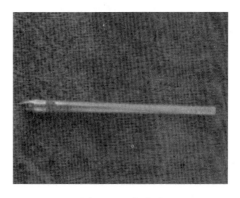

图 8-36　小冲子

2）魔塑钢（也称为树脂 AB 胶或塑钢土）：用于产品隐蔽面的修补漏水、漏气、裂、磕碰等。

调配比例：主剂 1 份：硬化剂 1 份。

调配后有效使用时间约 30min，固化时间 4h 以上。

3）SK12 修补剂或 90E 瓷白胶为不同生产厂家的产品，使用效果相同，用于隐蔽面与不可见面的修补。

调配比例：SK12 修补剂，主剂 1 份：硬化剂 1 份；90E 瓷白胶，主剂 1 份：硬化剂 1 份。

调配后有效使用时间约 2h，固化时间 4h 以上。

4）树脂类材料的保管：树脂类材料为易燃品类，放置于密封容器中在常温条件下保存，专人负责保管，同时遵守相关安全管理规定。

（3）修补作业要求

1）对作业人员的要求

① 修补的作业人员必须经过修补方法及树脂使用方法培训。

② 为修补的作业人员设置工号并备案，便于追溯。

③ 修补的作业人员要向相关部门备案。

2）树脂调和作业

① 按照调和比例调和树脂。需调色时，要与该产品的颜色对照比较，如颜色有差别可加适当的广告色（颜色：白、灰、黄）进行调配，使其与修补面周围的颜色一致。

② 调和树脂时要慢慢搅匀，防止出现气泡。

③ 每次调和树脂的用量为规定时间内可使用的量。

④ 调和好的开始硬化的树脂不可再使用。

3）产品各面使用的树脂种类

① 可见面（A、B、C 面）：使用釉面修补剂。

② 不可见/隐蔽面（D、E 面）：使用魔塑钢、SK12 修补剂或 90E 瓷白胶树脂。

4）修补的限度

① 水道通水路、水封以下部位、水箱水位线以下部位漏水的缺陷不可修补。

② 安装孔、给水口、排水口等与附属部件安装强度有关位置的裂不可修补。

③ 不可见面和隐蔽面的裂，在裂的深度超过坯体厚度 1/3 以上时不可修补；裂的深度在坯体厚度 1/3 以内时，可将裂的表面打磨后再修补，要修补得平整、美观。

5）裂缝的打磨：为了使修补材料容易进入裂缝，修补裂缝时需对裂缝进行打磨，打磨后再用修补材料进行修补，修补时，注意修补材料的硬度。

6）修补作业注意事项

① 作业时人员要佩戴防护用品，如胶手套、防护眼镜等，作业结束后一定要洗手；使用后的空罐及容器要放置到指定地点。

② 树脂修补作业现场需有换气装置，按工作需要开启换气装置。

③ 先擦净需修补表面的水渍等污物后再修补，修补面要干燥。

④ 修补产品背面裂的时候，要确认产品表面的形状，有无贯穿裂，有粘疤部位要先确认有无炸裂，如有贯穿裂、炸裂，不可修补。

⑤ 必须严格按照调和比例调和树脂，按规定进行修补作业。

⑥ 修补完成后，按要求时间进行硬化（养生），确认树脂硬化程度，不能充分硬化的，根据情况可将树脂处理后再修补或按不良品处理。

⑦ 修补后经检验的合格品，在无釉面的规定部位要打印修补标记和操作人员工号。

（4）修补作业方法

1）釉面修补作业方法

① 作业准备

a. 确认手持刻磨机与匹配的磨头、小冲子、吹风机、刀片、牙签、广告色等。

b. 准备釉面修补剂的主剂、硬化剂。

c. 取适量的主剂与硬化剂，按体积比例 3∶1，称取、混合、搅拌均匀后备用；当颜色与釉面有色差时可用配套的颜料进行调色，颜色要调为一致。

② 修补作业

a. 缺陷处理：对于一些需要修补缺陷上有毛刺的要用手持刻磨机打磨处理，处理面积不宜过大，要在修补范围内；对有颜色的缺陷，用小冲子去除。将处理表面的粉末清理干净，干燥后再修补。

b. 修补剂填充：根据需修补棕眼、坯脏、裂等的大小，用牙签或刀片取适量修补剂将缺陷填充抹平；为了更好地将棕眼等缺陷填充实，可用吹风机将修补处加热，便于填充时修补剂的流动和减少填充不实与产生气泡。

c. 修补面的处理与固化：修补的面积不要过大，能够将缺陷遮盖住与釉面平齐为准，修补完成后按规定的时间进行硬化，硬化时间一般为 4～5h，硬化完成后对修补效果进行确认，对不符合要求的需重新进行修补或按不合格品处理。

2）不可见面及隐蔽面使用 SK12 修补剂或 90E 瓷白胶的修补作业方法

① 作业准备

a. 确认手持刻磨机与匹配的磨头、小冲子、吹风机、刀片、压棍、牙签等。

b. 准备 SK12 修补剂或 90E 瓷白胶主剂、硬化剂、广告色、石膏粉等。

② 修补剂调和的比例与方法

a. SK12 修补剂调和的比例与方法：取适量的 SK12 修补剂调，主剂与硬化剂体积比例 1∶1，混合后搅拌均匀，加入适量的石膏粉进行混合，再次搅拌均匀后备用。加入石膏粉可减少修补剂的流动性，便于修补作业。

b.90E瓷白胶调和的比例与方法：主剂与硬化剂体积比例3：1，混合后搅拌均匀，加入适量的石膏粉进行混合，再次搅拌均匀后备用。

夏季室内温度高，硬化较快，硬化剂的加入量可以适当减少；冬季室内温度低，硬化较慢，硬化剂的加入量可适当增加。

③ 修补作业

a.缺陷处理：将修补部位的裂用手持刻磨机进行打磨，修补面不宜打磨过大，能够将裂遮盖住为宜，打磨后将表面粉末清理干净，干燥后再修补。

b.根据需修补裂的大小与深浅，用压辊或刀片、牙签取适量调和好的修补剂将其填充到裂中。用手持刻磨机将修补处裂打磨开，再用魔塑钢进行修补，修补剂补好后，用手指蘸少量水，将修补剂抹平。修补完成后，按规定的时间进行硬化，硬化完成后对修补效果进行确认，对不符合要求的需重新进行修补或按不合格品处理。

3）隐蔽面的魔塑钢修补作业方法

① 作业准备

a.确认手持刻磨机与匹配的磨头、小冲子、吹风机、压辊等。

b.准备魔塑钢的主剂、硬化剂。

② 修补作业

a.修补处打磨：将裂的部位用手持刻磨机进行打磨，打磨的面积不宜过大，将表面和内部裂纹全部打磨掉，直到看不见裂纹，如图8-37、图8-38所示。打磨后将表面粉末清理干净，干燥后再修补。

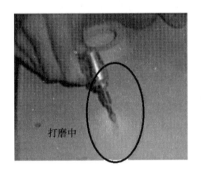
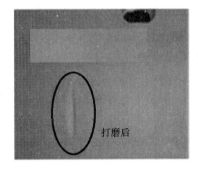

图 8-37　修补处打磨中　　　　　　图 8-38　修补处打磨后

b.魔塑钢调和方法：将手稍稍湿润，主剂与硬化剂体积比例1：1，取适当量的主剂与硬化剂，混合均匀，材料如果太干或粘手，可添加少许水分。然后将混合物搓成条状，再对折成麻花状，反复4～5次，充分混合均匀。如不按比例调和，会影响魔塑钢粘结强度。如产品的颜色与修补剂有色差可加入相应的颜料进行调和。

c.修补作业：用魔塑钢进行修补时，要将表面研磨粉末擦拭干净，否则会影响粘结强度。修补表面稍稍湿润再进行修补，用手或压辊取适量的调和好的魔塑钢，填补在坯体的裂或缺损处，压实，用手或压辊蘸水将填补处表面推平、抹光，并略施压力以增强附着效果，要修补得平整、光滑，不要高于坯体表面。修补完成后，按规定的时间进行硬化，硬化完成后对修补效果进行确认，对不符合要求的需重新进行修补或按不合格品处理。

（5）修补效果的确认与产品处置

① 修补作业完成后在釉面上要标出修补处位置标记，用蜡笔记上树脂修补时间，便于记录硬化时间，硬化结束后，确认修补效果与树脂的硬化状态。

② 确认修补的大小是否在允许范围内。

③ 确认产品的表面除修补处是否有树脂附着。

④ 确认修补处与周围的颜色是否有色差，修补的部位是否凹凸不平。

⑤ 对修补确认合格的产品要进行清洁处理。

⑥ 确认合格的产品按待检品流程处置，进行第二次质量检验。

⑦ 带有修补树脂的产品不可进行回烧。

⑧ 确认不合格的产品按不合格品的规定处置。

9 配件质量检验

在检验合格的卫生陶瓷产品过程中，有的产品需要安装配件再包装，有的产品与安装时使用的配件一起包装。为了保证包装物和配件的质量，并保证产品与配件的安装质量，就要进行相应的检验工作，故称之为配件质量检验工作。

9.1 配件质量的入厂检验

（1）配件的种类

各个企业根据需要确定与卫生陶瓷产品一起安装或包装的配件的种类和采购方法、渠道。某企业的实例见表 9-1，供参考。

表 9-1　与卫生陶瓷产品一起安装或包装的配件表（某企业）

类别	序号	配件名称	配套数量	说明
坐便器	1	包装箱、缓冲材料及压板	1组	企业提供设计图纸和技术要求，一般委托外企业加工。与包装产品配套使用
	2	坐便器水箱冲水配件	1套	与坐便器配套使用的，连体坐便器在检验时装配在便器水箱内，一起包装；国内销售的分体坐便器水箱通常不装配冲水配件，冲水配件单独或与水箱一起包装
	3	坐便器坐圈和盖	1套	与坐便器一起或分开包装
	4	智能坐便器坐圈和盖	1套	装配在智能坐便器本体上，一起包装（为了提高效率和降低成本，有一部分企业开始分开包装）
	5	排水连接件（部分产品使用）	1个	安装连接在坐便器排污口上，根据产品安装距要求配备对应的排水连接件，与产品一起放入包装箱内
	6	进水角阀及连接管	1套	部分厂家配备，与产品一起放入包装箱内。按要求采购
	7	法兰密封圈	1个	
洗面器	1	安装固定用配件（挂钩、螺钉、支架）	1套	用于产品与柜体或壁挂及支腿的固定使用，与产品一起放入包装箱内。按要求采购
	2	溢水盖（环）	1个	部分型号产品配备，并安装在洗面器或净身器上。按要求采购
	3	进水角阀及连接管	1套	部分厂家配备，与产品一起放入包装箱内。按要求采购

类别	序号	配件名称	配套数量	说明
小便器	1	进水口连接件或冲洗喷头配件	1套	装配在小便器上用于冲洗，与产品一起包装。按要求采购
	2	智能一体感应冲水装置	1套	装配在小便器上用于智能冲洗控制，与产品一起包装。按要求采购
	3	安装固定用配件（挂钩、螺钉）	1套	用于产品与地面或墙壁的固定使用，与产品一起放入包装箱内。按要求采购
	4	法兰密封圈或墙排连接件	1套	用于产品安装时排污口地面或墙壁的密封使用，与产品一起放入包装箱内。按要求采购

（2）进厂物料的管理

企业对与卫生陶瓷产品一起安装或包装的配件要安排有关部门进行采购和入厂质量检验。

企业要从外部采购一些物料，与卫生陶瓷产品一起安装或包装，配件是其中的一部分。为做好采购物料的工作，要制定相应的管理规定；采购到的配件要进行入厂质量检验，要与供方协商，共同制定质量检验标准；为做好检验工作，需要制定检验工作的作业指导书。

以下为某企业的《进厂物、料管理规定》，供参考。

进厂物、料管理规定（某企业）

1　目的

为保证进厂原材料、配件、辅料、外包加工零组件、物料（以下简称产品）、OEM成品等质量符合要求，并适时、适量地供应生产所需，为生产做好服务。

2　范围

凡公司生产所需的外购产品均适用。

3　定义

无

4　职责

4.1　____部门：负责采购的设备的检验和控制。

4.2　____部门：负责采购的生产过程中使用的材料的检验和控制。

4.3　____部门：负责采购的原材料的检验和控制。

4.4　____部门：负责采购的与卫生陶瓷配套的配件、包装箱的检验和控制。

4.5　____部门：负责采购的新开发产品过程中的外购物料的检验。

5 流程

流程	职能单位	相关说明	使用表单
供方交货 ↓ 仓库收料、报检 ↓ 进料检验（不合格/合格） ↓ 入库储存 ↓ 不合格品处理 ↓ 纠正措施/预防措施	供方	有要求时，提供《进料检验标准书/记录表》《材质/成分证明》《性能测试报告》等检验报告	进料检验标准书/记录表
	仓储部门	按《物流管理程序》执行	采购检验申请单
	质量检验管理部门	按《进料检验作业规定》执行	进料检验标准书/记录表 辅料检测记录
	仓储部门	按《物流管理程序》执行	
	仓储部门、质量管理部门	按《不合格品管理程序》执行	异常通知单
	质量管理部门	按《纠正措施和预防措施管理程序》执行	纠正措施/预防措施报告

6 内容

6.1 供方交货

6.1.1 采购部门要求供方按采购订单进行交货。质量检验管理部门若有要求时，供方须提供《进料检验标准书/记录表》《材质/成分证明》《性能测试报告》等相关质量检验记录，以备查证、确认（有必要时可委托检测机构进行检测、确认、查证）。若是首次购入的化学品/有毒有害物质，采购部门需要求供方提供MSDS（物质安全数据表）等相关资料交由质量管理部门确认，再由质量管理部门送至质量管理中心体系科进行整理及发放。

6.1.2 若有含重金属的材料或物品，质量管理部门有要求时，供方须提供相关符合证明。

6.1.3 采购须要求供方交货时在外包装或相关的交易证明上标示出产品的生产日期、型号/规格、名称、数量、重量、批次号、生产厂名或编号等相关信息。

6.1.4 为保护环境、减少污染，有外包装的产品，包装材料应要求供方尽量选择可回收利用的材料。

6.2 仓库收料、报检

仓储部门按《物流管理程序》进行数量点收，查证无误后，悬挂"三色标签"（悬挂于产品外包装醒目处），填写《采购检验申请单》（标明转单时间）后转交对应品管员进行质量检验。

6.3 进料检验

6.3.1 品管员须确认供方是否在《合格供方名册》内，依《进料检验作业规定》及《进料检验标准书/记录表》规定的内容进行检验，所测量的数据记录在《进料检验标准书/记录表》或《辅料检测记录》上，由各检验负责部门按标准进行检验。

1）品管员按《抽样计划规定》进行抽检，按允收水准进行判定；

2）关键部件、受控零部件/材料的检验项目和主要技术指标，应符合产品认证（如节水、环境标志产品认证）的有关标准或技术规范；

3）制定好的《进料检验标准书/记录表》经部门权责主管核准并盖发行章后发放给供方使用；

4）免检物料按《免检作业规定》执行。

6.3.2 进料检验验收可采取下列方法：

1）进行检验及测试判定；

2）实地验证并记录；

3）取得第三方质量报告或产品认证提供；

4）供方供货情况及业绩结果。

6.3.3 进料检验的抽检频率依《抽样计划规定》实施，若抽样的样本数 $N > 10$ 时，依规定的抽样数量测量，选取 10 个具代表性的测量值进行记录（该 10 个具代表性的测量值须能涵盖最大值、最小值与中心值）；样本数 $N \leqslant 10$ 时，依实际抽样数填写；特性项目的样本数量 1～3 个（如材质、表面处理特性等），事先无法检验的产品或项目需进行小批量试用验证。

6.3.4 品管员需在接到《采购检验申请单》后，依质量管理中心/事业部质量管理部门规定的工作期限内完成验收作业（特殊情况由仓管员注明哪些是紧急物料，品管员需进行优先检验）。进料品管员需每日查阅《采购检验申请单》确认有无延误状况，并将物料的验收状况记录在《进料检验履历表》，作为加严检验、正常检验、放宽检验、跳检及免检的依据，以做到检验成本的合理化利用。

6.3.5 非生产性物料的检验依《非生产性物料检验作业规定》执行。

6.3.6 未经品管员验收的任何产品，禁止任何单位私自取用，由此造成的相关责任由其承担。

6.3.7 因应急生产的物料未验证合格需先放行使用的产品，由生产计划部门填写《紧急放行申请单》，经质量管理部门权责主管核准后，品管员在"三色标签"及产品标签上盖"紧急放行"章或签署"紧急放行"。紧急放行产品放行后品管人员仍须按正常抽样进行补验，并在记录上明确体现"紧急放行"，以便将来发现质量问题时可进行追溯。

6.3.8 品管员检验后须在《采购检验申请单》及"三色标签"上签名确认及明确检验结果和完成时间，作为入库的依据。

6.3.9 进料检验时外观的检验需按照规定场所、照明或环境，具体参照《产品外观标准》，必要时参照标准（限度）样品。

6.4 入库储存

经品管员检验判定合格的产品，由仓储部门依《物流管理程序》办理入库。有毒有害物料等在搬运、储存和运输过程中应按事先识别的危险和确定的控制措施，采取相应的安全防护，同时应采取相应的措施减少在搬运、储存和运输过程中对环境产生的污染，具体参照《化学品管理作业规定》执行。

6.5 不合格品处理

6.5.1 品管员抽样中发现有不良品后，按《抽样计划规定》标准进行判定处理，并填写《异常通知单》(一份给采购部门，另一份给生产计划部门)；通知供方按要求的内容进行处理，不合格品按《不合格品管理程序》处理，每日发生的异常品管人员须记录于《检验异常日报表》。

6.5.2 所有的异常状况，品管员需记录在《进料检验履历表》，作为以后防止再发、工程监察及新进人员熟悉物料的参考。

6.5.3 非生产使用的物料在使用中发现不合格时退还仓库按《不合格品管理程序》执行。

6.5.4 对于库存时间超过一定期限的，按《库存品抽检作业规定》执行，抽检发现的不合格品按《不合格品管理程序》处理。

6.6 纠正措施及预防措施

出现不合格品时，品管员须依《纠正措施和预防措施管理程序》规定的时机，填写《纠正措施/预防措施报告》，外购产品由担当品管通知供方提出改善对策，并进行效果确认。

6.7 当出现异常，双方在当面协商解决方案时须与供方签订《质量改善协议》。

6.8 进料质量目标制定

供方质量保证(SQA)依各供方当年度的实际质量状况在当年12月份制定各供方次年供货的质量目标，作为供方考核及提升的依据。

6.9 进料质量统计分析

6.9.1 各部门统计人员按《数据分析管理程序》每月统计进料检验状况并做《____年____月进料质量报告》《供应商进料质量状况表》送权责主管审查后发放。

6.9.2 各部门进一步分析供方的制造能力，并将该数据提供开发单位，比对当初新产品送样的样品承认时的数据，与量产后数据的差异，当作未来研发的考虑及供方质量水平的变化。

6.10 记录的保存

依《记录管理程序》保存。

7 相关表单

　　1) 进料检验标准书/记录表；

　　2) 辅料检测记录；

　　3) 进料检验履历表；

　　4) 紧急放行申请单；

　　5) 质量改善协议；

　　6) 检验异常日报表。

　　7) __年__月进料质量报告；

　　8) 供应商进料质量状况表。

8 相关文件

　　1) 记录管理程序；

　　2) 纠正措施和预防措施管理程序；

　　3) 物流管理程序；

　　4) 不合格品管理程序；

5）数据分析管理程序；

6）免检作业规定；

7）抽样计划规定；

8）库存品抽检作业规定；

9）化学品管理作业规定；

10）非生产性物料检验作业规定；

11）进料检验作业规定；

12）产品外观标准。

（3）配件质量检验的标准

1）国家标准、部颁标准。以下国家标准、部颁标准可作为配件检验的标准。

① 瓦楞纸箱可按 GB/T 6543—2008《运输包装用单瓦楞纸箱和双瓦楞纸箱》进行检验，要求、质量与结构、检验与试验、检验规则等在此标准中均有规定。

② GB/T 6952—2015《卫生陶瓷》（5.8.1.6　便器坐圈和盖）。

③ 便器水箱冲水配件可按 GB/T 26730—2011《卫生洁具　便器用重力式冲水装置及洁具机架》进行检验，抽样方式、试验方法在此标准中均有规定。

④ 便器座圈和盖可按 JC/T 764—2008《坐便器坐圈和盖》进行检验，抽样方式、试验方法在此标准中均有规定。

⑤ 小便器上使用的冲水阀可参照 QB 2948—2008《小便冲洗阀》进行检验。

⑥ 智能坐便器可参照 GB/T 34549—2017《卫生洁具 智能坐便器》。

⑦ 智能坐便器坐圈和盖可按智能坐便器的有关标准检验。

2）企业标准。企业可根据需要自行制定配件检验的标准。

① 某企业的《包装材料检验的管理规定》，供参考。

包装材料检验管理规定（某企业）

1　目的

为使本公司的产品包装材料更具规范性，确保包装材料的质量，特制定本规定。

2　范围

适用于本公司所有包装材料类产品。

3　定义

无

4　内容

4.1　包装材料分类

4.1.1　包装箱材质分为：三层牛卡、五层牛卡、瓦楞纸、彩盒。

4.1.2　包装箱内部防护产品包装物料有：隔板、隔盒、宝丽容盒（泡沫粒）、吸塑盒（压型的壳）、布袋、气泡袋、品质袋、珍珠棉袋等。

4.1.3　所有产品的包装须配有相应的产品说明书、合格证、保证书、注意书、明细单，牛卡盒包装的产品需配备印有产品图样、型号、条码、专利号的不干胶或不干胶条码标签。个别可不配明细表、注意书。

4.2 包装材料外观检验（本公司纸箱检验依据以受控图纸为主、样品为辅）

4.2.1 外箱外观检验方法

1）外箱颜色、样式必须按研发部门提供的受控图纸及封样进行比对，注意检查公司 logo、图形、字体编排、印刷是否清晰明了，不得有偏位、走色等不良现象。

2）外箱上（隔盒隔板和外单产品除外）注意检查是否印有相应的产品名称、商品条码、产品执行标准及标准要求的产品包装标识、公司的中英文名称、地址、电话及包装盒的规格与防潮、防碎、向上等标志。

3）唛头字体须清晰，表面纸质要求光滑平整，防潮性好，不允许有折叠、褶皱、裂口、孔洞、大温疤等，截面不得有层面残缺、接口间隙过大等现象。

4.2.2 包装附件（包装纸盒）外观检验方法

1）表面要求覆膜平整，图案清晰，字体标准，无模糊不清等现象，版面、材质按研发部图纸及封样进行验收，彩盒正面颜色不能跑边。

2）包装附件呈立体状，检查各连接处是否有脱胶或胶水过多现象，盖子是否压线，是否切割到位，整个盒子纸板是否光滑平整。

3）检验彩盒的执行标准是否与产品执行标准相符合（具体印刷要求：依图纸和样品进行判定）。

4.3 包装箱内部防护产品包装物料（隔板、隔盒、宝丽容盒、吸塑盒、布袋、气泡袋、品质袋、珍珠棉袋）的外观检验

4.3.1 物料表面不可有污渍、脏污、缺损、字体印刷不牢固等外观不良。

4.3.2 气泡袋、品质袋、珍珠棉袋、吸塑盒应检验袋子间能顺利分开，不能黏合在一起。

4.3.3 物料检验应对照样品确定形状大小、厚度无差异。

4.4 产品说明书、合格证、保证书、注意书、明细单、验箱签、不干胶或不干胶条码标签外观检验

4.4.1 对照样品检验产品上的印刷字体大小及内容是否一致，注意产品是否有色差、印刷模糊、残缺等外观不良。

4.4.2 验箱签、不干胶不允许有脱胶、切割不到位、不粘胶、无法撕开等现象。

4.5 包装材料尺寸检验

规格（尺寸）符合 BOM 表或检验单上的尺寸，用卷尺测量，尺寸公差按 GB/T 6543—2008《运输包装用单瓦楞纸箱和双瓦楞纸箱》标准或图纸要求执行。

4.6 简单物理性能测试方法

4.6.1 纸板伸缩性的测定：将纸板样块浸入水中，直至长度不再变时测量其变化的长度，不得超出样块 1cm。

4.6.2 纸耐折度的测定：整个纸箱在标准状态下受到纵向张力向后及向前折叠，看内纸是否断裂（先向后折 90°，然后在同一折印上再向前折 180°，试样往复三个完整来回）。

4.6.3 瓦楞纸板黏合强度、纸板耐破的测定、边抗压强度的测定、抗转载强度等试验要求供应商委外测试每半年提供测试报告给公司。

4.6.4 外箱的成型标准：每批外箱对折成立体状，查看摇盖之间的密封性是否合格，

间隙不能超过 0.2cm，压线是否到位，内外纸是否光滑。

4.6.5　在检查条码的包装材料时，用条码测量尺按《商品条码》条码尺子的第三条的起始条对准物品上的条码靠左第一位数字对齐，往右看宽度是否达到 90% 以上，条码线条为黑色，底为白色，条码的高度以样品为准。

4.6.6　瓦楞纸板的交货水分（按在线水分）为（12±4)% 接收，测试时可用快速水分测定仪测定。

4.7　检验时效

4.7.1　包装材料单批次正常检验，检验准备时间：30min（包含找图纸、样品等相关检验标准）；检验时间：120min（外观、尺寸、简单的物理测试等项目的检验）；测试时间：30min（含水率测试）。

4.7.2　当包装材料单批次检验过程中出现以下因素导致无法正常检验时需顺延检验时间，但必须书面知会相关单位：

　　1）当检验发现无样品、图纸等相关检验标准需找相关权责单位提供标准检验依据或确认时；

　　2）当检验发现图纸、样品存在差异无法做出判定需找相关权责单位确认时；

　　3）新品来料不合格需研发部工程师确认时。

4.8　判定标准及抽样方案

4.8.1　外观尺寸等项目抽样方案按《抽样计划规定》执行。

4.8.2　检验发现的不合格品按《不合格品管理程序》处理。

4.8.3　检验结果记录于《纸箱检验记录表》《检验标准书/记录表》。

5　相关表单

　　纸箱检验记录表。

6　相关文件

　　1）合格品管理程序；

　　2）抽样计划规定；

　　3）商品条码；

　　4）运输包装用单瓦楞纸箱和双瓦楞纸箱。

　　② 某企业的《零件抽样检验管理的规定》，供参考。

零件抽样检验管理的规定（某企业）

1　目的

　　统一规定本厂零件抽样检验合格接受判定条件，确保组装合格率。

2　适用范围

2.1　本厂注塑车间生产的注塑成形零件。

2.2　外购橡胶、五金制品零件。

3　定义

　　无

4　职责

质检科负责对本控制范围零件按相关"检验标准"实施抽样检验，并对检验结果进行接收判别。

5　程序内容

5.1　要求

5.1.1　符合接收条件的批次制品判定合格，转序入库。

5.1.2　不符合接收条件批次制品判定不合格。

5.1.3　不合格品处置

5.1.3.1　让步接收。

5.1.3.2　全检，合格品接收，不合格品退货，自制品报废回收。

5.1.3.3　退货，由供方处理。

5.2　缺陷分类及定义

5.2.1　缺陷分类

5.2.1.1　A0类缺陷——严重不合格，直接对组装成品功能或可靠性有损坏的缺陷；而且后续不易检查控制的。

5.2.1.2　A1类缺陷——严重不合格，直接对组装成品功能有损坏的缺陷，但后续容易检查控制的。

5.2.1.3　B类缺陷——轻度缺陷，尺寸略为超差，影响装配效率，对性能不影响。

5.2.1.4　C类缺陷——外观严重不合格，可明显识别。

5.2.1.5　D类缺陷——外观轻度缺陷，缺陷位置不在正面。

5.2.2　缺陷处置

5.2.2.1　A0类、C类缺陷不可接收。

5.2.2.2　A1类、B类、D类缺陷由质检科主管会同设计科产品主管审核让步条件，经厂质量主管批准，可让步接收。

5.2.3　《零件检验标准书》"检验项目"栏中将注明该项目缺陷所属分类编号。

注：注塑件尺寸，因工艺、环境、材料、模具等条件的变化，存在一定范围的波动，可以以实装、试水判是否合格。

5.2.4　抽样及接收标准

自制注塑成形件如下：

样本	抽样数	A类缺陷	B类缺陷	C类缺陷	D类缺陷
一个班次产量	50件	0		0	

注：1. A/C类抽样不合格拒收，应由生产部门返工后，重新送检。

2. B/D类不合格，经质检主管审核，设计人员确定，决定是否接受或返工。

3. 部分有试验检验要求的制品，样品应包含所有模号各一件。

5.2.5　外购件

有破坏性的试验项目（如老化试验、盐雾试验、压变试验、强度试验、吸水率、耐化学药品试验等），每个项目每批次抽样5个，合格接收数量0（破坏性试验的样品由供应商负责提供）；常规检验项目按照下表执行。（参考GB/T 2828.1—2012，一般检验水平Ⅱ，正常一次抽样方案）

样本	抽样数	A₀ 类缺陷	A₁ 类缺陷	B 类缺陷	C 类缺陷	D 类缺陷
151～280	32	0	1	2	1	2
281～500	50	0	2	3	1	3
501～1200	80	0	3	5	2	5
1201～3200	125	0	5	7	3	7
3201～10000	200	0	7	10	5	10

注：1. A₀ 类：接受质量限 AQL0.01；A₁ 类：接受质量限 AQL1.5；B 类：接受质量限 AQL2.5；C 类：接受质量限 AQL1.0。

2. 交付量大于 10000 件的批次应拆成若干批次处理，小于 151 的批次全检。

3. 同一批次抽样数应均分至各装箱号。

4. 考虑到生产需求，部分制品如存在 A₀、A₁、C 类缺陷数超限可立即转为全检。

5. D/B 类缺陷，不作让步接收的情况下可全检。

5.2.6 让步接收

5.2.6.1 抽样检验应记录不合格事实、数量，由产品设计主管确认是否可以让步接收，并在检验单据具体项目上附注签名，必要时委托实验室做进一步试验认证，并附试验记录，经质量主管批准。

5.2.6.2 要关注 B 类、D 类要求的不合格超出一定限后，会转化成为 A₀/A₁ 不合格，按 A₀/A₁ 类不合格处置。

5.2.6.3 A₁ 类缺陷让步条件：一般指在成品试水时，能暴露或检验出的缺陷，比例（≤5%）不致影响效率的情况下可以考虑。此外，在紧急情况下有限数量放行。

5.2.6.4 部分零件装入多型号产品，检查结果超出接收限，可进行按专门标准分选并做标记，以提高合格接收的可能性。

6 相关文件与记录（省略）

3）配件作业指导书举例。为了规范配件检验的操作，可制定作业指导书。以下为某企业的《顶按式分体双挡冲水阀质量检验作业指导书》，供参考。

顶按式分体双挡冲水阀质量检验作业指导书

序号	检验项目	检验方法	技术要求	对应备注
1	外观	目测/操作	零件无明显缺陷、破损，无漏装、错装	
2	半排水剩余水位	试水。静态稳定性：进水至水位线（或15格）时立即排水，连续试水两次； 动态稳定性：进水至上述水位时立即排水，连续试水两次	粉色配重：5.5～7.5格；白色配重：6～8格；黑色配重：6.5～8.5格；绿色配重：7.5～9.5格； 静态落差≤5mm（关闭进水管） 动态落差≤10mm（不关进水管）	
3	全排水剩余水位	试水。 静态稳定性：进水至水位线（或15格）时立即排水，连续试水两次； 动态稳定性：进水至上述水位时立即排水，连续试水两次	静态落差≤5mm（关闭进水管）； 动态落差≤10mm（不关进水管）； 全排水范围≤3.5格	

续表

序号	检验项目	检验方法	技术要求	对应备注
4	密封性能	启闭三次，进水至规定水位，15min后观察，观察时间5min	a. 低于溢流口5mm处或工作水位；b. 水位高于全排剩余水位50mm处；c. 高于半冲水剩余水位15mm，排水阀关闭后无渗漏	
5	相对稳定性	动静态试水	单个产品相对落差≤10mm	
6	排水流量	按GB/T 26730—2011中6.20的试验方法进行	≥1.7L/s	
7	存放	合格品、不良品用周转箱分类存放，标识清楚		
8	记录	统计缺陷，检查分析原因，准确填写检验单		

备注：1. 1、2、3、4项由试水检验执行，全数检查，排除不合格品。

2. 5、6项由实验室按《水箱配件出厂检验操作规程》从试水检验合格批中随机抽样检查。

9.2　配件的一般性质量检验

有的企业在入厂检验之后，再由产品检验、包装部门进行一般性质量的抽查检验，试验方法参照入厂检验标准，抽样方法自行确定。以下为实例，供参考。

（1）包装箱的一般性检验项目（表9-2）。

表9-2　包装箱一般性检验项目（某企业）

工序	检验项目	检验操作注意事项
准备工作	1. 确认报检单	来料型号、数量是否与报检单一致
	2. 检验标准书、记录表准备	确认内容是否与所要检测型号相符
	3. 检测所需各种标准准备	国家标准、行业标准、企业标准
	4. 检测工具准备	秒表、直尺等
	5. 检测处照度确认	2根40W日光灯，照度300lx；目测距离600mm
外包装箱印刷检测	1. 企业商标	商标是否正确
	2. 公司名称与地址	确认公司名称与地址是否正确、清晰
	3. 产品型号和印刷内容与字体	确认是否正确
	4. logo比对检测	logo无歪斜、字迹清晰、无印错、字体正确
外观质量检测	包装箱外观质量检测	表面光滑平整、颜色均匀，无龟裂，无飞边、脱层、针孔状、凹凸点
包装箱尺寸	包装箱尺寸检测	依据包装箱图纸及技术要求对各型号纸箱的尺寸进行检测
压线对折	压线对折检测	按照压线用手来回对折，3次无开裂为合格
撕裂剥离测试	1. 强度检测	用手撕裂包装箱表面，确认是否有针孔、破裂
	2. 黏合度检测	用手剥离包装箱粘结情况，确认是否有脱离

（2）坐便器盖的一般性检验项目（表9-3）。

表 9-3　坐便器盖一般性检验项目（某企业）

工序	检验项目	检验操作注意事项
准备工作	1. 确认报检单	来料型号、数量是否与报检单一致
	2. 检验标准书、记录表准备	确认内容是否与所要检测型号相符
	3. 检测所需各种标准准备	国家标准、行业标准、企业标准
	4. 检测工具准备	秒表、塞尺、直尺等
	5. 检测处照度确认	2 根 40W 日光灯，照度 300lx；目测距离 600mm
外观检测	1. 便器盖颜色检测进行样本比对	表面颜色均匀，与打样样品无明显色差
	2. 便器盖外观质量检测	无毛边、毛刺、脱皮、开裂、斑点、破损、断裂
	3. 便器盖支架	无断裂、破损
商标检测	商标字迹	商标字迹清晰、无歪斜、无缺损
便器盖尺寸检测	1. 便器盖长度	在检查台测量，长度一面靠墙后用直尺测量
	2. 便器盖宽度	在检查台测量，宽度一面靠墙后用直尺测量
后仰角度等检测	1. 后仰角度	实配安装后，便器盖的后仰角度≥95°
	2. 缓降测试	实配安装后，便器盖的后仰角度成70°时，缓降开始，用秒表计时，缓降时间为（4～20）s
	3. 翘曲量测试	当便器盖的缓冲垫圈两个时，翘曲量≤3.2mm，4 个缓冲垫圈时，翘曲量≤4.8mm
实配安装检测	1. 轴间隙测试	便器盖与坐圈连接处间隙≤4mm
	2. 吻合度测试	便器盖与陶瓷吻合度：＋5mm（便器盖大于坐便器），－3mm（便器盖小于坐便器）
附属配置检测	检查配件包	装饰盖 2 个，尼龙（橡胶）膨胀螺栓 2 套

（3）坐便器水箱冲水配件（某型号）的一般性检验项目（表9-4）

表 9-4　坐便器水箱冲洗配件（某型号）一般性检验项目（某企业）

工序	检验项目	检验操作注意事项
准备工作	1. 确认报检单	来料型号、数量是否与报检单一致
	2. 检验标准书/记录表准备	确认内容是否与所要检测型号相符
	3. 检测所需各种标准准备	国家标准、行业标准、企业标准
	4. 检测工具准备	扭力扳手、通止归（螺纹规具）、卷尺、标准水箱、直尺等
	5. 检测处照度确认	2 根 40W 日光灯，照度 300lx；目测距离 600mm
进水阀检测	1. 进水阀浮筒	浮筒无卡塞
	2. 螺纹扭力	螺纹扭力≥10N·m
	3. 螺纹外径	将螺纹外径环规通过（通止归）

续表

工序	检验项目	检验操作注意事项
排水阀检测	1. 排水阀外观质量检验	表面颜色均匀，与打样样品无明显色差，无断裂现象
	2. 排水阀连杆动作确认	大小挡连杆动作无卡塞
	3. 排水阀溢流管长度	依据各型号水箱配件技术规格书要求执行，对溢流管长度用直尺进行测量
	4. 防虹吸	无虹吸现象产生
按钮检测	1. 按钮杆长度	依据各型号水箱配件技术规格书要求执行，对按钮外露部分的按钮杆长度用直尺进行检测
	2. 按钮外观质量	表面光亮，无起泡、脱皮、烧焦、毛孔等缺陷
刻度检测	进水阀排水阀刻度要求	依据各型号水箱配件技术规格书要求，确认进水阀与排水阀的刻度
水件密封性测试	密封性检测	将水箱配件安装在标准水箱内注水，进水阀关闭后无滴漏现象；排水阀应能自主关闭，密封圈应完好无损，无渗漏或滴漏现象；查看水箱整体是否有漏水现象
安全水位检测	1. 工作水位高度确认	依据各型号水箱配件技术规格书要求执行
	2. 溢流水位高度确认	溢流水位高度：10mm≤高度≤38mm
	3. 盈溢水位高度确认	盈溢水位高度≥5mm
	4. 临界水位高度确认	临界水位高度≥25mm

9.3 配件的装配及质量检验

（1）配件装配的工作内容

生产中，部分卫生陶瓷需要将配件装配在产品上，一般包括以下内容：

1）坐便器冲水配件装配在连体坐便器水箱内。

2）洗面器、净身器溢流孔上装配溢水环或盖。

3）小便器冲洗喷头与一体感应式冲洗装置装配在进水孔和上部安装位置上。

4）坐便器用其配套的标准盖板进行圈形和尺寸的实配检测。

5）智能坐便器用其配套的便盖进行本体的外形、配套和尺寸的实配检测。

（2）配件装配的质量要求

装配工作中要确定配件产品质量、装配要求和装配后的质量要求，一般包括以下内容：

1）连体坐便器水箱冲水配件装配及确认

① 配件领取：在库房领取水箱冲水配件，并填写出库记录。一套水箱冲水配件主要包括进水阀、排水阀、按钮或扳手。

② 配件确认：装配前对配件的外观进行目视确认，整套配件不应有毛边、毛刺、断裂、划痕等外观缺陷；按钮或扳手表面涂、镀层应均匀有光泽，不应有起皮、脱离、起泡等现象；进水阀、排水阀安装密封圈应无损坏；补水管应牢固安装在进水阀上。确

认进水阀、排水阀水量是否在规定的刻度上，固定卡子是否牢固；确认进水阀浮筒，浮筒应无卡阻；确认排水阀连杆连杆动作（大小挡）应无卡阻。

③ 配件装配

a. 进水阀、排水阀装配：使用扭力扳手或扭力起子，按要求将扭力调到规定值，将进水阀、排水阀牢固装配在水箱上，同时也要确认在紧固过程中螺纹处应无裂纹、损坏、拔脱；注意装配方向，配件与箱壁要留有一定间隙；补水管要固定（卡子）排水阀上，确认补水管是否在溢流管内。

b. 按钮的装配：使用按钮启动的水箱冲洗配件，按钮装配在水箱盖按钮孔上，安装时注意按钮方向（大小挡）要与排水阀对应，按钮装牢固后与水箱实配确认，联动杆的长度是否调节到合适的位置，按钮表面凹凸高度应在规定范围内，按钮（大小挡）动作应灵活，无卡阻现象，联动杆与排水阀的联动顺畅无卡阻。

c. 扳手的装配：使用扳手启动的水箱冲洗配件，扳手装配在水箱扳手孔上，装配牢固后，确认连接杆的角度是否合适，排水阀的拍盖上的拉链是否挂到连接杆规定孔眼位置上，确认扳手动作应灵活，无卡阻现象，与排水阀联动时，拍盖应能自主复位。

④ 装配后冲洗功能确认

a. 确认冲洗工作状态：确认水箱内冲水配件装配完成后，坐便器放到专用的冲洗台上并将符合便器冲水压力的管线连接在进水阀上，打开供水开关，进水阀自动上水，水位高度上到进水阀止水位高度后（工作水位）应能自动停止，不应出现不止水现象；按下按钮或扳手确认排水阀排水状况，排水阀拍盖启动与关闭是否正常，拍盖关闭后密封圈处应无漏水现象发生。一般重复上述步骤二至三次。

b. 确认便器用水量：按各型号便器规定的用水量，每日首次冲水配件装配完成后要进行便器一个冲水周期用水量的检测；用水量应在规定的标准范围内。

c. 确认溢流水位、盈溢水位、临界水位：按照便器安全水位的要求确认溢流水位、盈溢水位、临界水位是否在规定范围内，此项一般为抽测，便器装配的各型号每日 1～3 件，用直尺测量水箱的有效工作水位至溢流口的垂直距离应不大于 38mm；测量进水阀临界水位与溢流口水位的垂直距离应不小于 25mm；水箱（重力）冲水装置的非密封口最低位与所测盈溢水位的垂直距离应不小于 5mm。

d. 整体确认：确认水箱中安装的进水阀和排水阀及按钮或扳手应牢固可靠、无卡阻，各运动部件工作灵活；确认从进水阀上水开始至工作水位后停止，水箱各处应无渗漏。

分体坐便器水箱冲水配件的装配方法及要求与上述连体坐便器的相同。

2）洗面器、净身器溢流孔上装配溢水环或盖及确认

① 溢水环或盖的确认：部分型号的洗面器、净身器产品溢流孔上要装配溢水环或盖。在装配前确认溢水环或盖的外观质量，镀层表面应无起皮、起泡、剥落、划伤、毛茬、磕痕、斑点等缺陷，固定爪无断裂、缺损，整体应无扭曲变形。

② 溢水环或盖的装配：溢水环装配时，注意安装力度，避免在安装过程中造成固定爪的损坏断裂；溢水盖在装配时，用手捏住溢水盖上的固定爪，将其按入溢流孔中，力度要适中。溢水环或盖装配后，确认安装面与产品表面缝隙是否在规定范围内。

3）小便器冲洗喷头与一体感应式冲洗装置装配及确认。有的型号的小便器需要装

配冲洗喷头或一体感应式冲洗装置，并进行冲洗功能确认。

① 配件确认：领取配件，确认是否齐全，冲洗喷头、感应控制面板、感应器等不应有毛边、毛刺、断裂、划痕等外观缺陷；表面涂、镀层应均匀有光泽，不应有起皮、脱离、起泡等现象；感应器上的各接线及插口应完好无损坏。

② 冲洗喷头的装配：喷头从下面穿过小便器的进水孔，要注意喷头的摆放角度，将密封圈与垫套在喷头上，用螺母将喷头紧固在进水孔上，扭力扳手的紧固扭力应在规定范围值内，同时也要确认在紧固过程中螺纹处应无裂纹、损坏、拔脱；确认喷头与产品安装面的缝隙应在规定的范围内（一体感应式装置小便器上也需要装配喷头，装配方法相同）。

③ 感应器控制面板的装配：将控制面板从正面放入感应器面板安装孔，放入时注意面板方向与角度（避免反装），不要损坏连接线，用扳手或起子将其紧固在面板安装孔上，注意紧固力度。

④ 感应器的装配：将感应器装配在小便器上面安装孔的位置上，装配时注意管线与连接线和插口不应有损坏，螺丝安装孔内需要放入涨塞，安装螺母或螺钉紧固时注意力度；感应器装配完成后将感应器上的连接线与控制面板上的连接线按颜色进行插口对接；使用干电池为启动电源时，按要求将电池放入感应器内，正、负极要正确放置。

⑤ 装配后的冲洗功能确认

a. 喷头冲洗状态确认：将喷头与符合冲洗水水压的进水管线上的冲洗阀相连接并启动冲洗阀，确认喷头冲洗角度与冲洗情况，冲洗时水不应溅出小便器外。

b. 一体感应式冲洗装置冲洗：小便器放到专用的冲洗台上，感应器上的进水管线与符合冲洗水水压的进水管线相连接并打开水阀；开启电源，确认控制面板上的电源显示灯是否亮起，在感应控制面板前规定的感应区的最大距离上，使用规定大小的模拟纸板对着感应面板停留规定时间后移开，确认小便器冲洗装置是否能正常启动并进行冲洗；冲洗装置应能自动开启与关闭，一般重复上述步骤二至三次；确认冲洗装置安装是否牢固，各连接管处是否有水渗漏。每日首次配件装配完成后，检测小便器的用水量是否在规定的范围内。

4）坐便器用其配套的标准便器盖板进行圈形和尺寸的实配检测：将标准便器盖板安装在坐便器的盖板孔上（不适用便盖安装螺钉），用目测和直尺进行确认与测量。检查便器盖板安装孔径与孔距是否合格，确认便器盖板孔是否在同一水平线上，不可歪斜。确认便器盖板与坐便器圈吻合度尺寸是否在规定范围内，检测便器盖板大于或小于便器坐圈的尺寸，检测便器盖板上缓冲垫圈与便器坐圈面的翘曲量（缝隙）。

5）智能坐便器用其配套的便器盖进行本体的外形、配套和尺寸的实配检测：与上述4）的方法相同。

6）配件质量问题的反馈。在产品与配件的装配及检测过程中，对不符合要求的配件单独放置并填写记录说明原因，当日退回库房，将问题信息反馈到质量管理部门。当同种问题发生率比较高时，停止装配，及时将配件问题反馈，并填写异常通知单或报告书给质量管理部门及入厂验收部门，同时将问题反馈给生产计划部门与采购部门，进行后续处理。

10 产品包装

卫生陶瓷产品出厂前需要进行包装。

10.1 相关标准

GB/T 6952—2015《卫生陶瓷》中对卫生陶瓷的包装提出了一些要求；建材行业标准 JC/T 694—2008《卫生陶瓷包装》规定了卫生陶瓷包装的术语和定义、包装形式、包装材料、技术要求、试验方法、检验规则、标志、包装、运输和贮存。企业可以制定卫生陶瓷产品包装的质量标准和作业要求。

10.1.1 GB/T 6952—2015《卫生陶瓷》

GB/T 6952—2015《卫生陶瓷》"12.1 包装"规定：卫生陶瓷产品的包装应符合 JC/T 694 的规定。产品随行文件应包括产品出厂检验合格证、安装使用说明书、装箱清单、装配图等。

"10.2 产品包装标识"规定：便器类产品应明示产品的名义用水量。产品包装上至少应标明：产品名称；产品类别（瓷质或炻陶质）；商标；产品标记；执行标准；合格；生产日期或批号；制造厂名称及厂址。

10.1.2 JC/T 694—2008《卫生陶瓷包装》

建材行业标准 JC/T 694—2008《卫生陶瓷包装》的主要内容：

1 范围

标准规定了卫生陶瓷包装的术语和定义、包装形式、包装材料、技术要求、试验方法、检验规则、标志、包装、运输和贮存。

本标准适用于卫生陶瓷的包装。

2 规范性引用文件（略）

3 术语和定义

下列术语和定义适用于本标准。

3.1 包装（packaging）：为在流通过程中保护产品，方便储运，促进销售，按一定技术方法而采用的容器、材料及辅助物等的总体名称。也指为了达到上述目的而采用容器、材料和辅助物的过程中施加一定技术方法等的操作活动。

3.2 包装容器（container）：为储存、运输或销售而使用的盛装产品器具总称，简称容器。

3.3 包装件（package）：产品经过包装所形成的总体。

3.4 包装材料（packaging material）：用于制造包装容器和构成产品包装的材料总称。

3.5 缓冲材料（cushioning material）：为了防震而采用的材料，包括泡沫塑料、气泡塑料薄膜、拉伸缠绕膜、纸浆模型、瓦楞纸板、蜂窝纸板、木质材料或具有同等效果的其他材料。

3.6 辅助材料（ancillary material）：在制造包装容器和进行包装过程中起辅助作用的材料，包括各种金属钉、黏合剂、胶带、塑料打包带、钢带或具有同等效果的其他材料。

3.7 花格木箱（open crate）：箱面用木板条等钉合制成的栅栏状木箱。

3.8 瓦楞纸板（corrugated fiberboard）：由箱纸板和经过起楞的瓦楞原纸黏合而成的，用于制造瓦楞纸箱的一种复合纸板。

3.9 瓦楞纸箱（corrugated box）：通过折叠、钉合、黏合、套合或其他方法将瓦楞纸板接合而成的纸箱。

3.10 蜂窝纸板（honeycomb fiberboard）：将连续不断的蜂窝芯纸拉伸定型后，上下两面用箱板纸胶粘而成的纸板。

3.11 蜂窝纸箱（honeycomb box）：通过钉合、黏合、裱合或其他方法将蜂窝纸板接合而成的纸箱。

3.12 堆码试验（stacking test）：在包装件或包装容器上施加一定载荷，用以评定包装件或包装容器承受堆积静载的能力及包装对内装物保护能力的试验。

3.13 跌落试验（dropping test）：将包装件按规定高度跌落于坚硬、平整的水平面上，用以评定包装件承受垂直冲击的能力及包装对内装物保护能力的试验。

4 包装形式

4.1 卫生陶瓷包装包括花格木箱、瓦楞纸箱、蜂窝纸箱、热收缩膜或以上形式结合使用的组合包装。特殊要求可由供需双方商定。

4.2 卫生陶瓷包装容器采用钉合、黏合或裱合等方式对接缝进行封合。

5 包装材料

5.1 木质材料

制造花格木箱的木质材料应符合 GB/T 153 和 GB/T 12464 的规定。

5.2 瓦楞纸板

出口产品包装用瓦楞纸板应符合 GB 5034 的规定，内销产品包装用瓦楞纸板应符合 GB/T 6544 的规定。

5.3 蜂窝纸板

包装用蜂窝纸板应符合 BB/T 0016 的规定。

5.4 其他材料

除木质材料、瓦楞纸板和蜂窝纸板包装材料外，能构成产品包装的所有材料均属于其他材料。其他材料的相关要求应符合相关标准规定或由供需双方商定。

6 技术要求

6.1 包装件

6.1.1 堆码性能

按照 7.1 进行堆码试验后，包装容器的箱板、箱档、箱体和接缝连接部位不应出现断裂或破损，内装物不允许破裂或损坏，捆扎带应无断裂或脱扣。

6.1.2 跌落性能（使用于单套箱体包装件）

按照 7.2 进行跌落试验后，内装物不允许破裂或损坏，捆扎带应无断裂或脱扣。

6.1.3 装箱质量

按照 7.3 进行装箱试验后，内装物应无明显位移或松动，两件以上产品构成的包装件不应发生碰撞或晃动，捆扎带应无断裂或脱扣。

7 试验方法

7.1 堆码试验（略）

7.2 跌落试验（略）

7.3 装箱试验

提起包装件，上下左右摇动，观察内装物是否有明显位移和松动，两件以上产品构成的包装件是否发生碰撞和晃动，捆扎带是否断裂和脱扣。

8 检验规则

8.1 检验分类

产品检验分为出厂检验和型式检验。

8.2 出厂检验

8.2.1 检验项目

出厂检验项目为装箱质量。

8.2.2 组批规则和抽样方案

对出厂检验项目按 GB/T 2828.1 的规定进行，采用一般检验水平Ⅱ的一次抽样方案。

8.2.3 判定规则

外观质量检验项目的接收质量限（AQL）为 1.5。

8.3 型式检验

8.3.1 检验项目

型式检验包括本标准第 6 章技术要求中的全部项目。

8.3.2 检验条件

有下列情况之一，应进行型式检验：

a）新设计的包装容器试制、定型、鉴定时；

b）正式生产后，结构、材料有较大变化，可能影响包装容器质量时；

c）包装容器停产半年以上，恢复生产时；

d）出厂检验结果与上次型式检验结果有较大差异时；

e）正常情况下，每年至少进行一次；

f）有合同要求时；

g）国家质量监督机构提出进行型式检验要求时。

8.3.3 组批规则和抽样方案（略）

8.4 抽样方法

出厂检验按 8.2.2 规定的样本量从所组批中随机抽取样品。

型式检验按 8.3.3 规定的样本量由提交的合格批中随机抽取样品。

9 标志、包装、运输和贮存

9.1 标志

9.1.1 卫生陶瓷产品包装件的标志按 GB 191 和 GB/T 13483 的规定执行。

9.1.2 产品包装标识和包装件内随行文件应符合 GB 6952 的有关规定。

9.1.3　产品包装上应注明易碎品标志，并应标注产品的最高堆码高度或层数。

9.2　包装

9.2.1　卫生陶瓷产品按照 GB 6952 的规定检验合格后方可进行包装。

9.2.2　每箱包装的产品数量根据产品的质量、规格和形状而定，一般情况下，每个包装件的质量不超过 75kg。

9.2.3　必要时采用捆扎带对包装件进行捆扎，也可根据供需双方的协定对包装容器进行表面防淋防潮处理，对木容器进行除害、药物熏蒸、高温或防腐处理。

9.3　运输

产品装运时需将包装件挤紧，运输过程中要轻拿轻放，严禁摔扔，不应直接受雨、雪、暴晒和污染的影响。

9.4　贮存

贮存时应按产品的品种、型号、色号等分别堆放，长期堆码应高于地面 100mm。仓库内贮存时应保持干燥清洁，严禁受潮。室外存放时必须有良好的防淋、防潮等保护措施。

10.2　包装材料

包装材料的确定包括包装设计，确定包装箱和缓冲、辅助材料。

10.2.1　包装设计

包装设计主要包括包装容器设计和包装容器质量检验。

（1）包装容器设计

1）包装设计条件。在以下情况下要进行包装设计：

① 新产品投产时；

② 为提高包装质量、提高工作效率、降低成本时；

③ 仓库、物流部门为提高产品保护性能、提高工作效率、降低成本、改变包装规格时；

④ 客户提出包装的特殊要求时；

⑤ 改变包装方式时。

2）确定包装方式。影响包装方式的因素如下：

① 包装规划；

② 产品特性（产品允许冲击值等）；

③ 物流系统的要求；

④ 物流环境的要求；

⑤ 成本要求；

⑥ 实地运输试验的要求；

⑦ 运输阶段评价的要求；

⑧ 包装规格的要求。

3）包装容器设计要素。确定包装方式后，要进行包装容器设计，设计的要素如下：

① 根据包装作业、销售和物流作业的要求，选择确定包装容器设计；

② 选择物流效率高的包装容器尺寸（选择可提高货车和集装箱等的装载效率的包装箱尺寸）；

③ 采用标准化、通用化的包装箱设计；

④ 根据各种缓冲材料、辅助材料的特性，选择合适的缓冲材料、辅助材料；

⑤ 尽量节约资源、降低制作成本；

⑥ 根据包装作业、销售和物流作业的反馈信息，适时进行改进设计。

4）包装容器标识标志要求。要符合 GB/T 6952—2015《卫生陶瓷》"10.2　产品包装标识"和 JC/T 694—2008《卫生陶瓷包装》"9.1　标志"规定的内容。

5）包装容器设计图内容。包装容器设计图要包括以下内容：

① 结构设计，尺寸、误差要求，测试参数等要求；

② 包装版面设计，包括标识、标示、印刷位置、印刷颜色、色差等要求；

③ 材料的要求，包括材质要求、制作要求；

④ 缓冲材料、辅助材料的要求，包括数量，尺寸、误差要求，材质要求。

（2）包装容器质量检验

1）如设计的包装容器为瓦楞纸箱，应按 GB/T 6543《运输包装用单瓦楞纸箱和双瓦楞纸箱》进行质量检验。

图 10-1　包装跌落试验机

2）包装件的技术要求

按 JC/T 694—2008《卫生陶瓷包装》中 6.1 提出的技术要求。

JC/T 694—2008《卫生陶瓷包装》同时提出了堆码试验、跌落试验、装箱试验的试验方法。

进行堆码性能、跌落性能（使用于单套箱体包装件）、装箱质量的试验时，可用人工操作。如图 10-1 所示是一种包装跌落试验机，可用于进行跌落性能（使用于单套箱体包装件）的试验。

包装跌落试验机技术参数：

跌落高度：200mm～1000mm，可调；

跌落次数：5 次；

冲击平台尺寸：1200mm×1500mm。

10.2.2　包装容器

卫生陶瓷包装容器包括花格木箱、瓦楞纸箱、蜂窝纸箱、热收缩膜或以上形式结合使用的组合包装。特殊要求可由供需双方商定。目前，大量使用的是瓦楞纸箱。

（1）花格木箱

花格木箱是箱面用木板条等钉合制成的栅栏状木箱。制造花格木箱的木质材料应符合 GB/T 153《针叶树锯材》和 GB/T 12464《普通木箱》的规定。

（2）瓦楞纸箱

瓦楞纸箱是通过折叠、钉合、黏合、套合或其他方法将瓦楞纸板接合而成的纸箱。出口产品包装用瓦楞纸板和内销产品包装用瓦楞纸板应符合 GB/T 6544《瓦楞纸板》的规定。瓦楞纸箱应符合 GB/T 6543《运输包装用单瓦楞纸箱和双瓦楞纸箱》

的要求。

瓦楞纸板是由箱纸板和经过起楞的瓦楞原纸黏合而成的、用于制造瓦楞纸箱的一种复合纸板，是一个多层的黏合体，它最少由一层波浪形芯纸夹层（俗称"坑张""瓦楞纸""瓦楞芯纸""瓦楞纸芯""瓦楞原纸"）及一层纸板（又称"箱板纸""箱纸板"）构成。

图 10-2 瓦楞纸板

瓦楞纸板的瓦楞波纹好像一个个连接的拱形门，相互并列成一排，相互支撑，形成三角结构体，如图 10-2 所示，具有较好的机械强度，从平面上也能承受一定的压力，并有弹性，缓冲作用好；它可根据需要制成各种形状大小的衬垫或容器，受温度影响小，遮光性好，受光照不变质，一般受湿度影响也较小，但不宜在湿度较大的环境中长期使用，会影响其强度。

（3）蜂窝纸箱

蜂窝纸箱由蜂窝纸板制成。蜂窝纸板是将连续不断的蜂窝芯纸拉伸定型后，上下两面用箱板纸胶粘而成的纸板。包装用蜂窝纸板应符合 BB/T 0016《包装材料　蜂窝纸板》的规定。

图 10-3 收缩膜

（4）热收缩膜包装

是用热收缩膜若干层缠绕产品，然后用电热风枪或其他加热装置从外部对热收缩膜适当加热，热收缩膜遇热后收缩，将产品紧紧包裹的包装方式。热收缩膜又称缠绕膜、拉伸膜，如图 10-3所示。一般以 PVC 为基材、DOA 为增塑剂兼起自粘作用生产 PVC 缠绕膜。

10.2.3 缓冲、辅助材料

常用的缓冲材料、辅助材料主要有气泡袋、瓦楞纸板、打包带。

（1）气泡袋

气泡袋是使用高压聚乙烯气泡膜经过切膜加工，切成需要的制袋规格尺寸，然后通过气泡膜专用制袋机（热烘热切制袋机）制作加工的袋子。

气泡膜包含空气，可作为缓冲材料，在产品受到撞击、震动时起到保护作用，同时具有体轻、保温、隔热、富有弹性、防水、防潮、抗压的特性，适合各种产品的包装使用。

气泡袋分为单面和双面两种，单面气泡袋适用于自身质量较轻的物品，双面气泡袋适用于体积较大、较重的物品。单、双面气泡袋均可做成袋或切片。

技术指标：

最大幅宽：1280mm（可按要求分切或制袋）；

气泡直径：ϕ6mm（小泡）、ϕ10mm（中泡）、ϕ28mm（大泡、重型泡）；

气泡高度：3mm、5mm、10mm。

（2）瓦楞纸板

使用瓦楞纸箱包装时，箱内的一些位置可使用瓦楞纸板作为缓冲材料。

（3）打包带

打包带又称捆扎带，卫生陶瓷纸包装箱用打包带主要是以聚丙烯 PP 为主要原材料生产的一种质量较轻的环保打包带，如图 10-4 所示，用于全自动打包机、半自动打包机、手工打包机等，适合捆扎数千克至数百千克重的纸箱或托盘包装的较轻的产品。

图 10-4　打包带

特点：可塑性好，耐弯曲，断裂拉力强，材质较轻，色泽鲜艳，使用方便。可按打包带表面颜色、所用的打包工具分类。

机用打包带的技术参数：

宽度公差：±0.6mm；

厚度公差：±0.05mm；

断裂拉力（纯料）：9mm × 0.6mm ≥ 750N，12mm × 0.6mm ≥ 1000N，13.5mm × 0.6mm ≥ 1125N，15mm × 0.6mm ≥ 1250N；

断裂伸长率：≤ 25%；

偏斜度：≤ 30mm/m；

外观要求：应色泽均匀，花纹整齐清晰，无明显污染、杂质，无开裂，无损伤、穿孔等缺陷。

10.3　包装设备

卫生陶瓷包装作业可以使用一些设备，尤其在包装流水线上经常使用。常用设备主要包括开箱机、封箱机、打包机、缠绕机、包装附属设备。

10.3.1　开箱机

开箱机又称为纸箱成型封底机，如图 10-5 所示，开箱机采用 PLC＋人机界面控制，可以自动完成开箱、成型、下底折曲，并用胶带密封后输送到使用纸箱的位置。

（1）技术参数

设备型号：CF-20TX 纸箱成型封底机。

电源：220V，50Hz，500W；

压缩空气压力：0.5～0.6MPa；

耗气量：200L/min；

纸箱规格：（长×宽×高）800mm×500mm×（450～500）mm（可根据要求定制）；

胶带宽度：48～72mm；

工作速度：20s/个；

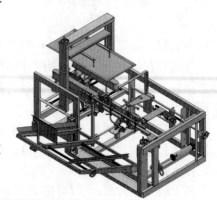

图 10-5　开箱机示意图

单机生产效率：≥95%；

设备质量：400kg。

（2）设备构造

开箱机主要由储箱架、纸箱挡板、输送机构、封箱支架、封箱机构、机架、前后纸板折合机构、左右纸板折合机构、纸箱吸取机构、气动控制系统、电气控制系统等组成。

10.3.2   封箱机

封箱机如图 10-6 所示，用于产品装箱后的纸箱顶盖折盖、胶带密封。封箱机可根据不同纸箱规格调节宽度及高度，操作方便、简单、快速，自动化程度高，单机作业，适合小批量、多规格生产使用。

（1）技术参数

设备型号：MH-FJ-1A 全自动封箱机。

电源：AC220，50Hz，0.6kW；

封箱方式：牛皮纸胶带、BOPP 胶带；

胶带宽度：48～72mm；

最大封箱规格：（长×宽×高）900mm×600mm×900mm；

常用纸箱尺寸：（长×宽×高）850mm×560mm×800mm；885mm×440mm×540mm；420mm×275mm×352mm；

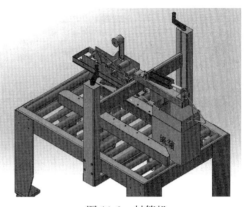

图 10-6   封箱机

封箱速度：20m/min；

工作台面高度：300mm ，可按要求定制；

设备外形尺寸：（长×宽）1090mm×890mm，高度：台面高度加 750mm；

设备性能：自动适时输送，纸箱上、下同时封口，更换纸箱规格时左右、上下人工定位调整；

设备工作噪声：≤75dB（A）；

设备质量：280kg。

（2）设备构造

一般封箱机分为九个部分，分别为：机架、工作台调节脚架、输送传动机构、导向杆机构、上机芯、封箱胶带、传动机构、升降摇手柄、辅助工作台，如图 10-7 所示。

10.3.3   打包机

常用的打包机有手动打包机、自动打包机两种形式。

（1）手动打包机。

手动打包机使用手动操作的分体式工具，手动拉紧器（STTMR）配合手动咬扣器（STTR）使用，如图 10-8 所示，适用于钢管、钢卷、线材、裁剪分条等圆形、方形或不规则平面的包装。

（2）自动打包机

自动打包机又称捆包机、打带机、捆扎机，如图 10-9 所示，是使用捆扎带捆扎、收紧并将两端通过发热烫头热融粘接方式结合，使塑料带能紧贴于被捆扎包件表面、捆扎包装件的设备。

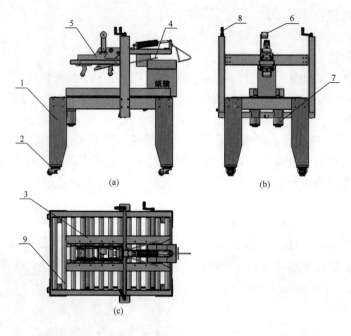

图 10-7　封箱机构造示意图

1—机架；2—工作台调节脚架；3—输送传动机构；4—导向杆机构；

5—上机芯；6—封箱胶带；7—传动机构；8—升降摇手柄；9—辅助工作台

图 10-8　手动打包机

图 10-9　自动打包机

1）技术参数

设备型号：MH-103B 全自动捆扎机。

电源：AC380V，50/60Hz；

装机总容量：1.0kW；

捆扎规格：（宽×高）700mm×900mm；

包装件尺寸：（长×宽×高）850mm×560mm×800mm、885mm×440mm×540mm、420mm×275mm×352mm，平行 2 道；

工作台面高度：300mm（可按要求定制）；

捆扎速度：≤2.5s/道；

捆紧力：0～60kg（可调）（可选配 0～90kg）；

捆扎带规格：宽 9～15mm（±0.1）mm，厚 0.55～1.0mm（±0.1）mm；

带盘规格：宽 160～180mm，内径 200～210mm，400～500mm；

捆扎形式：平行 1 道至多道；

捆扎方式：光电控制、手动；

黏合方式：热熔法，侧面粘接，粘接面≥90%，粘接位置偏差≤2mm；

设备工作噪声：≤80dB（A）；

设备质量：290kg。

2）设备构造。自动打包机由送带、退带、接头热融粘接、切断装置、传动系统、轨道机架、控制装置等组成。

打包时，包装件基本处于打包机中间，首先右顶体上升，压紧带的前端，将带子收紧捆在包装件上，随后左顶体上升，压紧下层带子的适当位置，加热片伸进两带子中间接头热融粘接，中顶刀上升，切断带子，最后将下一捆扎带子送到位，完成一个工作循环。

自动打包机具有减小劳动强度、效率高、操作方便的特点。

10.3.4　缠绕机

缠绕机如图 10-10 所示，缠绕机使用缠绕薄膜包装产品，具有包装的产品整齐不易散落、外形美观的特点。缠绕机工作时，将包装产品放在转盘中央，转盘电机转动后，带动转盘转动，同时升降电机随之启动，带动整个缠绕包装机组合体做上下运动，实现缠绕薄膜对产品沿着高度上的缠绕，完成对物体整个外表的缠绕包装。在缠绕包装的过程中，关键是对缠绕薄膜拉紧力的调整，通常调整薄膜张紧程度是通过调整转盘转速和电机的转速来实现的。

技术参数：

电源：3P，AC380V，50/60Hz，1.0kW；

转盘速度：0～12r/min；

图 10-10　缠绕机

转盘直径：$\phi1500$mm；

转盘承重：1000kg；

立柱高度：2400mm；

转盘最大高度：立柱高度－400mm；

薄膜类型：LLDPE Film 280mm$\leqslant W \leqslant$500mm；

包装尺寸：（长×宽×高）2650mm×1650mm×800mm。

10.3.5 包装附属设备

包装附属设备主要包括助力机械手、产品装箱机、码垛机器人、升降平台。

10.3.5.1 助力机械手

助力机械手如图 10-11 所示，又称机械手、平衡吊、平衡助力器、手动移载机，用于工件搬运的助力设备。本设备应用力的平衡原理，使作业人员对工件进行相应的推拉，可在空间内平衡移动定位；工件在提升或下降时形成浮动状态，使用较小的力量即可驱动工件；驱动力可根据工件的质量对气路平衡阀进行调整，达到最大省力化。

图 10-11 助力机械手示意图

（1）技术参数（某型号助力机械手）

气源气压：0.5～0.6MPa；

最大提升高度差：1.2m；

最大回转半径：1.9m；

额定负载：$\leqslant$100kg。

（2）设备分类

按工作原理不同，分为臂杆式和软索式。其中臂杆式平衡吊又因工作曲线差异，分为 PBF、PBC 等；软索式则因主体执行元件不同，分为卷筒式（IRB）、直线气缸式、（PBB）、钢丝绳式、链条式等。

根据动力源不同，分为气动式和电动式（EBC）。

按系统所采用基座的不同，分为落地固定式、落地移动式、悬挂固定式、悬挂移动式、附墙式等。

（3）设备构造

助力机械手主要由三部分组成：平衡吊主机、抓取夹具（或机械手）及安装结构。平衡吊主机的作用是实现工件在空中无重力化浮动状态。

抓取夹具的作用是实现工件抓取并完成相应搬运和装配要求。

安装结构是根据使用时的服务区域及现场状况的要求，支撑整套设备的结构。

10.3.5.2 产品装箱机

产品装箱机安装于包装流水线上方或侧边，通过专用抓手将输送线上的产品放入包装箱中，从而减轻作业劳动强度和提高装箱效率。目前，卫生陶瓷包装作业常见装箱机构可分为三种形式：桁架式装箱机、直落式装箱机（定点式装箱机）、装箱机器人。

（1）桁架式装箱机

桁架式装箱机如图 10-12 所示，可用于各类卫生陶瓷产品的装箱作业。其机械抓手建立在直角 X、Y、Z 三坐标系统基础上，对工件进行工位调整，或实现工件的轨迹运动；其工作运动区域大，可根据生产节拍和装箱机的运行速度，实现两点或多点产品抓取和产品装箱作业。其控制核心通过工业控制器（如 PLC、运动控制、单片机等）实现，通过控制器对各种输入（各种传感器、按钮等）信号的分析处理，做出一定的逻辑判断后，对各个输出元件（继电器、电机驱动器、指示灯等）下达执行命令，完成 X、Y、Z 三轴之间的联合运动，以此实现一整套的自动化装箱作业流程。

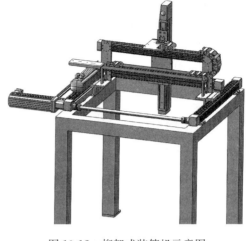

图 10-12　桁架式装箱机示意图

1）技术参数

X 轴行程/速度：2800mm，500m/s；

Y 轴行程/速度：2000mm，500m/s；

Z 轴行程/速度：900mm，500m/s；

额定负载：≤100kg；

压缩空气：≥50kN；

设备尺寸：（长×宽×高）3260mm×2400mm×2600mm。

2）设备构造。桁架式装箱机由结构框架、$X/Y/Z$ 轴组件、工装夹具、控制柜组成。

① 结构框架：主要由立柱等结构件组成，其作用是将各轴架空至一定高度，多由铝型材或方管、矩形管、圆管等焊接件构成。

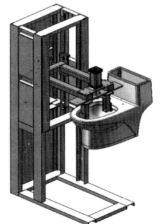

图 10-13　直落式装箱机示意图

② $X/Y/Z$ 轴组件：三个轴运动组件为桁架装箱机的核心组件，其定义规则遵循笛卡儿坐标系。各轴组件通常由结构件、导向件、传动件、传感器检测元件以及机械限位组件五部分组成。

③ 工装夹具：根据工件形状、大小、材质等有不同形式，如真空吸盘吸取、卡盘夹取、托取或针式夹具插取等形式。

④ 控制柜：通过工业控制器，采集各传感器或按钮的输入信号，发送指令给各执行元件按既定动作去执行。

（2）直落式装箱机

直落式装箱机如图 10-13 所示，该设备主要用于坐便器的装箱作业，安装于输送线侧边，实现产品的自动抓取、提升、下降、松开等动作。

1）技术参数

垂直升降行程：800mm；

垂直升降气缸：SC-100×450；

垂直升降链条：12A-1-64 节（GB/T 1243—2006）；

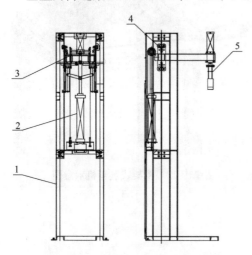

图 10-14　直落式装箱机结构图

1—机架；2—升降气缸；3—升降链轮组；

4—升降架；5—机械抓手

抓手张紧行程：280～400mm；

抓手张紧气缸：SC-80×150；

直线机构：线性轴承 SHS25V；

压缩空气：≥0.5MPa；

额定负载：≤100kg；

设备尺寸：（长×宽×高）1000mm×600mm×2550mm。

2）设备构造。本设备由机架、升降气缸、升降链轮组、升降架、机械抓手等组成，如图 10-14 所示。

（3）装箱机器人

将装箱机构中开发的产品卡具、机械抓手等安装于机器人端部轴，就成为装箱机器人，可用于各类卫生陶瓷产品的装箱作业，具有设备体积较小、产品装箱作业更加灵活的特点。

10.3.5.3　码垛机器人

码垛机器人如图 10-15 所示，用于工件的自动码垛，是机械与计算机程序有机结合的产物，全部自动化作业，具有节省人工、工作效率高、减少作业空间、运作灵活精准的特点。其码垛系统由手持终端、扫描枪、固定式读码器等组成，识别系统有 RFID、二维条码、一维条码等多种形式，通过条形码自动识别系统，实现整个自动控制系统中托板（托盘）和包装类型的自动识别。

图 10-15　码垛机器人作业示意图

在图 10-15 中，托板放置区上方为码垛机器人，码垛机器人通过机械手吸盘将待码垛区的包装箱整体提升，借助力臂的移动水平运行至托板上方，将纸箱垂直放置在托板上，放置完成后，码垛机器人的力臂按照原路径返回；托板上完成码垛后，由叉车将其运走，再放置空托板。

10.3.5.4　升降平台

升降平台是一种垂直升降设备，是解决"高度差"的作业设备，用于工件的立体存取。

包装工序常用的升降平台为剪叉式结构，剪叉式平台分为移动式、固定式、牵引式，移动式平台升降动力为手动或电动。剪叉式平台有多种型号，常见的三种型号如图 10-16 所示。

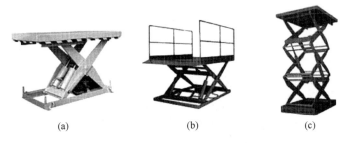

(a)　　　　　　(b)　　　　　　(c)

图 10-16　剪叉式升降平台（三种型号）

10.3.6　运输设备

产品包装工序需要一些产品的运输设备，主要是输送线，还有其他一些运输工具，同 3.3。

10.4　人工包装作业

包装作业有人工包装作业和流水线包装作业，产量比较小的企业可选择人工包装作业。以下为某企业使用瓦楞纸箱的人工包装作业的情况，供参考。

（1）物料准备

1）根据企业《包装作业指导书》的规定，按所需包装的产品型号准备包装箱、配件、箱内放入物（出厂检验合格证、安装使用说明书、装箱清单、装配图、保修卡等），如图 10-17 所示。

2）确认箱内放入物（出厂检验合格证、安装使用说明书、装箱清单、装配图、保修卡等）与产品和包装箱是否相符。

3）合格证盖章，注意盖章日期应与当天日期一致，印章要清晰准确。

（2）运送产品

1）检验合格的产品运送至包装区域，分为产品输送线运输和产品托盘运输两种方式，如图 10-18、图 10-19 所示。

2）运送产品时，产品间做好间隔，间距应不低于 50mm，上下叠加码放的，应在

图 10-17　准备包装物料

产品间放置木条板间隔，防止产品直接接触；搬运时注意轻拿轻放，防止碰划和破损。

图 10-18　产品在输送线上运输

图 10-19　产品码放在托盘上运输

3）托盘运输时，所码放型号和规格应一致，避免不同型号规格混放。

（3）清洁产品

产品装箱前需对产品进行擦拭和检查，清洁干净后方可包装。

1）用湿布对产品上的污渍进行清理，对于难以清除的污渍或轻微划痕用 800 目的水砂纸进行轻磨处理。

2）将产品积存的水清理干净，然后用海绵或软布将瓷体表面的附着水擦干净。

3）擦拭过程中对产品外观进行检查，如发现有缺陷漏检，则用笔标出缺陷位置，返至不合格品区。

4）如坐便器的存水弯和水箱中有存水，需用抽水泵将水箱和水封口的水吸干净，如图 10-20、图 10-21 所示。吸水后，用海绵块将水箱和水封口的水擦干净，如图 10-22 所示。

（4）包装前产品规格的确认

依据订单要求及企业《包装作业指导书》，确认如下内容：

1）产品型号、规格、釉色应与包装版面相符。

2）产品与配件应相符，不能有遗漏、混放。

图 10-20　用抽水泵吸净水箱的水　　　　图 10-21　用抽水泵吸净水封口的水

3）坐便器要确认与墙距有关事宜。

4）按企业《包装作业指导书》和订单的要求将所需的标识，如产品型号标识、水效标识等贴在要求的位置上，产品上贴水效标识如图 10-23 所示。

图 10-22　用海绵块将水封口的水擦干净　　　图 10-23　产品上贴水效标识

（5）产品装箱

1）确认包装箱型号，确认包装箱上粘贴或打印标识与订单要求相符。

2）根据包装箱规格，用胶带纸以"王"字或"工"字形状粘接箱的底部，如图 10-24、图 10-25 所示；胶带纸要抚平压实，确认粘接牢固度。

3）产品放入前确认是否放入垫板及护角等缓冲材料，放入产品时要抓稳抓牢、轻拿轻放。

4）依据《包装作业指导书》按顺序和要求放入配件、箱内放入物，如图 10-26 所示。

图 10-24 "王"字形封底

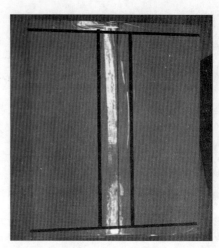
图 10-25 "工"字形封底

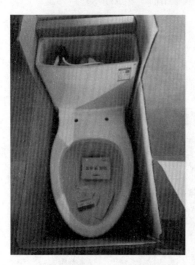
图 10-26 放入相应配件、
箱内放入物

（6）封箱

按照企业《胶带纸封箱操作规范》进行作业。如果客户有明确的包装要求时，按照客户要求进行作业。

1）包装箱的底部和上表面的胶带纸都必须粘贴平整、牢固，不能歪斜、褶皱、松脱、损坏，胶带纸切口要平滑、整齐。

2）封中缝时，先将封口对齐，箱盖板侧面呈一条直线，使用胶带切割器将胶带平直、牢固地粘贴在包装箱的接口处，并用手压实，两侧面的胶带纸可向下延伸 100～150mm，并且保持延伸长度一致，两侧长度允许误差为 10mm，断开时整齐，如果客户要求十字封箱，则应做到交叉胶带纸垂直。延伸到侧面的胶带纸长度和断面同上述要求。

3）封纸箱两侧时，需把胶带平直、牢固地粘贴在包装箱的两侧封口处，并用手按压使胶带贴紧，要求平齐、无褶皱。如果包装箱两侧面有扣手孔，不能被胶带纸遮挡或封住。

4）若需要包裹箱角时，在四个拐角处延长到 100～150mm 即可切断，保持延伸长度一致，允许误差为 10mm，拐角处胶带重叠部分要求规整、统一。

5）若只需封住侧边缝隙，则要求侧边胶带两端与箱角平齐，未被胶带纸封住的部分应小于 10mm。上部和侧面的胶带纸宽度应保持一致。

6）条形码粘贴在外箱两小面右上角位置，粘贴工整，用扫码枪扫码上传。不允许覆盖条形码，当下延距离要求与此条有冲突时以此条为准。不允许将胶带纸最后彩色部分粘贴在纸箱上。

7）按企业《包装作业指导书》和订单的要求将所需的标识，如水效标识等贴在要求的位置上。

（7）码放

根据入库要求堆垛码放到托盘上，使用捆扎带或缠绕膜固定，防止产品掉落。

固定时需注意力度适中，不可力度过大造成箱体变形或力度过小造成产品晃动；捆扎带缠绕 1～2 圈后扣好粘钩固定，缠绕膜需缠绕 4～5 圈后固定。如图 10-27 所示。

图 10-27　包装后产品的码放

（8）成品入库与交接

1）使用叉车将已捆扎好的产品连同托板放上电瓶车，准备入库，装车时注意安全，确保产品稳固，叉车和货车附近无其他人员。

2）拉运人员持企业"成品转移入库单据"将成品用电瓶车拉运至高架库，注意入库单据上的各项信息必须正确无误。

3）经库房管理人员检查确认，并在外包装箱指定位置上粘贴入库标志，标志上有入库日期、货位（货架）号、客户与货品代码、产品编号及明细等，标志上的日期要与实际入库日期相符。

4）按照入库标志上的货位（货架）号进行产品的入库存放，如图 10-28 所示，严禁私自更改存放位置。

图 10-28　产品入库后状态

10.5 包装流水线

流水线包装作业是在一条运输线上完成包装的作业，流水线是大型企业选择较多的一种方式，流水线上可以使用各种包装设备，从而降低劳动强度、提高工作效率。以下为某两个企业使用瓦楞纸箱的流水线包装作业的实例，供参考。

10.5.1 包装流水线作业实例 1

包装流水线作业顺序：

（1）物料准备。同 10.4（1）。

（2）运送产品。将检验合格的产品放置在流水线上，如图 10-29 所示。

注意事项：

① 在流水线上运送产品时，产品间最小间隔≥100mm，防止碰撞刮花及破损。

② 如产品在托板上滑动造成位置偏移，需要人工将产品摆正。

（3）清洁产品。同 10.4（3）。

（4）包装前产品规格的确认。同 10.4（4）。

（5）产品装箱。基本同 10.4（5），以下为不同点：

1）将黏结好的包装箱摆放在流水线上，如图 10-30 所示。

图 10-29　检验合格的产品　　　　　图 10-30　纸箱摆放在流水线上
　　　　　放置在流水线上

2）机械手提取产品，如图 10-31 所示，上升至包装箱顶端，将产品装入箱内，如图 10-32 所示。

（6）封箱。同 10.4（6），操作在流水线上进行，粘接封口处如图 10-33 所示，粘贴条形码如图 10-34 所示。

（7）码放。同 10.4（7）。

（8）成品入库与交接。同 10.4（8）。

图 10-31 机械手提取产品

图 10-32 机械手将产品装入纸包装箱

图 10-33 胶带平直、牢固粘接封口处

图 10-34 粘贴条形码

10.5.2 包装流水线作业实例 2

包装流水线作业实例 2 如图 10-35 所示。

作业顺序：

（1）产品上线

产品上线进入复检台，清洁产品同 10.4（3）；包装前产品规格的确认同 10.4（4）。

（2）产品装箱

经确认无误的产品进入升降包装台。

1）纸箱准备。从包装材料放置区取出包装用外箱，折叠、封底后置于包装箱输送线（此处也可使用全自动开箱机），并将底部缓冲材料铺于包装箱底部，通过辊筒线输送至产品待装箱区域。

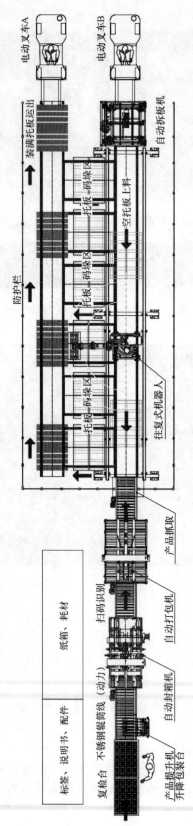

图 10-35　包装流水线作业实例 2 示意图

2）产品输送。输送线配备产品识别装置（包含照相识别、扫码识别或光电检测），通过产品特征检测区分产品输送方向；产品由输送线自动搬运至待装箱区域，其中不合格品由分拣装置判定后转入不合格品输送线。

3）产品装箱。产品输送至装箱台后，装箱设备自动将产品提起，并将提起的产品放入纸箱。

4）缓冲、辅助材料等。装箱人工将包装箱角部内撑材料、顶部缓冲材料、配件、箱内放入物等放置于包装箱内。

（3）自动封箱

1）产品装箱完成后，装有产品的包装箱在不锈钢辊筒线动力驱动下进入自动封箱机，在动力辊筒和导向机构向前推进，包装箱顶盖自动折叠并在顶部封箱机构作用下完成封箱作业。

2）按企业《包装作业指导书》和订单的要求将所需的标识，如水效标识等贴在要求的位置上。

（4）自动打包

1）封箱完成后，在动力辊筒驱动下进入自动打包机，根据识别信息，自动对包装箱进行捆扎。

2）打包后的包装箱自动转入待码垛区域。

（5）产品码垛

1）采用机器人吊装方式，末端轴部配备旋转机构可根据需要进行旋转，满足异型纸箱码垛需求。

2）机器人根据自动识别信息将待码垛区域的包装箱抓取并移动至码垛区对应型号的托板上。

3）每个码垛区配置自动检测装置，每个托板按指定数量码放。

（6）满托板搬运

1）托板装满后（称满托板），自动转入满托板输出线。

2）满托板在输出线上继续向外移动，至输出线末端，由电动叉车A叉取并运送到包装产品的储存库。

（7）空托板的供给

1）电动叉车B将物流工序返回的空托板运送至自动拆板机。

2）自动拆板机逐个抓取空托板，放在空托板上料输送线上，由输送线运送至码垛区待用。

参 考 文 献

[1] 丁卫东，中国建筑卫生陶瓷协会. 中国建筑卫生陶瓷史[M]. 北京：中国建筑工业出版社，2016.

[2] 中华人民共和国国家质量监督检验检疫总局，中国国家标准化管理委员会. 卫生陶瓷：GB/T 6952—2015[S]. 北京：中国标准出版社，2016：10.

[3] 中华人民共和国国家质量监督检验检疫总局，中国国家标准化管理委员会. 坐便器水效限定值及水效等级：GB 25502—2017[S]. 北京：中国标准出版社，2017：9.

[4] 中华人民共和国国家质量监督检验检疫总局，中国国家标准化管理委员会. 蹲便器水效限定值及水效等级：GB 30717—2019[S]. 北京：中国标准出版社，2019：12.

[5] 中华人民共和国国家质量监督检验检疫总局，中国国家标准化管理委员会. 小便器水效限定值及水效等级：GB 28377—2019[S]. 北京：中国标准出版社，2020：1.